케네스 포드의
양자물리학 강의

케네스 포드의

양자
물리학
강의

THE
QUANTUM
WORLD

케네스 W. 포드 지음
김명남 옮김

바다출판사

옮긴이 서문

양자 이론에 대한 과학자들의 발언 중 가장 유명한 것은 뭐니뭐니해도 아인슈타인의 말이다. "신은 주사위 놀이를 하지 않는다." 자연의 근본 법칙이 확률적이고 불확실한 것임을 믿을 수 없다는 뜻이었다. "양자 이론을 생각할 때 머리가 아프지 않다면 제대로 이해하지 못한 것이다"라는 닐스 보어의 말도 인용구로 인기가 좋다. 리처드 파인먼의 말도 빼놓을 수 없다. "세상에 양자 이론을 이해하는 사람은 없다고 해도 과언이 아니다."

내친 김에 몇 개 더 떠올려 본다. "양자 이론은 성공을 거두면 거둘수록 더욱 어처구니없어 보인다." 아인슈타인의 말이다. "이해가 안 된다고 해서 여러분이 관심을 끊어 버리는 걸 막는 게 내 일입니다. 내게 물리 수업을 받는 학생들도 이해를 못합니다. 나부터 이해하지 못하니까요." 겸손이 지나친 파인먼의 말이다. "나는 그것〔양자역학〕을 좋아하지 않는다. 내가 그 발전에 기여했다는 것이 유감이다." 에르빈 슈뢰딩거의 말이다. 노벨상 수상자 막스 폰 라우에는 심지어 이렇게 말했다고 한다. "그게 사실이라면 나는 물리를 그만두겠다." 양자 이론 전반에 대한 이야기는 아니고 드브로이의 물질파 이론에 대해 했다는 말인데 어쨌든 라우에가 정말 물리를 그만두지 않아서 다행이다.

어째 하나같이 양자 이론을 믿지 못하겠노라, 혹은 이해하지 못하겠노라는 말뿐인데, 이 책의 저자도 한 수 거든다. 저자에 따르면 양자 이론은 '기괴한 이론'이다. 관측할 수 없는 물리량을 다루고, 자연의 근본 법칙은 확률적이라고 말하고, 입자가 저 혼자 간섭을 일으킨다고 하고, 멀리 떨어진 두 입자가 얽혀 있다고 말하는 등 상식을 거스르는 것은 물론이거니와 파헤치면 파헤칠수록 더 알 수 없어지는 이론이기 때문이다. 제 손으로 양자 이론을 발전시켰던 과학자들조차 흔쾌히 이론(에 대한 해석)을 받아들이지 못했던 것, 현재의 과학자들이 이보다 더 깊은 차원의 근본 이론이 존재하리라고 기대하는 것이 다 그 때문이다.

그러나 누가 뭐래도 양자 이론은 상대성이론과 함께 현대 물리학의 양대 산맥을 이루는 결정적 이론이다. 상대성이론이 '아주 빠른 것의 세계'에 적용되는 이론이라면, 양자 이론은 '아주 작은 것의 세계'에, 구체적으로 말해서 원자의 세계에 적용된다. 원자 속을 탐험하려는 사람이라면 누구나 뉴턴의 고전역학을 접고 양자역학을 써야 하는 것이다. 그리고 우리는 이미 전자를 활용한 전자 기기와 양자 중첩 및 얽힘 현상을 활용한 양자 컴퓨터의 시대를 살고 있으므로, 양자 이론을 여전히 신기하게 느낄 수는 있을지언정 믿지 않을 수는 없다. 아무리 괴상하게 느껴지더라도 양자 이론이 틀림없이 유효한 이론이라는 사실은 여러분과 내가 살아가는 21세기의 세상이 증명해준다.

자, 그러니 우리가 양자 이론을 배워볼 이유는 충분하다. 그리고 양자 이론이 그토록 어려운 것이라고 하니, 우리에게는 좋은 선생님이 필요하다. 물론 좋은 선생님도 가지가지다. 농담으로 학생들의 흥미를 유발하는 것이 특기인 선생님이 있는가 하면 요점 정리가 뛰어난 선생님도, 최신 이론에 해박한 선생님도 있다. 그렇다면 이 책의 지은이 케네스 포드는 어떨까?

포드는 한 마디로 정석적인 선생님이다. 다른 대개의 책들은 양자 이론을 그 발전 과정을 따라 연대순으로 서술한다. 보어와 러더퍼드의 원자 모형에서 시작하여 플랑크의 양자, 아인슈타인의 광전 효과, 파울리의 배타원리를 거쳐 하이젠베르크와 슈뢰딩거, 코펜하겐 해석을 나열하는 식이다. 대중 과학서들이 대개 과학사적 접근을 취하는 것은 이해할 만하다. 쉬운 내용부터 서서히 워밍업하는 편이 덜 부담스러워 보이기도 한다. 그러나 그러다 보면 자칫 지나간 이론들이 현재의 이론보다 더 깊게 머리에 남는다. 이론의 현재적 의미에 상대적으로 소홀하기도 쉽다. 양자 이론을 소개한 책들이 하나같이 비슷해 보이는 이유이기도 하다.

이 책은 대신 거두절미하고 아원자 입자들을 중심으로 현재의 양자 세계를 묘사한다. 입자들을 중심으로 이야기를 푸는 까닭은 양자 이론은 '가장 날랜 것과 가장 작은 것'을 다루는 이론이라서 입자들의 행태에 비추어 볼 때 그 활용과 의미가 쉽게 드러나기 때문이다. '지금까지 과학자들이 밝혀낸 바에 따르면 양자 세계는 이렇게 생겼다'라고 정면으로 설명해 들어가는 방식이다.

먼저 전자와 중성미자 같은 렙톤들을, 다음으로 쿼크, 힘 운반자들, 양성자나 중성자 같은 합성 입자들을 소개한다(3장, 4장). 그러고서 이들의 행동을 통해 양자 이론의 주요 개념들을 설명한다. '양자'란 자연이 알갱이져 있다는 뜻이라는 것(5장), 양자 세계는 확률의 지배를 받는다는 것(6장), 입자들의 특이한 성질 때문에 이 세상에 물리와 화학이 존재할 수 있다는 것(7장), 입자들의 행동을 지배하는 것은 몇 가지 보존법칙이라는 것(8장), 입자가 곧 파동이라는 역설을 이해하는 방법(9장)을 말한다. 표준 모형이 아우르는 입자 물리학의 현재를 제시하고, 그 세계관이라 할 수 있는 양자 이론의 역할을 강조하는 셈이다.

이 책은 학생들의 수준을 얕잡아 보지 않는다. 좀 어려운 부분이라고 해서 그냥 외우라고 하는 일이 없다. 두루뭉술하게 넘어가는 일도 없다. 파인먼 도표(4장)나 TCP 대칭(8장)에 대한 설명을 보면 알 수 있다. 복습 문제까지 딸린 것을 보면 알 수 있듯이, 지은이의 목표는 독자가 '양자 이론이 뭔지 대충 알 것도 같아' 하는 막연한 기분과 만족감을 느끼도록 하는 것이 아니라 실제로 양자 이론을 이해하게 하는 것이다.

말하자면 교과서에 가까운 책이기는 해도, 양자 이론의 역사적 내러티브와 철학적 의미를 짚어보는 일도 잊지는 않는다. 왜 과학자들은 양자 이론이 확률적 이론이라는 사실에 괴로워할까? 파울리의 배타원리가 왜 '물리학 전체를 통틀어 가장 경이로운 연결 고리'일까? 자연의 대칭성은 어째서 당연한 일이 아니라 깜짝 놀랄 만한 속성일까? 이런 질문들을 통해서 우리도 과학자들이 양자 이론에 대해 품는 경이로운 감정을 몸소 느껴 볼 수 있다. 왜 양자 이론이 기괴한 이론인지, 왜 존 휠러 같은 위대한 과학자가 "살날이 얼마 남지 않은 것 같으니, 남은 시간은 양자에 대해 생각하는 게 좋겠다"고 말했을 정도로 양자가 과학자들을 사로잡는지 말이다.

이 책의 번역본 초판은 2008년 출간되었다. 그때부터 지금까지 십 년 동안 물리학이 이룬 발전 중 이 책에 첨가해야 할 것을 꼽자면, 2008년 가을 가동되기 시작한 유럽 입자물리 연구소(CERN)의 거대 강입자 가속기(LHC)가 2012년 힉스 입자로 추정되는 입자를 확인함으로써 이제 입자 물리학의 표준 모형이 (여전히 설명되지 않는 문제점을 여럿 품고는 있지만) 큰 틀에서 실험적으로 확인된 점을 들 수 있다.

그러나 그런 몇 가지 세부적인 점을 제외하고는, 이 책은 딱히 고칠 데 없이 여전히 좋은 양자 이론 교과서다. 과학책을 적잖이 번역해온 나는 간혹 친구들로부터 이런저런 과학적 주제로 괜찮은 책을 소개해 달라는 요청을 받는데, 그때 양자 이론을 알려주는 책은 많지 않다는 것을 깨닫고 아쉬워 한 경우가 종종 있었다. 물론 20세기 원자론과 양자역학의 발전 과정을 역사적으로 서술한 책은 헤아릴 수 없이 많다. 초끈 이론 등을 소개하기 위해서 필수 단계로 양자 이론을 소개한 책도 많다. 그러나 오히려 양자 이론의 내용만을 교과서처럼 소개한 책은 퍽 드물다. 상대성이론과 비교해보면 더 그렇다. 그 사정은 지난 십 년 동안 크게 달라지지 않았으니, 케네스 포드 교수의 이 정석적인 양자 이론 책은 여전히 요긴한 안내로 쓰일 수 있을 것이다.

김명남

1

사물의 표면 아래

✳

BENEATH THE SURFACE OF THINGS

나무로 된 물건을 두드려 보자. 단단한 느낌이다. 나무는 실제로 단단한 고체다. 하지만 보다 깊이 파고들면 우리는 다른 세상을 만나게 된다. 여러분 모두 학교에서 배웠겠지만, 고체는 원자들로 만들어졌고, 원자들의 내부는 대부분 텅 비었다. 원자가 텅 비었다는 말은 윙윙 돌아가는 프로펠러 날이 만드는 원반형의 공간이 텅 비었다는 말과 비슷하다. 작고 날랜 무언가는 원자, 또는 회전하는 프로펠러를 뚫고 지날 수 있을지 몰라도, 크고 느릿한 무언가가 그러기는 불가능에 가깝다.

어떤 잣대로 보더라도, 원자들은 작다.[1] 하지만 어떤 과학자들의 눈에는 거인만 하게 보이는 모양이다. 바로 핵물리학자, 그리고 입자물리학자 들이다. 그들은 원자보다 작은 깨알만 한 공간, 원자 한가운데

---

1 얼마나 작은가? 원자 1,000만 개를 한 줄로 세워도 2.5밀리미터가 채 못 된다. 과학자들은 1981년에 발명된 주사 터널링 현미경 덕분에 처음으로 개별 원자의 윤곽을 볼 수 있었다. 1900년까지만 해도 원자의 존재 자체를 의심하는 과학자도 많았다.

들어앉은 자그만 핵보다도 작은 공간에 관심이 있다. 우리는 그들의 연구영역을 아원자 세계라 부른다. 바로 그 세계를 이 책에서 탐험할 것이다.

20세기 들어 우리는 아원자 세계의 자연이 우리 주변의 일상적 세계와는 다른 방식으로, 묘하고도 경이로운 방식으로 움직인다는 사실을 알게 되었다. 티끌보다 잔 공간과 순간보다 짧은 시간을 들여다보면, 불꽃놀이라고밖에 부를 수 없는 현상들이 펼쳐진다. 무수한 새 입자들이 '펑' 하고 등장하는데, 수명이 긴 것도 있지만 대개는 짧고, 각각 어떤 방식으로든 상호 작용을 하면서, 탄생했던 것과 마찬가지로 파괴될 가능성을 품고 있다. 이 세계에서는 자연의 속도 한계를 온몸으로 실감하게 되고, 공간과 시간이 한데 섞인 것을 느끼게 되며, 질량이 에너지로, 에너지가 질량으로 바뀔 수 있다는 사실을 깨닫게 된다. 이 세계의 이상한 게임의 법칙들은 과학자든 아니든 모든 사람들의 마음을 한껏 긴장시킨다.

이 법칙들은 20세기 물리학의 두 위대한 혁명, 양자역학(거칠게 말해 몹시 작은 것의 물리학)과 특수 상대성 이론(거칠게 말해 몹시 빠른 것의 물리학)의 산물이다.

나는 혁명적인 두 이론이 어떻게 우리의 세계관을 바꾸어 놓았는지 설명하고자 한다. 특히 양자역학에 초점을 맞출 것이다. 개념을 잘 전달하기 위해 아원자 입자들(지금부터는 그냥 입자들이라고 부르겠다)의 도움을 빌릴 텐데, 이 '녀석들'이야말로 양자 법칙들의 온전한 지배를 받기 때문이다. '얼마나 작아야 작다고 할 수 있고, 얼마나 빨라야 빠르다고 할 수 있는지' 알아본 뒤에, 본격적으로 입자 가족의 구성원들을 소개하겠다. 그다음에 물리학자들이 입자들과 입자로 이루어진 모든 물체들의 행동을 설명할 목적으로 줄줄이 고안해 낸 멋진 아이디어들을 살펴볼 것이다.

내가 태어난 해인 1926년에는 아원자 세계의 거주자로 알려진 것이 전자와 양성자뿐이었다. 전자는 음전하를 띤 알갱이로서 원자 안을 헤집고 다닌다. 전선을 따라 흐르며 전류를 전하기도 한다. 요즘은 자기장의 조종에 따라 컴퓨터 모니터나 텔레비전 음극선관 스크린 위의 픽셀들에 부딪쳐 글자며 그림의 형태로 빛을 내게 하기도 한다. 양성자는 전자보다 2,000배가량 크고 양전하를 지녔다. 원소들 중 가장 가벼운 수소 원자 한가운데 홀로 앉아서 주변을 도는 전자를 끌어당기는 게 양성자다. 1920년대의 과학자들은 더 무거운 원소들의 핵에도 양성자들이 존재하리라 추측했는데, 오늘날 다들 알다시피 그것은 사실이다. 우주 공간으로부터 지구를 향해 마구 쏟아지는 양성자들도 있는데, 막대한 에너지를 지닌 막대한 수의 이 양성자들은 이른바 1차 우주선 복사이다.

1926년에는 빛의 입자인 광자도 알려져 있었지만, '실재하는' 입자로는 여겨지지 않았다. 광자는 질량이 없다. 광자의 속도를 늦추거나 잡아 가두기는 불가능하다. 광자는 너무 쉽게 생성되었다가 너무 쉽게 소멸된다(방출되었다가 흡수된다). 광자는 전자나 양성자처럼 믿을 수 있게 안정된 물질 덩어리가 아니었다. 그래서 어떤 면에서 볼 때 광자가 입자처럼 행동하는 것이 분명함에도, 물리학자들은 빛 '알갱이corpuscle'라는 표현으로 얼버무렸다. 광자가 진정한 입자로서 확고한 지위를 획득한 것은 몇 년 뒤의 일이다. 비로소 물리학자들은 전자 또한 광자처럼 쉽게 생성되었다 소멸되곤 한다는 것을 깨달았고, 전자의 파동 성질과 광자의 파동 성질이 사실상 같은 현상이라는 것, 나아가 질량 없는 입자도 완벽하게 정상이라는 것을 깨달았다.

1926년은 물리학의 황금기에서 한가운데에 해당하는 해였다. 1924년에서 1928년까지의 짧은 기간에 물리학자들은 이제껏 과학에 알려지지 않았던 중요하고도 충격적인 개념들을 여럿 생각해 냈다. 이런 개념들이었다. 빛뿐만 아니라 물질도 파동 속성을 지니고 있다는 것, 자연의 근본 법칙은 확실성의 법칙이 아니라 확률의 법칙이라는 것, 물질의 특정 속성들을 정확하게 측정하는 데는 이론적 한계가 있다는 것, 전자는 축을 기준으로 회전하는데 그 방향은 '위' 아니면 '아래'의 두 가지만 가능하다는 것, 모든 입자에는 짝이 되는 반입자가 있다는 예측, 하나의 전자나 광자가 동시에 둘 이상의 서로 다른 방식으로 움직일 수 있다는 통찰(우리가 북쪽으로 차를 모는 동시에 서쪽으로 차를 몰 수도 있다거나, 뉴욕에서 눈요기 쇼핑을 즐기는 동시에 보스턴에서도 쇼핑을 즐길 수 있다는 것과 비슷하다), 두 개의 전자가 동시에 동일한 운동 상태를 취하는 것은 불가능하다는 원칙(이를테면 아무리 노력해도 박자를 맞춰서 행군할 수 없는 사람들과 비슷하다) 등이 그것이다.

이런 것들이 책에서 중요하게 다룰 '위대한 개념들'이다. 아원자 입자를 주인공으로 설명하면 이 개념들을 생생하게 이해하는 데 도움이 된다. 입자들은(어떤 수준까지는 원자도) 몹시 자그만 것과 몹시 날랜 것을 지배하는 법칙에 가장 현저하게 영향을 받는 개체들이기 때문이다.

여기서 한 가지 지적해 둘 점이 있다. 양자물리학의 세계에서는 존재하는 것(입자)과 벌어지는 일(법칙)을 구분하기가 그리 쉽지 않다. 20

세기 이전 300년간 구축되어 온 '고전' 물리학에서는 존재와 현상이 꽤 깔끔하게 구분되었다. 지구(존재)는 힘과 운동의 법칙에 따라 태양 주위의 원형 궤도를 돈다(현상). 지구가 무엇으로 만들어졌나, 지구에 생명체가 있나 없나, 지구가 용암을 분출하고 있나 잠잠하게 휴면하고 있나, 이런 속성들은 지구가 태양을 도는 현상과는 아무런 상관이 없다. 다른 예를 들어 보자. 전하가 진동하면 전자기 복사가 방출된다. 복사는 전하를 띤 것이 전자냐, 양성자냐, 이온화된 원자냐, 테니스공이냐 하는 점에는 전혀 '신경 쓰지' 않는다. 그저 어떤 대전체가 어떤 방식으로 진동하고 있다는 사실을 '알' 뿐, 대전체가 무슨 물질인지는 '알지' 못하고 알 필요도 없다. 진동하는 물체의 성격(존재)은 그로부터 방출되는 복사(현상)와 무관하다.

그런데 입자의 세계에서는 상황이 간단치 않다. 입자의 존재와 활동은 얽혀 있다. 아원자 세계가 기묘해 보이는 이유 중 하나이다. 그러니 앞으로 책을 읽어 나갈 때 독자는 물론, 나 역시 입자들의 속성이 입자들의 활동과 엮여 있지 않은지 간간이 점검해 볼 필요가 있을 것이다.

또 잠깐, 아원자 세계는 왜 이렇게 이상하고 기묘하면서도 놀라운지 생각해 보자. 왜 몹시 작은 것과 몹시 날랜 것을 다루는 법칙들은 상식을 벗어나는가? 왜 우리의 생각을 극단적으로 확장시키는가? 누구도 이런 이상한 것이 발견되리라 예측하지 못했다. 1900년대 이전의 고전 과학자들은 우리 주변의 세상, 우리 감각으로 인지되는 세상에 기반한 일상적 개념들이 우리 감각을 벗어난 자연 영역, 가령 너무 작아 만질 수 없고 너무 빨라 볼 수 없는 것에 대한 지식을 쌓는 데도 도움이 되리라 생각했다. 자연스러운 가정이었다. 그러나 실상 법칙들이 늘 한결같으리라고 확신할 근거는 없었다. 일상적 관찰로부터 끌어낸 '상식'이 보이지도, 들리지도, 만져지지도 않는 현상에도 잘 적용되리라고 어떻게 확신할 수 있는가? 고전 과학자들이 아니라 누구라도 확신할 수 있을까?

사실, 지난 100년의 물리학사를 돌아보면, 지식의 신천지를 개척하는 데 있어 상식만큼 쓸모없는 안내인도 없었다. 오늘날의 결론은 누구도 예측하지 못했던 내용일망정, 깜짝 놀랄 만한 것은 아니다. 일상에서 우리는 매일의 경험을 통해 물질과 운동과 공간과 시간에 대한 견해를 다듬는다. 상식에 따르면, 고체는 단단하고, 정확한 시계들은 모두 같은 시각을 가리키며, 물체의 질량은 충돌을 겪은 뒤에도 전과 변함이 없고, 자연은 예측 가능하다. 충분히 정확한 정보를 입력하면 결과에 대한 믿을 만한 예측을 얻을 수 있다. 하지만 과학이 일상 경험의 범위를 벗어나면, 가령 아원자 세계로 들어가면 상황은 전혀 달라진다. 고체는 대체로 텅 빈 공간이고, 시간은 상대적이고, 질량은 충돌을 겪은 뒤 늘거나 줄며, 입력 정보가 아무리 완전해도 결과는 불확실하다.

왜 그럴까? 답은 모른다. 인간의 감각을 벗어난 곳까지 상식이 유효할 수도 있었겠지만, 어쨌든 현실은 그렇지 않았다. 결국 우리의 일상적 세계관은 우리가 직접 인식한 정보에 기반한 한정된 세계관이다. 텔레비전 뉴스 진행자 월터 크롱카이트의 끝인사가 머릿속에 맴돌 뿐이다. "세상사가 다 그렇죠."(크롱카이트는 미국 CBS 저녁 뉴스를 19년간 진행한 전설적 앵커로, 마지막 인사를 늘 "And that's the way it is"로 했다—옮긴이). 마음이 홀려도 좋고, 감탄을 해도 좋고, 어리둥절해도 좋지만, 놀랄 일은 아닌 것이다.

내가 쉰이 된 1976년에 와서는 알려진 아원자 입자의 수가 수백을 헤아렸다. 1930년대에 몇 개, 1940년대에 몇 개 더 발견되더니 1950년대와 1960년대에는 봇물 터진 듯 쏟아졌다. 물리학자들은 더 이상 '기본' 입자라거나 '근본' 입자라는 이름을 쓰지 않았다. 기본이라 보기엔 너무 입자들이 많아진 것이다. 입자의 수가 통제 불능으로 늘어나는 한편, 그것들을 단순하게 정리할 체계도 만들어지고 있었다. 다행히, 정말 기본적인 것으로 보이는 입자(현재까지 누구도 직접 관찰한 바 없는 쿼크들도 여기 속한다)는 그리 많지 않았다. 오래되어 친숙한 친구 양성자를 포함한 대부분의 입자들은 합성물이었다. 즉 기본 입자들의 조합으로 만들어진 물질이었다.

그보다 수십 년 전, 원자와 핵이 처음 발견되었을 때도 이와 비슷한 상황이었다. (전하를 띠지 않았으며, 곧 중성이고, 양성자의 자매인) 중성자가 발견된 1932년에는 알려진 원자핵의 종류가 수백 가지에 달했다. 핵들은 질량과 양전하 크기를 기준으로 서로 구별되었다. 전하는 원자번호, 즉 주기율표상의 위치를 결정한다. 전하가 원소(다른 어떤 것과도 다른 독특한 화학적 속성을 지니는 물질을 원소라고 한다)를 규정한다고도할 수 있다. 수소 핵은 전하 한 단위를, 헬륨 핵은 전하 두 단위를, 산소 핵은 전하 여덟 단위를, 우라늄 핵은 전하 아흔두 단위를 가진다. 전하량은 같고, 따라서 동일한 원소의 핵인데 질량이 다른 핵도 있다. 이런 핵으로 만들어진 원소를 동위 원소라 한다. 과학자들은 수백 종류의 핵들, 각기 두셋 정도의 동위 원소들을 거느린 아흔 가지 남짓한 원소들이 보다 기본적인 모종의 구성 요소로 만들어져 있으리라 믿었고, 구성 요소의 종류는 핵의 종류보다 훨씬 적으리라 믿었지만, 그 구성 요소가 정확히 무엇인지는 몰랐다. 그러다가 중성자가 발견되어 문제가 해결된 것이다(물론 이후에 중성자도 합성물로 밝혀진다). 핵은 단 두 가지 입자, 양성자와 중성자로 만들어졌다. 양성자는 전하를 제공하고, 양성자와 중성자가 함께 질량을 제공한다. 핵 주변의 훨씬 넓은 원자 공간을 누비는 것은 전자들이었다. 이렇게 세 가지 기초 입자들로 수백 가지 독특한 원자들의 구조를 설명하게 되었다.

아원자 입자의 세계에서는 쿼크의 '발견'이 원자 속 중성자의 발견에 맞먹는 역할을 했다. 굳이 '발견'이라고 따옴표를 쓴 것은, 함께 캘리포니아 공과대학(칼텍)에 있었으나 1964년에 서로 독자적으로 쿼크를 발견한 머리 겔만과 조지 츠바이크가 실제로 한 일이 관찰을 통해 쿼크를 입증한 게 아니라 존재를 가정한 것이었기 때문이다('쿼크'라는 이름은 겔만이 지었다). 오늘날 쿼크에 대한 증거는, 아직 간접적인 것뿐이긴 하지만, 차고 넘친다. 쿼크는 양성자, 중성자, 기타 일군의 입자들을 구성하는 기본 요소로 인정되고 있다.

이제 물리학자들은 아원자 입자들을 설명하는 표준 모형을 구축했다. 모형에는 스물네 가지 기본 입자가 있으며, 전자, 광자, 여섯 가지 쿼크 등을 포함하는 이 기본 입자들

머리 겔만(1929년 출생), 1959년 모습.
(AIP 에밀리오 세그레 영상 자료원 제공)

로 모든 알려진 입자들과 그들의 상호 작용을 설명할 수 있다.[2] 스물넷은 1926년에 알려진 입자 수인 셋에 비하면 만족스러울 정도로 작은 수는 아니지만, 좌우간 이 스물네 가지 입자들은 굳건히 '기본' 입자의 자리를 지키고 있다. 아직까지는 이들이 보다 기본적인 다른 개체로 만들어진 합성물이라는 증거가 없다. 하지만 초끈 이론가들의 주장이 옳다면(그들의 주장은 뒤에서 설명하겠다), 어쩌면 더 작고 단순한 구조가 발견을 기다리고 있을지 모른다.

기본 입자들 가운데 몇몇은 렙톤이라 불리고, 몇몇은 쿼크, 또 몇몇은 힘 운반자라고 불린다. 그런데 그들을 소개하기에 앞서, 아원자 세계의 일을 묘사할 때는 주로 어떤 규모의 크기 단위들이 사용되는지 알아보자.

---

2 스물네 가지 입자에 중력자는 포함되지 않는다. 중력자는 중력을 설명하기 위한 가상의 입자이다. 역시 가상 개체이며 입자들의 동물원(줄줄이 발견된 입자들을 모아둔 모양이 꼭 동물원 같다 하여 'particle zoo'라 부른다─옮긴이) 중 유일하게 사람 이름을 딴 입자인 힉스 입자도 포함되지 않는다. 반입자들도 헤아리지 않는다.

●● 복습 문제

1. (a) 고속의 작은 입자를 원자에 발사했다. 원자를 뚫고 지날까, 튕겨 나올까?
   (b) 느리고 커다란 분자가 원자에 끌려갔다. 원자를 뚫고 지날까, 튕겨 나올까?

2. 아원자 세계란 무엇인가?

3. (a) 몹시 작은 물체들을 다루는 물리학의 분야는 무엇인가?
   (b) 몹시 빠른 물체들을 다루는 물리학의 분야는 무엇인가?

4. 광자의 질량은 얼마인가?

5. 왜 물리학자들은 처음에 광자를 '진짜' 입자로 여기지 않았는가?

6. 1920년대 물리학의 주요 발견들을 몇 가지 말하라.

7. 지구의 크기나 조성이나 온도 같은 성질들이 지구가 태양을 공전하는 운동에 영향을 미치는가?

8. (a) 입자가 기본 입자라는 것은 무슨 뜻인가?
   (b) 양성자는 기본 입자인가 합성 입자인가?
   (c) 쿼크는?

9. '표준 모형'에는 기본 입자들이 몇 개나 존재하는가?

●● 도전 문제

1. 원자보다 훨씬 작은 전자가 어떻게 원자를 '채울' 수 있는지 설명하라.

2. 그것이 무엇이냐가 무엇이 벌어지느냐에 영향을 미치지 않는 일상생활의 예를 하나 들라.

3. (a) 주변의 물리계에서 우리 상식에 부합하는 사건을 하나만 예로 들라.
   (b) 세상에 실제로 벌어진다면 우리의 상식에 위배될 사건을 하나만 예로 들라.

2

얼마나 작아야 작다고 할 수 있을까?
얼마나 빨라야 빠르다고 할 수 있을까?

※

HOW SMALL IS SMALL? HOW FAST IS FAST?

아원자 범위에서 우리가 측정하는 것들은 얼마나 클까? 아니, 얼마나 작을까? 원자는 자그마하고, 아원자 입자들은 그보다 더 자그마하다는 것, 빛은 엄청난 속도로 달리고, 입자들도 그에 맞먹는 속도로 달린다는 것, 우리가 눈 깜짝하는 순간도 입자의 수명에 비하면 너무너무 긴 시간이라는 것, 이 정도는 독자 여러분도 알 것이다. 말로 하긴 쉬워도 시각적으로 그려 보기는 어려운 내용이다. 이 장의 목적은 독자가 아원자 영역을 '볼' 수 있게 돕는 것이다. 작은 크기, 빠른 속도, 짧은 시간 간격에 익숙해지도록 돕는 것이다.

알고 보면 입자를 묘사하는 데 동원되는 개념 대부분은 하나도 낯설게 없다. 규모가 좀 다를 뿐이다. 길이, 속도, 시간, 질량, 에너지, 전하, 스핀 같은 개념들은 전자가 아니라 볼링공을 묘사하는 데도 사용될 수 있다. 아원자 범위에서의 문제는, 그렇다면, 이것이다. 이런 양들의 크기가 얼마나 될까? 우리는 어떻게 그 규모를 알까? 그런 규모를 측정할 때 편하게 사용할 수 있는 단위는 무엇일까?

몹시 큰 것이나 몹시 작은 것을 다룰 때는 거추장스럽지 않은 표기법이 필요하다. 독자 여러분도 잘 알고 있을 내용이다. 예를 들어 천이란 수는 1,000 아니면 10^3이라 표기된다. 100만은 1,000,000 아니면 10^6이다. 10억은 1,000,000,000 아니면 10^9이다. 간단하다. 10의 거듭제곱으로 표기된 숫자는 수를 펼쳤을 때 붙는 0의 개수이다. 10의 거듭제곱으로 표기된 숫자만큼 소수점을 옮겼다고 생각하면 더 좋다. 가령 2억 4300만, 즉 243,000,000은 2.43×10^8이다. 2.43에서 243,000,000로 가려면 소수점을 오른쪽으로 여덟 자리 옮기면 된다. 10의 거듭제곱으로 표기하는 방법을 지수 표기법이라 하며, 다른 말로는 과학용 표기법이라고도 한다.

1보다 작은 수를 적는 규칙도 비슷하다(사실 같다). 1,000분의 1은 0.001 아니면 10^{-3}이라고 쓴다(1에서 시작해 소수점을 왼쪽으로 세 자리 옮기면 0.001이다). 어떤 큰 분자의 길이가 10억 분의 1미터의 2.2배라고 하자. 0.0000000022미터, 더 편하게 2.2×10^{-9}미터라고 쓸 수 있다.

과학용 표기법에서 곱셈을 할 때는 지수들을 더하면 된다. 10억은 1,000 곱하기 100만이다. $10^3 \times 10^6 = 10^9$. 1조는 1,000 곱하기 10억이다. $10^3 \times 10^9 = 10^{12}$. 나눗셈을 할 때는 지수끼리 빼면 된다. 그리 멀지 않은 별까지의 거리인 8×10^{16}미터를 4×10^8초(약 13년)에 달리는 입자의 속도는 얼마일까? 속도는 거리 나누기 시간이다. 8×10^{16}미터를 4×10^8초로 나누면 2×10^8 m/s이다(광속의 약 3분의 2배이다).

과학용 표기법은 과학자들이 크거나 작은 수를 다룰 때 기대는 한 가지 방법이다. 다른 방법도 있다. 연구 영역에 적합한 새로운 단위들을 도입하는 것이다. 우리도 현실의 거시 세계에서 이런 방법을 쓴다. 미국 사람이나 영국 사람이라면 키를 피트나 인치로 재고, 이동 거리를 마일로 잰다. 천문학자들은 다른 별까지의 거리를 측정하기 위해 광년이라는 훨씬 큰 단위를 택했다.[3] 컴퓨터에서는 킬로바이트, 메가바이트, 기가바이트(각기 10^3, 10^6, 10^9바이트를 뜻한다)라는 단위들이 쓰인다. 약제사들은 밀리그램(1그램의 1,000분의 1)을 주로 쓴다. 비행기 조종사들은 마하(공기 중 음속의 배수로 나타내는 속도 단위)를 쓴다.

입자 세계에서는, 길이를 나타내는 단위로는 펨토미터(10^{-15}미터)[4]가 편하고, 속도를 나타내는 단위로는 광속(3×10^8m/s, c라고 표기한다)이, 전하를 나타내는 단위로는 전자 하나의 전하(e라고 한다)가, 에너지를 나타내는 단위로는 전자볼트(eV)가 편하게 쓰인다. 1전자볼트는 전자 하나가 1볼트의 전위(또는 전압) 속에서 가속될 때 얻는 에너지양이다. 텔레비전 브라운관에서 1,500볼트의 전기적 척력(또는 인력)을 받아 화면을 향해 날아가는 전자는 1,500전자볼트의 에너지를 지닌 것이다. 1전자볼트는 붉은 빛 광자가 지닌 에너지와 거의 비슷하다. 10전자볼트는 원자를 이온화시키는 데, 즉 원자의 전자 하나를 자유롭게 떼어내 버리는 데 필요한 에너지에 가깝다. 질량과 에너지의 등가 원리 덕분에, 입자의 질량도 전자볼트 단위로 표현할 수 있다. 가령 전자의 질량은 511,000전자볼트(511×10^3eV, 즉 511KeV)이고 양성자의 질량은 938,000,000전자볼트(938×10^6eV, 즉 938MeV, 1GeV가 조금 못 된다)이

---

3 때때로 파섹도 쓰인다. 1파섹은 3.26광년이다.
4 펨토미터femtometer는 예전에 '페르미fermi'라고 불렸다. 이탈리아 출신 미국인인 탁월한 물리학자 엔리코 페르미를 기리는 명칭이었다. 펨토미터를 줄여도 fm인 것이 참 다행이다.

다.[5] 입자들의 질량을 전자볼트 단위로 나타내면 상당히 큰 수가 되는 것을 알 수 있다.

〈부록 A〉의 〈표 A.2〉에서 물질의 여러 속성들에 대해 거시 세계에서는 어떤 단위들을 쓰는지, 아원자 세계에서는 어떤 규모의 단위들을 쓰는지 정리했다.

길이

길이라니, 지루한 주제 같은가? 아원자 세계의 거리들을 상상해 보면 그렇지 않다. 원자핵은 원자 크기의 10^{-4}에서 10^{-5} 정도의 규모를 차지한다. 원자의 지름을 3킬로미터로 확대한다고 상상해 보자. 대략 중규모 공항만 한 것을 상상하면 된다. 3킬로미터의 10^{-4}는 30센티미터로 농구공의 지름만 하다. 원자 중앙에 놓인 '거대한' 우라늄 핵의 처지는 공항 한가운데 놓인 농구공의 처지만큼 외로운 것이다. 모형을 보다 실감나게 만들려면 공항 위로 거대한 돔을 덮어야 할 것이다. 중앙 부분의 높이가 지표에서 1.5킬로미터나 되는 돔이다. 이제 농구공을 골프공으로 바꾸면 그게 바로 수소 원자 모형이고, 골프공은 중앙에 있는 양성자이다.[6] 골프공(양성자) 속에는 쿼크들과 글루온들이 분주하게

---

5 〈부록 A〉의 〈표 A.1〉에 크고 작은 승수들의 표준 명칭과 기호가 나와 있다.
6 사실 우라늄 원자는 수소 원자보다 아주 조금 클 뿐이다(그래서 공항 규모를 바꿀 필요는 없다). 우라늄 핵은 수소 핵보다 훨씬 큰 전하량으로 전자들을 끌어당기지만, 반면 더 많은 전자들을 갖고 있으므로, 효과가 상쇄되어 원자의 크기에는 거의 변화가 없다.

돌아다니는데, 어느 것도 식별할 만한 크기를 갖고 있지 않다. 골프공 바깥에는 역시 식별할 만한 크기가 없는 전자 하나가 3킬로미터 지름의 원자 공간을 가득 '메운다'. 보이지도 않는 알갱이 하나가 막대한 공간을 메운다고? 그렇다. 물질의 파동 성질 덕분에 가능한 일이다.

양성자를 골프공만 하게 키운 비율대로 아이들이 갖고 노는 지름 1센티미터짜리 구슬을 키우면 어떻게 될까? 지름이 지구의 공전 궤도만한 구가 된다. 확대된 구슬 안에는 태양, 수성, 금성이 들어갈 것이고, 지구는 구슬의 표면을 따라 둥글게 움직일 것이다.

우리의 골프공을 원래 양성자 크기로 줄여 놓자. 실제 지름은 약 10^{-15} 미터이다. 1펨토미터, 다른 말로 1페르미(1fm)이다. 현재까지 과학자들이 실험으로 탐구한 최소 거리는 1페르미의 1,000분의 1, 즉 10^{-18} 미터이다. 기본 입자들은 이보다 더 작다. 물론 기본 입자들에게 크기란 것이 존재한다면 말이지만.

믿을 수 없을 만큼 짧은 이 거리들을 어떻게 잴까? 줄자나 캘리퍼스로 재는 건 당연히 아니다. 자, 양성자가 가득 든 수소 샘플에다 전자 빔을 발사한다고 하자. 발사된 전자들과 양성자 과녁 사이에 전기력이 작용하기 때문에 전자들은 살짝 휘어진다. 즉 산란된다. 양성자가 점 입자(너무 작아서 수학적 점으로 존재한다고 가정할 수 있는 입자)라고 가정하면, 우리는 전자들의 산란 형태를 예측해 볼 수 있다. 그러고서 전자들의 실제 산란 형태가 예측에서 얼마나 벗어나는가를 측정하면, 전자가 양성자에 얼마만큼 가까워졌을 때 점 입자로서의 양성자가 아닌 실제 양성자의 힘을 느끼기 시작하는지 알 수 있다. 분석 결과는 양성자의 크기가 약 1펨토미터라는 것을 말해 준다. 또한 양성자의 양전하가

그림 1 스치는 물결파를 보고 선체에 대한 정보를 알아낼 수는 있지만 닻에 대한 정보는 알 수 없다.

내부에 어떤 식으로 분포되어 있는지도 알 수 있다. (원자핵의 크기가 유한함을 밝힌 어니스트 러더퍼드의 1920년대 실험들도 알파 입자를 활용한 산란 실험이었다.)

물질의 파동 속성을 통해 작은 거리를 측정하는 방법도 있다. 모든 움직이는 입자는 특정한 파장을 갖는다. 입자의 에너지가 클수록 파장은 짧다. 파동은 과녁에 부딪치면 회절을 일으키는데, 덕분에 우리는 파장보다 크거나 엇비슷한 크기의 과녁에 대해 정보를 수집할 수 있다. 수면파를 생각해 보자. 우리는 물결이 훑고 간 흔적을 통해서 배의 선체 특징들을 알아낼 수 있지만, 가느다란 닻에 대해서는 거의 아무것도 알아낼 수 없다. 최고로 정밀한 현미경을 통해 광파를 보면 빛의 파장과 엇비슷한 크기의 생물 샘플에 대해서는 이것저것 알아낼 수 있지만, 빛의 파장보다 한참 작은 바이러스 등에 대해서는 아무것도 알 수 없다. 현대 가속기가 만들어내는 가장 높은 에너지의 입자는 파장이 0.001펨토미터(10^{-18}미터) 정도이다. 그 회절 효과를 통해 엄청나게 작은 거리를 탐사할 수 있는 것이다.

우주 전반을 다루는 것이 이 책의 목적은 아니지만, 재미 삼아 과학자들이 탐사한 가장 큰 영역과 가장 작은 영역 사이에서 우리 인간이 어디쯤 끼는지 알아보자. 우주의 반지름은 약 140억 광년으로 알려져 있다. 10^{26}미터쯤 된다. 평범한 책상의 너비는 그보다 10^{26}배쯤 작으니, 입자 실험에서 탐사된 최소 거리보다 '고작' 10^{18}배 크다. 최대와 최소 사이 '중간' 값은 10^4미터, 즉 10킬로미터이다. 우리가 매일 출퇴근하거나 통학하는 거리가 그 정도 된다고 가정하자. 출퇴근 거리에 10^{22}를 곱하면 우주의 반경이 되는 셈이다. 출퇴근 거리에 10^{22}를 나누면 현재 탐사 가능한 최단 거리가 된다. 10킬로미터라는 친숙한 거리가 과학계에 알려진 최장 거리와 최단 거리 한중간에(비율로 따졌을 때) 놓인다는 사실이 꽤 만족스럽다. 10^{22}는 얼마나 큰 수일까? 그만큼의 날을 출퇴근한다면, 우리는 우주 나이의 20억 배만큼 회사에 다니게 된다. 그만큼의 사람이 은하 여기저기에 산다면, 행성이 1조 개 넘게 필요하다. 대략 따져서 우주에 존재하는 모든 별들의 수와 맞먹고, 한 모금의 공기에 들어있는 원자들의 수와 맞먹는다. 그러면 최대와 최소 거리의 비율 차에 해당하는 10^{44}는 얼마나 큰 수일까? 그게 얼마나 어마어마한 수인지는 각자 상상해 보기 바란다.

길이 이야기를 마치기 전에, 이론물리학자들이 연구하고 있는 상상 이상의 작은 거리에 대해 알아보자. 이른바 플랑크 길이라는[7] 그 거리는 10^{-35}미터쯤 된다. 양성자의 크기가 약 10^{-15}미터인 것을 기억하자.

플랑크 길이는 안 그래도 작은 양성자보다도 10^{20}배, 즉 1조의 만 배의 또 만 배만큼 작은 것이다. 물리학자들이 그런 영역을 고민한다는 게 감탄할 만한 일이다. 계산에 따르면 그 영역에서는 입자들뿐 아니라 공간과 시간 자체가 양자역학의 기묘한 법칙들에 따르게 된다. 플랑크 길이 아래에서는 공간과 시간이 우리 일상에서처럼 매끄럽고 예측 가능한 성질을 띠는 게 아니라, 양자 거품이라는 부글대는 상태로 변질된다. 그 크기의 차원에서는 정말 가설상의 끈들이 훌라후프 춤을 추며 우리가 실험실에서 보는 입자들을 만들어 내고 있을지도 모른다. (끈 이론에 대해서는 10장에서 다룬다.)

속도

달팽이가 바삐 서두르면 초당 0.01미터(0.01m/s)쯤 속도를 낼 수 있을까 모르겠다. 사람은 1m/s 정도로 산책하고, 30m/s로 차를 몰고, (대기가 안정된 상태에서) 비행기에 탔을 때는 음속에 가까운 속도인 330m/s(시속 740마일)으로 날아간다. 빛은 이보다 100만 배 빠른 3×10^8m/s으로 이동한다.

거리에 대해서라면 우리는 크든 작든 확실한 한계가 어디까지인지 모른다. 하지만 자연은 속도에 대해서는 확실한 한계를 정해 두었다.

---

7 1950년대에 플랑크 길이란 용어를 고안한 사람은 핵물리학 및 중력 연구로 유명한 미국 물리학자 존 휠러이다. 양자역학의 개척자인 독일 물리학자 막스 플랑크의 이름을 땄다. (휠러는 물리학계에서 인기를 얻은 용어들을 많이 만들어 냈다. 양자 거품과 블랙홀도 휠러의 작품이다.)

그게 빛의 속도이다. 우리가 아는 한 이제까지 광속을 넘었다고 속도위반 딱지가 부과된 사례는 하나도 없다. 무엇도 장벽을 깨뜨리지 못했다. 지구 궤도를 도는 우주 비행사의 속도도 광속에는 4만 배 이상 모자란다. 우주 비행사가 지구를 한 바퀴 도는 데는 1시간 하고도 30분이 필요하지만, 광섬유 속을 달리는 빛은 10분의 1초 만에 주파한다. 그래도 시간이나 거리의 변경에 인류가 미치지 못하는 바에 비하면, 자연의 최고 속도는 그럭저럭 따라잡은 편이다.

1969년, 사람들은 처음으로 광속의 유한함(전파 속도의 유한함이라고 해도 같은 말이다)을 똑똑히 체험하였다. 미국 휴스턴 항공 우주국의 관제사가 달에 착륙한 우주 비행사에게 말을 거는 것이 생중계되었다. 우주 비행사의 대답은 일상 대화에서보다 한참 긴 지연이 있고 나서야 들려왔다. 이 시간 지연은 신호가 광속으로 달까지 왕복하는 데 걸린 시간에 인간의 정상적인 반응 시간을 합한 것으로, 2.5초쯤 되었다. 우리는 학교에서 태양빛이 지구에 닿는 데 8분이 걸린다는 사실을 배웠다. 태양 다음으로 가까운 항성의 빛이 지구에 오는 데는 4년이 걸리고, 까마득히 먼 우주 변경의 빛이 우리에게 오는 데는 100억 년 이상 걸린다. 천문학자가 보기에는 빛도 느릿느릿하다.

지구의 고체, 액체, 기체 속에서 쉼 없이 움직이는 원자나 분자 들은 공기 중 음속과 같거나 열 배까지 큰 속도를 내는데, 광속보다 10^5배에서 10^6배 정도 느린 것이다. 하지만 가속기 속 입자나 우주선 형태로 지구에 도착하는 입자들은 흔히 광속에 가까운 속도를 보인다. 광자들은 질량이 없으므로, 선택의 여지가 없다. 질량 없는 입자가 내는 속도는 광속 한 가지로 정해져 있다. 어쨌거나 광자는 빛이니까 당연한 말이다. 깃털처럼 가벼운 중성미자도 거의 광자만큼 빠르다. 요즘의 가속기에서는 전자도 기념비적인 속도를 기록하곤 한다. 어슬렁거리는 벌레의 속도에 해당하는 만큼만 광속에 미치지 못할 뿐이다.

제아무리 빠른 입자나 빛이라 해도 속도 측정은 어려울 것이 없다. 일상적 운동에 대해 하던 대로 거리를 시간으로 나누면 된다. 현대의 시계가 구분할 수 있는 최소 시간 간격은 1초의 10억 분의 1 미만이다. 1초의 10억 분의 1, 즉 1나노초 동안 빛은 약 30센티미터를 간다. 실제로 광속은 상당히 정확하게 측정될 수 있는 속도이기 때문에, 시간 측정이나 공간 측정을 제치고 제일 널리 쓰이는 고정 표준 단위가 되었다.

엔터프라이즈 호(미국의 인기 텔레비전 시리즈 〈스타트렉〉의 우주선 이름—옮긴이)의 승무원들은 급한 일이 닥치면 워프 드라이브(4차원 공간 휨warp을 통해 광속보다 빠르게 이동한다는 과학 소설의 설정—옮긴이)로 들어간 뒤 광속을 넘는 속도로 은하를 질주한다. 과학 소설다운 그런 속도가 현실이 될 가능성이 있을까? 극히 희박하다. 이유는 간단하다. 물체는 가벼울수록 쉽게 가속된다. 화물 열차는 쿵쿵 육중하게 달린 후에야 서서히 속력을 내고, 자동차는 그보다 빠르게, 가속기 속 양성자는 그보다 더 빠르게 속력을 낸다. 가속하기 가장 쉬운 것은 질량 없는 입자이다. 질량 없는 광자는 생성 순간부터 광속으로 달린다. 하지만 그 이상은 내지 못한다. 빛보다 빠르게 움직일 수 있는 물체가 정말 존재한다면, 질량 없는 광자로 된 빛은 그 물체보다 더 빠르게 움직여야 마땅할 것이다. 그런데 과학자들은 절대적인 단언을 싫어한다. 그래서 빛보다 빠르게 달릴 수 있는 타키온이라는 가상의 개체를 이론적으로 연구 중이다. 타키온은 기이한 존재이다. 어떤 기준틀에서는 출발도 하기 전에 목적지에 도착할 수 있기 때문이다. 그래도 이론물리학자들은 이를 갈면서 열심히 연구 중이다. 현재까지는 타키온 연구에 별다른 진척은 없다.

시간

얼마 정도면 '짧은' 시간이고 얼마 정도면 '긴' 시간일까? 우리 인간에게 1년은 긴 시간이고 100분의 1초는 짧은 시간이다.[8] 한편, 입자에게 100분의 1초는 영겁의 세월이다. 또 한편, 장엄하게 진행되는 우주의 사건들에게 100만 년은 점심시간 같은 짬에 불과하다.

입자 세계의 시계가 한번 '똑딱' 하는 시간으로 어울리는 것은, 광속에 가깝게 움직이는 입자가 양성자 지름을 가로지르는 데 걸리는 시간이다. 그것이 약 10^{-23}초로, 1초의 10억 분의 1의 10억 분의 1보다 짧다. 글루온(핵 속의 '풀' 입자)이 생성되었다 소멸되기까지의 수명이 그쯤 된다. 30센티미터 정도 이동한 파이온(핵 충돌에서 생성되는 입자)은 양성자 지름의 1조 배하고도 1,000배 더 움직인 셈이고, 그러기 위해서 비교적 긴 시간인 10^{-9}초를 살아야 한다. 입자가 검출기에 자취를 남길 만큼 살려면 수명이 10^{-10}에서 10^{-6}초 정도 되어야 한다. 중성자는 극히 특수하고 이상한 경우이다. 평균 수명이 15분쯤 되므로, 입자 세계

---

[8] 사람은 100분의 1초 동안 깜박이는 영상은 인지할 수 있지만 1,000분의 1초 영상은 인지하지 못한다. 올림픽 종목 중 몇몇은 100분의 몇 초 차이로 등수가 결정되곤 한다.

에서는 므두셀라(구약 성서에 나오는 최장수 인물—옮긴이) 격이다.

실험적으로 탐사한 최단 거리가 약 10^{-18}미터이므로, 과학자들이 연구한 최단 시간은 약 10^{-26}초라고 할 수 있다(다만 시간을 직접 측정하는 기법으로 이런 짧은 시간 간격을 확인하기는 아직 무리이다).[9] 우리가 아는 가장 긴 시간은 '우주의 수명'이다. 우주의 팽창이 지속되어 온 것으로 보이는 시간으로서, 현재 추정하기로는 137억 년, 10^{18}초가량 된다. 최장 시간과 최단 시간의 차이는 10^{44}배이므로, 최장 거리와 최단 거리의 차이 비와 동일하다. 우연이 아니다. 우주 가장자리는 광속에 가까운 속도로 우리로부터 멀어지고, 아원자 세계를 날아다니는 입자들 또한 광속에 가까운 속도로 움직인다. 우주의 변경에서든 아원자 세계의 변경에서든, 거리와 시간을 잇는 자연 고리는 광속이다.

질량

질량은 관성의 단위이다. 정지한 물체를 움직이는 일, 움직이는 물체의 방향을 바꾸거나 정지시키는 일이 얼마나 어려운지 재는 척도이다. 날아오는 야구공을 멈추는 일쯤은 쉽게 할 수 있다. 같은 속도로 날아오는 볼링공이라면 일이 좀 어렵다. 같은 속도로 육박해 오는 화물차를 멈추겠다는 생각일랑 아예 하지 않는 게 좋다. 야구공보다 볼링공

---

9 우주론 연구자들은 빅뱅 이후 10^{-43}초까지 시간 계산의 한계를 바싹 밀어붙인 상태다.

이, 볼링공보다 화물차가 더 큰 질량 또는 관성을 지닌 것이다. 질량이 클수록 물체의 운동 상태를 바꾸기는 어렵다. 아원자 입자들은 일상의 물체들에 비하면 질량이 없는 것이나 마찬가지다. 우리는 매 순간 우리 몸에 쏟아지는 무수한 뮤온들을 막아 내고 있으면서도 아무 기척도 느끼지 못한다. (뮤온은 지구로 들어오는 우주선 때문에 상층 대기에서 생겨나는 불안정한 입자이다. 창공에서 떨어지는 뮤온들은 이른바 배경 복사라 불리는 것의 일부이다.)

일상생활에서 우리는 질량이 무게와 같다고 생각한다. 물체의 질량을 알고 싶으면 무게를 잰다. 우연찮게도(사실 전적으로 우연은 아니고, 깊은 이유가 있기는 하다) 중력이 물체를 끌어내리는 힘이 물체의 질량에 비례하여 커지기 때문이다. 덕분에 지구 표면에서는, 지구 중력이 물체를 얼마나 세게 당기는지를 측정하여 물체의 질량을 파악할 수 있다. 식료품 가게나 트럭 중량 측정소에서는 얼마든지 통하는 방법이지만, 우주 공간에서는 그렇지 않다. 지구를 도는 우주 정거장에 탑승한 비행사는 무게가 없다. 하지만 질량은 있다. 비행사 줄리나 비행사 잭이 궤도 운항 중에 저울에 오르면 눈금은 0에서 꼼짝도 하지 않을 것이다. 무게가 없다는 것은 그 뜻이다. 하지만 줄리와 잭이 손을 맞대고 서로 밀면, 둘 다 힘을 기울여야만 상대방을 움직이게 할 수 있다. 두 사람이 질량 또는 관성을 지니고 있기 때문이다. 그들이 서로 멀어지는 속도는 각자의 질량에 반비례한다. 가령 서로 밀친 뒤에 줄리는 1.2m/s의 속도로 날아가고 잭은 1.0m/s의 속도로 날아갔다면, 잭의 질량이 줄리의 질량보다 1.2배 큰 것이다. 잭은 줄리보다 딱 그만큼 더 움직임에 저항한다. 줄리가 자기 질량을 알아보려면 1킬로그램짜리 아령을 밀친 뒤

아령이 멀어지는 속도가 자신의 반동 속도보다 얼마나 빠른지 확인하면 된다. 실제로 오랜 임무 중에 우주 비행사의 몸무게가 느는지 주는지 알아보기 위해 마련된 특수 의자가 있다. 비행사가 앉으면 의자가 양쪽으로 마구 흔들린다. 의자는 비행사가 흔들림에 대해 얼마만큼의 저항력을 발휘했는지 확인한 뒤 결과를 '무게'(실제로는 질량이다)로 환산해 보여 준다.

깃털보다 가벼운 입자의 질량도 비슷한 방식으로 잴 수 있다. 전하를 띤 입자라면 자기장 속에서 휘어질 것이다. 입자의 속도를 알면 입자가 남긴 궤적의 곡률로부터 입자의 질량을 계산할 수 있다. 운동하는 입자에 강성rigidity이 있다는 표현도 쓰는데, 입자가 운동 방향을 바꾸려는 힘에 대해 저항한다는 뜻이다. 질량이 크거나 속도가 빠른 입자는 강성도 크다.

아인슈타인의 질량-에너지 등가 원리($E=mc^2$)로부터 입자 질량을 계산하는 방법도 있다. 이 방정식의 내용과 의미에 대해서는 뒤에서 알아볼 것이고, 지금은 간단하게만 설명하면 충분하다. 실험자가 입자의 총 에너지를 안다고 하자. 가령 어떻게 생성된 입자인지 알면 총 에너지를 알 수 있다. 그리고 운동 에너지를 측정했다고 하자. 그러면 총 에너지에서 운동 에너지를 뺌으로써 질량 에너지를 알 수 있고, 질량을 알 수 있다.

1장에서 지적했듯이, 과학자들은 흔히 에너지를 통해 입자의 질량을 계측하고 기록한다. 예를 들어 양성자의 질량이 9억 3800만 전자볼트(938메가전자볼트)라는 말은, 양성자의 질량에 광속의 제곱을 곱하면 그만한 에너지 값이 나온다는 뜻이다. 킬로그램으로 따지면 양성자 질량은 1.67×10^{-27}이라는 미미한 규모다. 어째서 입자 질량을 논할 때 메가전자볼트(MeV)나 기가전자볼트(GeV)를 쓰는 쪽이 편한지 알 수 있다.

질량 이야기도 우주적 사고를 덧붙이며 마칠까 한다. 이런 질문은 어떨까. 우주의 질량은 얼마인가? 확실하게 알려진 답은 없지만 대략의 추정치는 존재한다. 천문학자들에 따르면 가시 우주에 존재하는 별들의 수는 10^{22}개쯤으로, 물 1그램에 든 분자들의 수보다 조금 작다. 별의 평균 무게, 곧 질량은 약 10^{30}킬로그램이므로, 별들의 총 질량은 약 10^{52}킬로그램이다. 물질 1킬로그램에 양성자 약 10^{27}개가 담겨 있으니, 가시 우주에는 매우 거칠게 추정하여 10^{79}개의 양성자가 존재한다.[10] 또한 (이른바 암흑 물질이라는) 눈에 보이지 않는 우주도 있는데, 그 질량은 가시 우주의 여섯 배 이상일 것이라고 한다. 암흑 물질은 대체 뭘까? 이 질문은 오늘날의 우주론이 당면한 가장 중요한 미결 과제들 중 하나이다.

.

에너지

가장을 하고 무대에 섰다가 내려가서 얼른 다른 의상으로 갈아입고 올라오는 배우처럼, 에너지는 많은 가면을 갖고 있다. 잽싸게 이 얼굴에서 저 얼굴로 바꾼다. 이처럼 형태가 사뭇 다양하기에, 에너지는 자

---

[10] 우주의 알려진 부분에 담긴 전자의 수도 아마 이와 같아서 대략 10^{79}개일 것이다. 광자는 더 많아서 10^{88}개쯤이고, 중성미자의 수도 광자와 비슷하다. (물리학자 조지 가모브는 이런 문구를 써 붙인 작은 성냥갑을 지니고 다녔다. '최소 100개의 중성미자가 들어 있음을 보증함.')

연을 설명할 때마다 빠짐없이 등장하고, 과학에서 제일 중요한 개념이 자신이라고 타당하게 주장할 수 있다.

에너지가 중요한 것은 비단 형태가 다양해서만은 아니다. 늘 보존된다는 점도 못지않게 중요하다. 우주의 총 에너지는 언제나 일정하다. 한 종류의 에너지가 줄어들 때는 반드시 다른 종류의 에너지가 늘어나 손실을 상쇄한다. 우리가 잘 아는 에너지들은 위치 에너지, 화학 에너지, 핵에너지, 전기 에너지, 복사 에너지, 열에너지 등이다. 입자 세계에서 중요한 두 가지 에너지 형태는 운동 에너지와 질량 에너지이다. 운동 에너지는 움직임의 에너지이고, 질량 에너지는 존재의 에너지이다.

빠르게 움직이는 입자일수록 운동 에너지가 크다. 정지한 입자의 운동 에너지는 0이다. 동일한 속도로 움직이는 두 입자가 있다면 질량이 큰 쪽의 운동 에너지가 크다.[11] 광자는 조금 특이하다. 광자는 c 라는 불변의 속도로 움직이는데, 질량이 없음에도 불구하고 운동 에너지를 지닐 수 있다. 광자를 감속시키거나 멎게 하는 일은 불가능하므로(하지만 파괴할 수는 있다), 광자의 운동 에너지는 0이 될 수 없다. 또 광자는 질량이 없으니, 질량 에너지가 없다. 광자는 순수하게 운동으로만 이루어진 존재이다.

질량이 에너지의 한 형태임을 발견한 사람은 20세기 초의 알베르트

---

11 광속에 한참 못 미치는 속도에 한해서, 속도 v로 움직이는 질량 m 입자의 운동 에너지(KE)는 공식 $KE = (1/2)mv^2$으로 표현된다. 광속에 가까운 속도라면 이 '고전' 공식은 '상대성' 공식으로 대체되어야 한다. 속도가 광속에 가까워지면 운동 에너지가 무한에 가까워질 것이기 때문이다. 하지만 빛 자체는 전혀 다른 공식을 따른다. 빛의 운동 에너지는 진동수 또는 파장에 달려 있다. 푸른 광자는 붉은 광자보다 운동 에너지가 크다.

아인슈타인이었다. 이 공식을 모르는 사람은 없다.

$$E = mc^2$$

뜻을 살펴보자. 첫째, 공식에 따르면 질량 에너지, 곧 존재의 에너지는 질량에 비례한다. 질량이 두 배가 되면 질량 에너지도 두 배가 되고, 질량이 없으면 질량 에너지도 없다. 광속의 제곱인 c^2이라는 값은 비례상수라고 한다. 이 값은 질량 표현 단위를 에너지 표현 단위로 환산해 주는 일을 한다. 비유를 위해서, 차에 기름을 넣을 때의 비용을 계산하는 아래 방정식을 보자.

$$C = LP$$

비용 C는 기름의 양인 L에 리터당 가격인 P를 곱한 것과 같다. 비용은 휘발유량에 비례하고, P는 그 비례의 상수로서 휘발유량을 돈으로 환산해 주는 역할을 한다. 이처럼 c^2도 가격이다. 단위 질량당 에너지 값으로서, 단위 질량을 만들어 내기 위해 대가로 치러야 할 에너지 가격을 뜻한다. 솔직히 엄청 비싼 가격이다. 에너지는 줄, 질량은 킬로그램이라는 표준 단위로 표현하면 $c^2 = 9 \times 10^{16}$ J/kg이다. 질량은 엄청나게 농축된 형태의 에너지인 것이다. 작은 질량이 커다란 에너지를 낼 수 있다. 작은 질량을 만들기 위해서는 커다란 에너지를 들여야 한다.

현대의 가속기가 맡은 주된 임무는 운동 에너지를 질량 에너지로 바꾸는 일이다. 정지 에너지의 1,000배는 됨직한 운동 에너지를 지닌 양

알베르트 아인슈타인
(1879~1955),
1954년의 모습.
〔AIP 에밀리오 세그레
영상 자료원 제공〕

성자가 다른 양성자에 부딪치면, 그 막대한 양의 운동 에너지가 새로운 질량을 탄생시키는 데 쓰일 수 있다. 충돌 지점에서 수십 또는 수백 개의 입자들이 생겨날 수 있다. 우리가 그런 충돌 현상을 분석할 수 있는 것도 에너지 및 운동량 보존 법칙이 존재하기 때문이다.[12]

에너지의 형태가 다중적임을 감안하면, 다양한 측정 단위들을 거느리게 된 것도 무리가 아니다. 1줄은 2킬로그램 질량이 1m/s으로 움직일 때의 운동 에너지이다. 1칼로리는 물 1그램을 섭씨 1도만큼 덥히는 데 드는 에너지로, 4줄과 같다. 1킬로칼로리('대칼로리' 또는 대문자 C를 사용해 'Calorie'로 표시한다)는 1,000칼로리이다. 인체를 하루 종일 움직이는 데는 2,000에서 3,000킬로칼로리가 필요하다. 킬로와트시는 매달 전기 요금 고지서에 찍히는 단위다. 1킬로와트시는 360만 줄에 해당하고, 100와트 전구를 10시간 밝힐 수 있다.[13]

아원자 세계에 반가운 속성이 하나 있다면, 에너지와 질량을 보통 동일한 단위로 측정한다는 점이다. 바로 전자볼트이다. 1930년대에 활약한 초기의 사이클로트론(원형 입자 가속기의 한 형태로 자기 공명 가속기라고도 한다―옮긴이)들은 입자를 수백만 전자볼트(메가전자볼트) 에너지로 가속할 수 있었다. 수십 년이 흐르면서 가속기 에너지는 나

----

[12] 운동량은 방향이 있는 양(달리 말해 벡터양)이다. 입자의 운동 방향을 포함한다는 뜻이다. 고전 물리에서 운동량은 질량과 속력의 곱인 mv이다. 아이작 뉴턴이 이것을 '운동의 양'이라 지칭했다. 고속 입자의 경우, 운동량은 $mv/\sqrt{1-(v/c)^2}$이다. c는 광속이다. 북쪽을 향한 운동량과 남쪽을 향한 운동량은 크기가 같으므로 '합쳐서' 0이 된다.
[13] 신문들은 에너지와 힘을 자주 혼동한다. 힘은 와트 단위로 측정되며 단위 시간당 에너지를 말한다. 에너지는 힘에다 시간을 곱한 것이다(킬로와트시처럼 말이다). 전력 회사가 고객에게 파는 것은 이 에너지이다.

날이 높아져, 수백 메가전자볼트에 이르고, 수 기가전자볼트에 이르고, 이제는 1테라전자볼트(TeV, 즉 1조 전자볼트)를 넘어선다. 가속기 에너지는 우리가 아는 가장 뜨거운 물질의 열에너지를 가뿐히 넘어선다. 태양 표면 양성자들의 운동 에너지는 고작 1전자볼트이다. 양성자 질량에 갇힌 에너지양의 10억 분의 1에 불과하다. 하지만 테라전자볼트 가속기 속 양성자의 운동 에너지는 정지 에너지의 1,000배나 된다. 우주 공간에서 지구로 쏟아져 들어오는 우주선 중에는 에너지가 10^{20} 전자볼트에 달하는 것도 있다. 지구의 입자가 가지는 최고 에너지보다도 한참 더 높다. 이 입자들이 어디서 에너지를 얻는지는 아직 미스터리로 남아 있다.

전하

전하는 딱 잘라 설명하기 곤란하지만, 입자를 다른 종류의 입자에 끌리게 만들어 주는 그 무엇이다. 전하가 없어 중성인 입자는 다른 입자들을 끌어당기지 못한다. 최소한 전기적으로는 말이다. 전하는 쌍을 낳는다. 가령 수소 원자는 전자 하나와 양성자 하나라는 쌍으로 이루어져 있는데, 둘은 전기적 인력에 의해 한데 뭉쳐 있다. 에너지가 큰 입자들은 전기력 때문에 쌍을 이루지는 않고, 서로 만나면 일직선 궤적에서 조금 휘어지는 정도이다.

같은 전하끼리(양전하끼리, 음전하끼리)는 배척한다. 다른 전하끼리(양전하와 음전하)는 끌어당긴다. 핵 속에서는 양전하를 띤 양성자들끼리 서로 밀어내지만, 모두를 끌어당기는 '풀'로 작용하는 글루온들이 있기 때문에 척력에도 불구하고 한 덩어리로 유지된다. 하지만 그것도 어느 정도까지이다. 매우 무거운 핵에서는 결국 전기력이 글루온의 반작용을 넘어서므로 핵이 산산이 흩어진다. 자연에 우라늄 핵보다 무거운 핵이 존재하지 않는 것은 이 때문이다.

우주의 거대한 물질 덩어리들(행성, 항성, 은하) 사이는 중력이 지배한다. 중력은 본질적으로 약하지만 언제나 인력으로 작용하는 힘이다. 그보다 규모가 작아지면 전기력이 중력을 압도하는 사례가 흔하다. 빗으로 머리칼을 훑은 뒤 탁자 위 작은 종이 조각에 가까이 대어 보자. 빗에 형성된 전하 불균형은 전체 전하가 1조라고 할 때 1에 해당할 정도로(10^{12} 중의 1) 작은 규모이지만, 종이 조각을 끌어내리는 지구 중력을 누르고 종이를 당겨 올릴 만한 힘이다. 어쩌다 빗이 더 큰 전하 불균형을 갖게 된다면, 빗을 든 사람 머리로 벼락같이 전기가 떨어져 전하가 중화되거나, 빗이 무기나 다름없이 머리 쪽으로 무시무시하게 돌진하게 될 것이다.

어느 전하를 양전하라 부르고 어느 전하를 음전하라 부르는가는 전적으로 임의적인 문제다. 역사적 배경에 따라 오늘날과 같이 결정되었을 뿐이다. 18세기 중반, 벤저민 프랭클린은 물체에서 물체로 쉽게 흘러 다니는 전기 종류가 있다고 결론 내리고, 양전하라는 이름을 붙였다. 그 때문에 양성자는 양성으로, 전자는 음성으로 불리게 되었다. 오늘날 우리는 유동성이 커서 금속에서의 전하 흐름을 담당하는 것은 사실 음성을 띤 전자들이라는 것을 알고 있다.

전하를 소개하는 첫 문단 첫 줄에서 말했듯, 전하는 신비로운 무엇이다. 물리학자들은 전하가 보존되는 까닭은 이해하지만(자연의 미묘한 수학적 대칭 때문이다), 전하가 양자화되는 까닭은 이해하지 못한다. 어째서 양성자와 전자의 전하량은 현재와 같이 늘 동일할까? 왜 관찰 가능한 모든 입자들은 양성자의 전하(+1)나 전자의 전하(−1)와 같은 양을 갖거나, 그것의 간단한 배수로만(가령 +2나 −2) 존재할까? 그런데 왜 쿼크들은 분수 전하를(+2/3나 −1/3처럼) 가질까? 대전된 기본 입자의 바로 옆에서는 어떤 일이 벌어질까? 입자가 진정한 점이라면, 그래서 공간을 전혀 점유하지 않는다면, 입자 지점에서의 전기장은 무한히 커야 한다.[14] 반대로 입자가 공간을 점유한다면, 총 전하를 이루는 작은 전하 조각들이 산산이 흩어지는 일도 일어나야 하지 않을까? 입자의 위치에서는 공간과 시간이 극적으로 휘어지지 않을까? 물어봤자 소용없는 질문들일지 모르지만, 적어도 우리가 전하에 대해 충분하고 깊게 이해하지 못한다는 사실을 드러내 주는 질문들이다.

우리는 전자에게 감사를 표하고 영예를 부여해야 마땅하다. 전자는 아주 특별한 기본 입자일뿐더러(대전 입자들 중 가장 가볍다), 인류의 중공업과 통신 산업에 근간이 되는 일꾼이다. 전자는 컴퓨터의 초소형 회로들 속을 이리저리 오간다. 전자는 무선 메시지를 주고받는 안테나 속에서 진동한다. 전선 속을 고동쳐 흐르며 강력한 모터를 돌린다. 운동 중에 장애물을 만나면 빛과 열을 방출한다.

일상생활에 쓰이는 전하 단위는 쿨롱이다(1785년에 정확한 전기력 법

---

14 역제곱 법칙에 따르면, 역장의 세기는 입자로부터의 거리가 가까울수록 점점 커져서, 거리가 0이면 무한이 된다.

칙을 발견한 프랑스 과학자 샤를 A. 쿨롱의 이름을 땄다). 1쿨롱은 100와트 전구 속에 1초간 흐르는 전하의 양에 맞먹는다. 아원자 세계의 전하 단위는 물론 훨씬 작다. 〈부록 A〉의 〈표 A.2〉에 나와 있듯 e라는 단위가 쓰이는데, 1.6×10^{-19}쿨롱에 해당한다(1쿨롱의 10억 분의 1의 10억 분의 1보다 작다). 살짝 계산을 해 보면 초당 전구를 흐르는 전자의 수는 약 6×10^{18}개임을 알 수 있다.

스핀

세상의 거의 모든 것들이 회전한다. 양성자도, 중성미자도, 은하도, 성단도 돈다. 우리 지구도 하루에 한 번 축을 기준으로 자전하고 1년에 한 번 태양 주위를 공전한다. 태양도 제 축을 기준으로 26일마다 한 번씩 자전하고 2억 3천만 년에 한 번 은하를 회전한다. 그보다 훨씬 오랜 기간에 걸쳐, 은하들도 성단 속에서 서로 회전한다. 하지만 '우주 전체가 회전하나요?'라는 질문은 별 의미가 없다. '무엇을 기준으로요?'라고 하면 할 말이 없기 때문이다. 유명한 논리학자 쿠르트 괴델도 한때 비슷한 의문에 심취했다. 우주의 은하들이 특별히 더 많이 취하는 회전 방향이 있을까? 괴델이 자료를 바탕으로 내릴 수 있었던 결론은, 은하들의 회전축은 온 방향이 가능하도록 무작위로 분포되어 있다는 것이었다. 그런 의미에서 우주 전체는 회전하지 않는다고 말할 수도 있다. 최소한 우리가 감지할 수 있는 회전은 없다.

규모를 축소하여 내려가 보자. 분자들도 회전한다(속도는 온도에 따라 다르다). 원자 속 전자들은 광속의 1퍼센트에서 10퍼센트에 해당하는 속도로 원자핵을 돈다. 핵도 회전할 수 있다. 실제로 대부분의 핵이 회전하고 있다. 핵 속의 양성자, 중성자, 쿼크, 글루온 들도 물론 모두 돈다. 사실상 모든 입자들이, 기본 입자든 합성 입자든 상관없이, 스핀이라는 속성을 지닌다.[15]

우리는 규모에 관계없이 어디서든 두 종류의 회전 운동을 구별할 수 있다. 하나는 (지구의 일일 자전처럼) 물체가 자신의 축을 기준으로 도는 것이고, 그것이 스핀이다. 다른 하나는 (지구가 태양 주위를 연간 공전하는 것처럼) 물체가 외부의 다른 점을 중심으로 회전하는 것이고, 그것이 궤도 운동이다. 두 가지 회전 운동을 공통으로 측정하는 물리량이 각운동량으로, 질량, 크기, 회전계의 속도를 종합적으로 측정한다. 일반적인 운동량이 직선 운동의 '세기'를 측정하듯, 각운동량은 회전 운동의 '세기' 또는 '강도'를 측정한다. 사실상 기본 입자의 정확한 회전 속도를 재는 것은 불가능하지만, 어쨌든 전자 등의 입자들은 측정 가능한 각운동량을 지니고 있다.

닐스 보어가 1913년에 발표한 기념비적인 수소 원자 이론은 각운동량 양자화를 선언한 것이었다. 보어는 플랑크 상수를 2π로 나눈 값(현재는 $\hbar$라 쓰고 에이치-바라고 읽는다)을 궤도 각운동량의 기본 양자 단위로 제안했다. 전자는(또한 다른 어떤 입자도) 0, $\hbar$, $2\hbar$, $3\hbar$등의 궤도 각운동량 값만 가질 수 있지, 그 사이 값들은 가질 수 없다는 뜻이었다. 원

---

15 내가 고등학교에서 물리를 가르칠 때, 학생들이 스핀이라는 주제에 지루함을 느끼는 기색이 보이면 다음 문장이 인쇄된 편지지를 나눠 주며 의욕을 북돋우곤 했다. *Παντα κυκλει* (판타 쿠클레이, '모든 것은 회전한다').

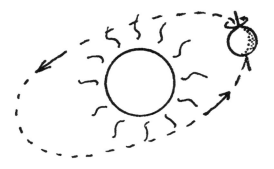

그림 2 스핀과 궤도 운동

자에 관한 자료들도 이 법칙을 뒷받침했는데, 그러던 1925년, 네덜란
드 과학자 사뮈얼 하우드스미트와 조지 윌렌버크가 전자에는 궤도 각
운동량 외에도 스핀 각운동량이 존재하며, 그 크기는 나눌 수 없는 것
으로 보였던 단위의 절반인 (1/2)$\hbar$임을 발견했다. 이제 우리는 고유 스
핀intrinsic spin이 반정수일 수도 있고 정수일 수도 있다는 사실을 안다.
전자와 쿼크의 스핀은 반정수(1/2, 3/2, 5/2 등등)이고, 양성자는 정수
(0, 1, 2 등등)이다.

　하나의 입자는 오로지 한 가지 스핀을 가진다. 스핀은 입자 고유의
속성이다. 그런데 정말 그럴까? 스핀이 다른 두 입자는 동일한 입자의
두 가지 다른 형태인 것은 아닐까? 타당한 지적이다. 하지만 스핀을 바
꾸는 것은 너무나 극적인 변화라서, 우리는 그냥 다른 입자들이라고 본
다. 이런 식이다. 기다란 나무 손잡이의 한쪽 끝에는 도끼날을, 다른 쪽
끝에는 갈퀴 날을 붙였다고 하자. 도끼이자 갈퀴인 이 물건은 동일한
도구의 서로 다른 형태인가, 두 개의 서로 다른 도구인가? 입자물리학

이 차의 운전자는 막스 플랑크를 숭배하는 게 틀림없다.

자의 자질이 있는 사람이라면 서로 다른 도구라고 볼 것이다.

밝혀두자면, $\hbar$는 $1.05 \times 10^{-34} \mathrm{kg} \times \mathrm{m} \times \mathrm{m/s}$이다. 지수에 −34가 있는 걸 보면 이 스핀 단위가 일상생활의 각운동량들에 비해 말도 못하게 작은 양임을 알 수 있다. 그렇다면, 단독 전자의 스핀처럼 작은 양을 어떻게 측정하는 걸까? 몇 가지 이유 때문에 그리 어려운 일이 아니다. 첫 번째 이유는 모든 전자들의 스핀이 동일하다는 것이다. 그래서 다수 전자들의 집단적 스핀 효과를 측정해도 된다. 또 다른 이유는 스핀의 방향이 양자화되어 있기 때문이다. 스핀하는 입자의 회전축은 내키는 대로 아무 방향이나 향하는 게 아니라 몇 가지 특정 방향을 향한다는 뜻이다. 1/2 스핀의 전자는 딱 두 가지 방향만 가리킬 수 있어서, 우리는 '위up'와 '아래down'라고 부른다. 원자를 자기장에 넣으면 전자의 스핀 방향에 따라 에너지가 살짝 달라지기 때문에, '위' 전자가 방출하는 광자와 '아래' 전자가 방출하는 광자의 진동수가 서로 조금 다르다. 우리는 그 진동수(또는 파장)를 정밀하게 측정할 수 있으므로, 전자의 스핀 '뒤집기'에 에너지가 얼마나 필요한지 계산할 수 있다.

각운동량의 양자화 현상은 이론적으로 거시 세계에도 존재한다. 하지만 테니스 선수가 공의 '스핀'을 10^{33} 양자 단위에서 $10^{33}+1$ 양자 단위로 바꾼다고 상상해 보자. 변화의 비율이 너무 작아서 감지할 수 없을 것이다. 미국의 국내 총생산에 1페니의 10억 분의 1의 10억 분의 1을 더하거나, 지구상 총 생명체의 질량에 박테리아 하나의 질량을 더하는 일이나 마찬가지다.

측정 단위들

우리가 보통 사용하는 측정 단위들은, 설령 과학 작업에 쓰이는 것이라도, 모두 임의로 정의된 것들이다. 물질계를 지배하는 기본 법칙들과는 특별한 관계가 없다. 하지만 양자 이론과 상대성 이론에는 두 개의 '자연적' 단위들이 있다. 자연의 법칙과 조화를 이루고 있는 듯한 단위들이다. 우리가 아직 모르는 것은 세 번째 자연 단위가 발견될까 하는 점이다.

미터는 원래 지구 극에서 적도까지 거리의 1,000만 분의 1로 정의되었다. 킬로그램은 물 0.001세제곱미터(1리터)의 질량이다. 미터와 킬로그램의 정의는 지구 크기에 달려 있고, 지구 크기에 특별히 무슨 의미가 있다고 볼 근거는 없다. 세 번째 기초 단위인 시간의 초 역시 지구의 속성과 결부되어 있다. 지구의 회전 속도와 관계있기 때문인데, 이 역시 특별할 이유가 없다. 이집트인들이 밤낮을 12 단위로 나눴고, 수메르인들이 60진법을 선호했기 때문에, 1시간은 하루의 24분의 1이 되고, 1분은 1시간의 60분의 1이 되고, 1초는 1분의 60분의 1이 된 것이다. 다른 합리적인 이유는 없다.[16]

지금껏 100여 년가량 우리 주변을 맴돌아 온 두 개의 자연 단위는 플랑크 상수 b와 광속 c이다. 막스 플랑크가 1900년에 처음 도입했을 때, 플랑크 상수는 완전히 새로운 개념 위에 불안하게 올라앉은 새로운 수에 불과했다. 하지만 알고 보니 그것은 아원자 세계의 규모를 결정하는 양자 이론의 기본 상수였다. 플랑크 상수가 더 작다면(그냥 가정이다), 원자는 더 작을 테고 양자 이론은 일상생활과 더 멀리 동떨어져 있을 것이다. 플랑크 상수를 마술처럼 더 크게 만들 수 있다면, 자연은 훨씬 크게 '덩어리질' 테고 양자 현상이 훨씬 명백하게 드러날 것이다. (이 말을 진지하게 받아들일 필요는 없다. 플랑크 상수가 지금보다 크거나 작다면 삼라만상도 달랐을 테고 자연을 연구하는 과학자들도 지금과 같지 않았을 것이다.)

한편 알베르트 아인슈타인이 1905년에 발표한 상대성 이론의 결합 도구로 광속을 제시했을 때, 광속은 새로운 수도 아니고 새로운 개념도 아니었다. 하지만 광속의 의미가 과거와는 전혀 달라졌다. 광속은 자연의 속도 한계이자, 공간과 시간을, 질량과 에너지를 이어 주는 개념이 되었다. 플랑크 상수 b가 양자 이론의 기본 상수이듯, 광속 c는 상대성

---

16 오늘날 미터와 초는 원자 표준 단위들로 정의된다. 하지만 그 표준들 자체가 기존의 지구 관련 정의들에 부합하도록 선택된 것이다.

이론의 기본 상수이다.

b와 c는 어떤 특정 질량, 길이, 시간을 가리키는 게 아니라 그 세 요소들의 단순한 조합으로 구성된 값이다. 여기에 세 번째 자연 단위가 결합한다면 그야말로 완벽한 측정 기반이 갖춰지는 셈이다. 킬로그램, 미터, 초보다 훨씬 만족스러울 것은 물론이다. (생각 깊은 독자라면 전하의 양자 단위인 e를 세 번째 자연 단위 후보로 추천할지 모르겠다. 안타깝게도 틀렸다. e는 b와 c에 대해 독립적이지 않다. 속도가 시간과 거리에 독립적이지 않은 것처럼 말이다.)

무릇 측정이란, 어떤 단위 체계를 쓰더라도, 결국 비율을 선언하는 작업이다. 내 몸무게가 68킬로그램이라는 것은, 사실상, 내 몸무게가 어떤 표준 물체(1킬로그램의 물)의 무게보다 68배 크다는 것이다. 50분짜리 수업이란 임의로 정의된 분이라는 시간 단위보다 50배 긴 시간이란 뜻이다. 자연 단위를 쓸 때는, 임의로 정의된 단위들과의 비율보다는 물리적 의미가 있는 양들에 대한 비율을 자주 말한다. 자연 단위들의 규모에서 볼 때, $10^{-6}c$로 나는 비행기는 상당히 느리다. $0.99c$로 달리는 입자는 상당히 빠르다. $10{,}000\hbar$의 각운동량은 크다. $(1/2)\hbar$의 각운동량은 작다.

어떤 의미에서는 '자연' 단위 b와 c도 임의적일지 모른다. 하지만 과학자들은 이들이 자연계의 근본 속성에 직접적으로 결부되어 있다는 데 다들 동의한다. '전적으로 자연스러운' 물리학을 위해서는 자연 단위 하나가 더 필요한데, 아직 발견될 기미가 없다. 이 단위는, 발견된다면 말이지만, 시간 길이일 가능성이 크다. 새 단위는 아원자 세계의 공간과 시간에 대해 전혀 새로운 세계관을 열어 줄 것이다. 아니, 그보다는 현재까지 탐사된 어떤 현실의 차원보다도 소규모인 아원자-하위 세계에 관해 이야기해 줄 것 같다.

1. (a) 1,370을 과학용(또는 지수) 표기법으로 표기하면 어떻게 되는가?
   (b) 3.14×10^2을 지수 없이 표현하면 어떻게 되는가?

2. 40기가바이트의 하드 드라이브는 얼마나 많은 바이트를 저장한다는 뜻인가? ('기가'의 뜻은 〈부록 A〉의 〈표 A.1〉에서 찾아보라.)

3. (a) 1나노미터는 얼마인가?
   (b) 1펨토미터는 얼마인가?

길이

4. 과학자들은 몇 펨토미터 수준으로 작은 길이를 어떻게 측정하는가?

5. 원자핵의 유한한 크기가 처음 밝혀진 실험은 어떤 것이었는가?

6. 입자의 에너지가 커지면 입자의 파장은 어떻게 되는가?

7. 이른바 플랑크 길이인 약 10^{-35}미터를 양성자 크기인 약 10^{-15}미터로 만들려면 10^{20}을 곱해야 한다. 만약 양성자 크기에 10^{20}을 곱해 주면 결과는 얼마나 될까? 그만한 크기의 무언가를 상상할 수 있는가?

8. 끈들은 원자핵의 크기와 같은가, 아니면 그보다 크거나 작은가? 그 답과 끈이 아직 가설인 이유가 관련이 있는가?

속도

9. 자연의 속도 한계는 얼마인가? 궤도를 도는 우주 비행사의 속도는 그 한계에 가까운가?

10. 전파가 달에 닿았다가 돌아오는 데는 시간이 얼마나 걸리는가?

11. 빛이 태양에서 지구까지 오는 데는 시간이 얼마나 걸리는가?

12. 왜 엔터프라이즈 호의 워프 속도가 과학 소설의 상상에 불과하고 현실의 우주 비행에서 실현될 가망이 없는가?

시간

13. 뮤온 입자의 평균 수명은 약 2마이크로초(2×10^{-6}초)이다. 이것은 아원자 세계에서 짧은 시간인가 긴 시간인가? 이유를 말하라.

14. 입자가 검출기에서 측정 가능한 궤적을 남기려면 얼마나 오래 살아야 하는가?

15. 측정으로 확인한 최장 시간과 최단 시간의 비율이 우리에게 알려진 최장 거리와 최단 거리의 비율과 같은 것은 어째서인가(왜 둘 다 약 10^{44} 차이인가)?

질량

16. (a) 질량은 있는데 무게는 없을 수 있는가? 그렇다면 예를 들어 보라.
    (b) 질량은 없는데 무게는 있을 수 있는가? 그렇다면 예를 들어 보라.

17. 우주 비행사를 양옆으로 마구 흔들도록 제작된 우주선의 특수 의자는 비행사의 무게를 재는가, 질량을 재는가?

18. 입자 운동의 '강성'을 증가시키는 요인은 무엇인가?

19. 양성자 질량은 (에너지 단위로) 대략 측정하여 900메가전자볼트이고, 전자의 질량은 (같은 단위로) 대략 0.50메가전자볼트이다. 양성자 하나의 질량에 균형을 맞추기 위해서는 전자가 몇 개나 필요한가?

에너지

20. 에너지 보존은 무슨 뜻인가?

21. (a) 거시 세계의 에너지 형태를 두 가지만 들라.
    (b) 입자 세계에서 가장 의미 있는 에너지 형태 두 가지는 무엇인가?

22. 광자가 순전히 '운동으로만 이루어진 존재'라고 하는 것은 무슨 뜻인가?

23. 어떤 의미에서 광속의 제곱 c^2이 일종의 '비용'인가?

전하

24. 대전된 입자들 간의 인력과 척력에는 어떤 규칙이 있는가?

25. 핵 속의 양성자들은 서로 밀어낸다. 그런데도 어떻게 그들이 핵 속에 묶여 있는가?

26. (a) 전하 보존이란 무슨 뜻인가?

    (b) 전하 양자화란 무슨 뜻인가?

27. 어떤 의미에서 전자가 '일꾼'인가?

스핀

28. 회전 운동의 두 종류는 무엇인가? 각각의 예도 들라.

29. 닐스 보어가 1913년에 제안한 각운동량 양자화 법칙은 무엇인가?

30. 사뮈얼 하우드스미트와 조지 윌렌버크는 1925년에 보어의 각운동량 보존 법칙을 어떻게 수정하였는가?

31. 스핀이 양자화되어 있다는 것은 무슨 뜻인가?

측정 단위들

32. 알베르트 아인슈타인은 오래되고 친숙한 값인 광속을 어떻게 '새로운' 기본 상수로 변모시켰는가?

33. 어떤 의미에서 모든 측정은 결국 비율을 말하는 것인가?

•• 도전 문제

1. 광속 c를 마일/초 단위로 바꿀 수 있겠는가? (1마일은 1,609미터이다)

2. 파장이 3미터인 물결파가 있다. 이 물결파가 대상에 부딪쳐 회절하는 모습을 통해 탐지할 수 있는 물체의 최소 규모는 어느 정도인가?

3. $E=mc^2$의 뜻을 친한 친구에게 설명해 보라.

4. 킬로그램의 정의가 왜 지구 크기에 달려 있는지 여동생에게 설명해 보라.

5. 공간이 무한히 잘게 나뉘지 않고 '알갱이져' 있다면, 과학자들은 새로운 '자연' 단위를 얻게 될 것이다. 이유를 설명하라.

렙톤들을 소개합니다

***

MEET THE LEPTONS

세 집안이 등장하는 동화가 있다. 첫 번째 집안은 계곡에 살고 바닐라 아이스크림을 좋아한다. 두 번째 집안은 산 중턱에 살고 초콜릿 아이스크림을 좋아한다. 세 번째 집안은 산꼭대기에 살고 딸기 맛 아이스크림을 좋아한다. 세 집안 구성원들 사이엔 모종의 공통점이 있고, 어딘가 연결 고리가 있는 것 같다. 하지만 인류학자들은 연결 고리를 찾지 못했다. 다른 집안끼리는 결코 혼인하지 않고, 서로 간의 상호 작용도 드물기 때문이다. 그런데 고지대 가족 중 사망한 사람은 마술처럼 저지대 가족 일원의 하나로 둔갑한다. 그리고 계곡 가족의 구성원들은 자연적인 사망은 절대 겪지 않고, 다만 다른 지역에서 온 침입자들에 의해 몰살당할 수만 있다. 별다른 이름도 생각나지 않고 해서, 인류학자들은 세 가족에 맛깔 1, 맛깔 2, 맛깔 3이라는 명칭을 붙였다. 자, 이것이 렙톤이라는 입자들을 그럴싸하게 설명해 본 것이다. 전자와 전자 중성미자는 계곡 가족이다. 뮤온과 뮤온 중성미자는 산 중턱 가족이다. 타우 렙톤과 타우 중성미자는 산꼭대기 가족이다. 물리학자들은 가족 간의 연관이 무엇인지 정확하게 모르기 때문에 맛깔 1, 맛깔 2, 맛깔 3이라 부르기로 했다. (취향에 따라 호불호가 갈릴 명명법이다.)

그러니까 렙톤은 총 여섯 가지이고, 같은 맛깔인 것이 두 개씩 묶여 총 세 가지 맛깔이 있다. '렙톤lepton' 이란 단어는 그리스어로 '작다' 또는 '가볍다' 를 뜻하는 말에서 왔는데, 전자와 중성미자들에게는 제법 적절한 표현이다. 하지만 때로 발견은 명칭을 넘어서 버리는 법, 〈부록 B〉의 〈표 B.1〉에 나와 있듯 타우 렙톤은 전혀 가볍지 않다. 인류학자들이 아이스크림 좋아하는 종족들에 '저지대 부족' 이란 이름을 붙였는데, 나중에 보니 몇몇은 산꼭대기에 살더라는 식이다.

〈표 B.1〉은 렙톤의 몇 가지 특징을 정리한 것이다. 렙톤은 모두 1/2 단위 스핀을 가지고, 중성이거나(전하를 띠지 않거나) 한 단위의 음전하를 띤다. 모든 렙톤에는 상응하는 반렙톤이 있다. 렙톤과 질량이 같고 전하가 반대인 입자이다(0의 반대는 0이다). 어떤 렙톤들은 불안정하다. (불안정성은 방사성과 같은 뜻이다. 정확히 예측할 수 없는 어떤 짧은 기간을 산 뒤, 입자가 갑자기 변형 또는 붕괴를 겪어서 다른 입자들로 바뀐다는 뜻이다.)

표에는 나와 있지 않지만, 렙톤들은 모두 약한 상호 작용을 한다. 이것이 강한 상호 작용을 하는 쿼크들과 결정적으로 다른 점이다(쿼크들은 다음 장에서 살펴보겠다). 쿼크와 마찬가지로 렙톤도 하위 구성 요소들이 알려져 있지 않고, 그래서 기본 입자라 불린다. 정확한 크기도 알려져 있지 않다. 현재까지 수행된 모든 실험에서, 또한 렙톤을 성공적으로 묘사하는 이론들에서 렙톤은 점 입자로 행동한다.

전자

전자, 〈표 B.1〉의 첫 줄에 등장하는 이 입자는 가장 유명한 렙톤일 뿐 아니라, 최초로 발견된 기본 입자이다.

1897년, 영국 케임브리지 대학의 물리학 교수 J. J. 톰슨은 음극선을 연구하고 있었다. 당시 톰슨과 동료 과학자들이 아는 내용은 이 정도였다. 공기를 거의 제거한 유리관 속에 두 개의 금속판을 세우고, 그 사이에 높은 전압을 걸어 한쪽은 양극이 되고 다른 쪽은 음극이 되게 대전시키면, 음극에서 양극 방향으로 모종의 '선'이 흘러갔다. 음극을 캐소드라 불렀기 때문에, 정체 모를 신비로운 선의 이름은 '캐소드선', 즉 음극선이 되었다. (한번 지은 이름은 오래간다. 오늘날 텔레비전이나 컴퓨터에 흔히 사용하는 디스플레이 기기 이름도 음극선관, 즉 CRT이다.)

톰슨과 동시대 과학자들은 보통 직선으로 흐르는 음극선에 자기장을 걸어 주면 휜다는 사실을 알았다. 톰슨은 그 편향 정도를 측정하여, '선'이란 것이 사실 음으로 대전된 입자들로 구성되어 있음을 밝혔다. 나아가 자기 편향과 전기 편향[17]을 동시에 적용함으로써 그 입자들의 질량 대 전하비(m/e)도 측정할 수 있었다. 그 비가 수소 이온의 질량 대 전하비보다 최소 1,000배 이상 작다는 것을 확인하고, 톰슨은 이렇게 썼다. "m/e가 작은 것은 m이 작아서일 수도, e가 커서일 수도, 두 요인이 결합된 탓일 수도 있다." 톰슨은 음극선 입자들이 희박한 기체

---

17 오늘날의 컴퓨터 모니터나 텔레비전 브라운관(CRT일 경우에 국한한다)에서 전자들을 스크린 상 여러 지점으로 조종해 보내는 것은 자기 편향이다. 오실로스코프라는 실험 기기에서는 전기 편향이 전자들을 조종한다.

J. J. 톰슨(1856~1940).
〔AIP 에밀리오 세그레 영상 자료원 제공〕

속을 쉽게 지나다닌다는 사실에 착안하여, 입자가 큰 전하를 지녔을 리는 없으므로 원자에 비해 크기가 매우 작을 것이라고 결론 내렸다. 정확한 결론이었다. 톰슨의 측정과 결론은 우리가 전자의 발견이라고 부르는 사건의 핵심이다.

"음극선을 이루는 물질은 새로운 상태의 물질이다. 우리는 통상적인 기체 상태보다 한 단계 더 분해된 상태의 물질을 보고 있다." 톰슨의 이 말은 입자물리학을, 나아가 아원자 물리학을 출범시킨 것이나 마찬가지였다. 과학자들은 음으로 대전된 가벼운 신종 입자가 원자의 구성 요소이리란 사실을 즉시 깨달았다. 과학자들은 원자에 전기적 속성이

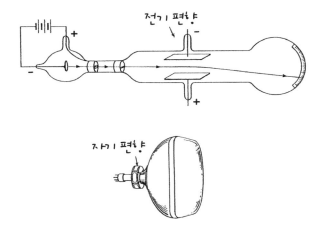

그림 3 **톰슨의 CRT(위)와 현대의 CRT.**

있다는 사실을 이미 알고 있었다. 원자는 쉽게 이온화되고(대전되고), 빛을 방출하는데, 그것은 전자기적 과정의 결과이기 때문이다. 이제 전자의 정체를 확인했으니, 아귀가 딱 들어맞았다. 과학자들은 원자 구조를 '발명'하는 흥미로운 작업에 착수했다. 닐스 보어가 1913년에 발표한 수소 원자 이론은 가장 거대한 한 걸음이라 할 수 있었으며, 뒤를 따라 1920년대에는 본격적인 양자 이론이 등장하여 원자 구조를 완벽하게 해독해 냈다.

1896년, 톰슨의 연구가 있기 직전에, 프랑스의 앙리 베크렐은 방사능을 발견했다. 어떤 무거운 원소들은 자발적으로 '방사선'을 방출하는 것 같았다. 전 세계 과학자들이 즉시 달려들어 방사능 원자들이 방출하는 물질이 무엇인지 파헤쳤다. 프랑스의 마리 퀴리와 피에르 퀴리, 처음에 캐나다에서 일하다 영국으로 옮겨간 어니스트 러더퍼드 등이 선구자들이었다. 초창기 연구자들은 방사능 원자들이 세 종류의 방사선을 내놓는다는 사실을 알아냈다. 방사선들의 정확한 성격을 알아내지 못한 상태라, 그리스 알파벳의 첫 세 문자를 동원해 알파선, 베타선, 감마선이라고 작명해 버렸다. 그리고 몇 년 만에(1903년 무렵) 알파선은 두 단위의 전하를 가진 헬륨 원자들(지금 우리는 이것이 헬륨 핵임을 알고 있다)이고 베타선은 전자들이라는 사실이 확인되었다. 음극선, 베타선, 전자는 다 같은 것이었다.[18]

전자 이야기를 마치기 전에, 반입자인 양전자 이야기를 잠시 할까 한다. 1928년, 뛰어난 만큼이나 과묵하기로 유명했던[19] 영국 물리학자 폴 디랙이 방정식 하나를 발표했다(당연히 지금은 디랙 방정식이라고 불린다).[20] 상대성 이론의 원리와 양자역학의 원리를 결합하여 전자를 설명하는 방정식이었다. 동료 과학자들은 물론이고 디랙 자신도 결과에 깜짝 놀랐는데, 방정식에 충격적인 두 가지 의미가 감춰져 있었기 때문이다. 첫째, 디랙 방정식은 전자의 스핀이 1/2이어야 한다는 사실을 '예측'했다. 전자의 스핀이 1/2이라는 것은 이미 누구나 아는 사실이었지만, 왜 그런지는 아무도 몰랐고, 전자의 스핀 속성이 수학 이론

---

18 10여 년 뒤, 감마선은 전자기 복사인 것으로 확인되었다. 감마선은 결국 광자들이었다.
19 닐스 보어가 디랙은 말수가 너무 없다고 하자, 어니스트 러더퍼드는 보어에게 이런 이야기를 들려주었다. 애완동물 가게에서 앵무새를 구입한 한 손님이 실망한 기색으로 돌아와 앵무새를 돌려주며, 말을 할 줄 모른다고 불평했다. 가게 주인은 말했다. "이런, 죄송합니다. 말하는 앵무새를 찾으셨군요. 제가 드린 건 생각할 줄 아는 앵무새였어요."
20 엄청난 창조적 성취였던 이 업적은 수학 방정식으로는 어떤 모양일까? 자유 전자에 대해 디랙 방정식은 아래와 같다.
$(ih\partial/\partial t - ihc\alpha \cdot \nabla + \beta mc^2)\psi = 0.$

으로부터 도출되어 나오리라고는 아무도 예상하지 못했다.

둘째, 디랙 방정식은 반물질의 존재를 암시했다. 방정식에 따르면 전자에는 짝이 되는 반전자가 있어야 했다. 질량과 스핀은 같지만 전하가 반대인 입자일 것이었다. 디랙의 이론에 따르면, 양전자와 전자가 만나면 작은 폭발이 일어난다. 펑! 그러고는 전자도, 양전자도 사라지고, 만남에서 탄생한 광자 한 쌍이 남는다. 당시 과학자들은 이 예측을 쉽게 받아들일 수 없었다. 전자만큼 가벼운 양의 입자가 관찰된 적이 없거니와, 그런 '소멸' 사건도 관찰된 적 없었기 때문이다. 디랙조차 잠시 자기 방정식이 낸 예측에 믿음을 잃었다. 디랙은 어쩌면 양성자가 전자의 반입자일지 모른다는 생각을 가볍게 해 보기도 했지만, 그럴 가능성은 거의 없다는 사실을 곧 깨달았다. 게다가 질량이 제 짝과 다른 반입자라니, '우아하지 못한' 발상이었다.

디랙은 선배인 아인슈타인과 마찬가지로, 진실한 방정식은 단순함, 보편성, 그리고 '아름다움'이라는 조건을 만족한다고 믿었다. 신념에

사로잡힌 과학이라고 할 수 있을까? 그렇긴 하다. 하지만 그 신념은 앞선 지식들로 굳어진 탄탄한 바위에 뿌리내리고 있었고, 케플러, 갈릴레오, 뉴턴의 시절에도 물리학의

폴 디랙(1902~1984), 1930년경의 모습.
〔영국 케임브리지 대학교 캐번디시 연구소 제공〕

칼 앤더슨(1905~1991).
〔AIP 에밀리오 세그레 영상 자료원 제공〕

주된 발전들을 성공적으로 일구는 데 기여한 신념이었다. 요컨대 디랙은 자신의 이론은 완벽하여 틀릴 리가 없으니, 진실을 입증하는 것은 실험물리학자들의 손에 달렸다고 주장한 것이었다. 그리고 역사는 정말 그렇게 흘렀다.

1932년, 캘리포니아 공과대학의 칼 앤더슨이 우주선에 노출된 구름상자 속에서 확실한 반전자의 궤적을 발견했다.[21] 오늘날 반전자는 보통 '양전자positron'라고 불린다. 오래지 않아 프랑스의 프레데릭 졸리오퀴리와 이렌 졸리오퀴리가 보강 증거들을 제공했다. 그들이 만들어낸 새로운 방사능 원소들 가운데 몇몇이 붕괴 과정에서 전자 대신 양전자를 방출했다. 디랙, 앤더슨, 졸리오퀴리 부부는 모두 1930년대에 노벨상을 받았다. (프레데릭과 이렌은 1925년에 만났다. 프레데릭이 이렌의 어머니이자 역시 노벨상 수상자인 마리 퀴리의 조수로 일하던 때였다. 프레데

21 칼 앤더슨은 한 파티에서 내게 이런 말을 했다. 유명 물리학자의 나이를 알고 싶으면 그가 최고의 업적을 거둔 시점을 스물여섯 살로 잡고 계산하면 된다는 것이다. 나는 파티 후에 참고 자료에서 앤더슨의 나이를 찾아보았다. 앤더슨이 양전자를 발견한 나이는 틀림없이 스물여섯이었다(1932년 9월에 스물일곱이 되었다). 아인슈타인도 이 규칙을 만족하고, 닐스 보어도 여기 가깝다.

양전자의 존재를 확인한 앤더슨의 구름상자 궤적. 입자가 아래로 떨어진 것은 극판 때문에 속도가 낮아진 탓이고, 극판 아래쪽 궤적의 곡률이 큰 것은 그곳에서 더 느리게 움직였기 때문이다. 음으로 대전된 입자는 오른쪽으로 불룩한 곡률을 가지는 데 반해 이 입자는 왼쪽으로 불룩한 곡률을 가졌다.
〔AIP 에밀리오 세그레 영상 자료원 제공〕

릭과 이렌은 1926년에 결혼하고 하이픈으로 연결한 졸리오-퀴리라는 성을 사용하기로 결정했다.)

이제 우리는 모든 입자에 반입자가 존재한다는 사실을 잘 안다. 중성 입자의 경우에는 입자와 반입자가 동일하다. 가령 광자의 반입자는 광자 자신이다. 그 밖의 대부분의 입자들은 실체가 구분되는 짝으로서의 반입자를 가진다. 〈표 B.1〉의 여섯 렙톤들도 제각기 반입자가 있다.

전자 중성미자

전자 중성미자를 소개하기에 앞서, 알파, 베타, 감마 방사선에 대해 살짝 얘기할 필요가 있다.

• 방사능

베크렐과 후배 과학자들이 19세기 후반 몇 년간 밝혀낸 사실에 따르면, 어떤 원소들은 자발적으로 활성화active하여 방사선radiation을 방출했다. 그래서 '방사능radioactivity'이라는 이름이 만들어졌다. 10여 년의 연구를 통해 과학자들은 방사선이 지속적으로 조금씩 스며 나오는 게 아니라, 갑작스러운 '폭발'들을 통해 방출되는 것임을 알게 됐다. 또 방사선 방출에서 나오는 에너지는 화학 반응에 참여한 단독 원자가 내놓는 에너지보다 훨씬 컸다(거의 100만 배 이상이었다). 핵의 갑작스러운 방사성 변형을[22] 붕괴 현상이라 하는데, 이는 통나무가 썩거나 물리학자가 나이 드는 붕괴 현상과는 아무 관련이 없다. 핵은 꽉 짜인 일정에 따라 붕괴하는 게 아니라 확률적으로만 예측 가능한 어떤 알 수 없는 순간에 붕괴한다. 어떤 핵이 어떤 시간 내에 붕괴할 가능성이 50퍼센트일 때, 그 시간 범위를 핵의 반감기라 한다.[23] 알파 붕괴나 베타 붕괴를 겪은 핵은 다른 종류의 핵, 즉 다른 원소의 핵으로 바뀐다. 새로운 핵은 방사성 핵일 수도, 아닐 수도 있다. 방사성 핵이라면 이전과는 다른 반감기를 가질 것이다. 앞서 말했듯, 핵에서 나오는 것은 일반적 의미의 '선'이 아니라 알파 입자, 베타 입자, 감마 입자 들이라는 '총알'에 가깝다.

　핵이 알파 입자를 방출한다는 사실 자체는 그리 놀랍지 않다. 알파 입자도 하나의 작은 핵이므로, 커다란 핵 덩어리에서 작은 부스러기가 떨어져 나오는 모습을 상상하면 된다. 진짜 문제는 다른 것이다. 왜 알파 입자는 어미핵 속에서 그렇게 오래 기다리는 걸까? 때로 수백만 년, 심지어 수십억 년까지? 1928년 당시 코펜하겐에 살던 러시아 출신 이민자인 조지 가모브, 그리고 영국 물리학자 로널드 거니와 함께 일하던 미국 물리학자 에드워드 콘던이 서로 독립적으로 답을 찾아냈다. 그들은 알파 붕괴의 굼뜬 속도를 설명하기 위해, 막 구축되고 있던 양자역학이라는 새로운 학문의 도구들을 활용했다. 그들에 따르면, 고전 이론

---

22 방사능이 발견되고도 몇 년간 원자 내부 구조가 해독되지 않은 채였기에, 베크렐과 동료들은 원자 내 어느 곳에서 방사능이 유래하는지 꼬집어 말하지 못했다. 핵이 방사능의 원천이라는 사실은 1911년에 확실해졌다. 어니스트 러더퍼드와 영국 맨체스터 대학교 동료 과학자들이 원자 질량 대부분이 중앙의 자그만 핵심에 담겨 있음을 확인한 뒤였다.
23 방사성 핵의 반감기는 수천 분의 1초에서 수십억 년까지 다양하다. 수명을 측정하는 또 다른 방법은 평균 수명을 재는 것이다. 특정 핵의 반감기는 평균 수명의 69퍼센트에 해당한다.

앙리 베크렐(1852~1908).
〔AIP 에밀리오 세그레 영상 자료원 제공〕

으로는 알파 입자가 어미핵에서 탈출하는 현상을 절대 해석할 수 없다. 알파 입자를 붙드는 핵력이 너무 강하기 때문이다. 하지만 양자 이론에 따르면 알파 입자가 '터널링' 하여 나올 수 있다. 여기서 양자의 기이한 성격이 본색을 드러낸다. 알파 입자는, 아주 드문 확률에 따라, '투과 불가능한' 장벽을 뚫고 도망칠 수 있다는 것이다. 뒤에는 전하와 질량이 줄어든 핵을 남기고 말이다.

감마 붕괴의 비밀은, 그 정체가 고진동수 전자기 복사 방출이라는 사실이 알려지자 깨끗이 벗겨졌다. 원자 속 대전된 전자들이 한 양자 상태에서 다른 상태로 뛰면서 빛을 방출하듯, 핵 속의 대전된 양성자들도 똑같은 일을 할 수 있다. 양성자는 전자보다 높은 진동수로 진동하고 양자 도약의 에너지 규모도 크기 때문에, 양성자가 방출하는 '빛'은 전자가 방출하는 빛보다 진동수가 훨씬 높을 뿐이다. 그 빛이 감마선이다. 현대적 용어로 풀면 이렇다. 핵의 양자 도약을 통해 생성된(방출된) 광자는 원자의 양자 도약을 통해 생성되고 방출된 광자보다 에너지가 크고 진동수가 높다.

1905년, 알베르트 아인슈타인은 5년 전에 막스 플랑크가 제시한 공식 $E=hf$를, 광자의 에너지 E와 광자의 전자기 진동 주파수 f는 비례 상수인 플랑크 상수 h를 매개로 정비례한다는 뜻이라고 해석했다. 그러니 광자의 에너지가 두 배면 진동수도 두 배가 된다. 핵의 감마선 광자가 가시광선 광자보다 1,000배 큰 에너지를 가진다면, 진동수도 1,000배 클 것이다. 평범한 기준으로 보면 h가 몹시 작기 때문에 개별 광자의 에너지 E 또한 몹시 작지만, 그렇다고 0은 아니다! 특정 진동수 f로 복사되는 에너지 가운데 단독 광자의 에너지인 hf보다 작은 양은 존재하지 않는다.

자, 1920년대의 과학자들은 감마 붕괴에 대해서는 특별히 혼란스럽게 생각하지 않고, 알파 붕괴에 대해서는 조금 신경 쓰는 정도였다(앞서 말했듯 이 걱정은 가모브, 콘던, 거니에 의해 해결되었다). 하지만 베타 붕괴는, 끔찍하게 혼란스러운 존재였다. 핵에서 전자들이 발사되어 나온다니, 세 가지 이유에서 환영할 수 없는 현상이었다.

첫째, 전자가 방출 직전에 어떤 형태로 핵에 붙들려 있는지 아무도 몰랐다. 양자역학에 따르면 전자는 핵 속에 가둘 수 없었다. 전자가 핵 속에 들어 있다면 꽤 확실한 위치를 지닌다는 말이 된다. 그런데 위치 불확정성이 작을수록 운동량 불확정성은 커진다(라고 베르너 하이젠베르크는 불확정성 원리에서 말했다). 따라서 전자는 커다란 운동 에너지를 가질 것이고, 핵 밖으로 튕겨 나가 버릴 것이다. 양손으로 풍선을 쥐는 것과 비슷하다. 풍선을 세게 움켜쥘수록 풍선 일부가 손가락 밖으로 비어져 나오기 때문에, 풍선을 작게 압축하려는 시도는 성공하지 못한다.

둘째, 어떤 종류의 방사성 핵에서 발사되는 전자들은 에너지가 일정하지 않았다. 심지어 에너지 평균을 내어 보니 붕괴 과정에서 핵이 잃는 에너지보다 작았다. 에너지의 일부가 눈에 보이지 않는 감지 불가능한 형태로 새고 있거나, 그도 아니면 에너지 보존 법칙의 신성불가침이 깨지는 판국이었다.

셋째 난점은 베타 붕괴 전후의 핵스핀 문제였다. 실험자는 핵의 스핀을 측정함으로써 핵 속에 1/2 스핀 입자들이 짝수 개 들었는지, 홀수 개 들었는지 알 수 있다. 가령 1/2 스핀 입자를 홀수 개 지닌 핵이 전자 하나를 방출하면(전자의 스핀도 1/2이다), 뒤에 남는 딸핵은 전자 하나

볼프강 파울리(1900~1058), 1931년 여름에 캘리포니아 공과대학으로 가기 위해 네바다 주 칼린의 기차역에 선 모습.
〔AIP 에밀리오 세그레 영상 자료원 제공〕

만큼이 빠졌으니 1/2 스핀 입자들을 짝수 개 갖게 된다. 과학자들이 믿기로는 그래야 했다. 그런데 핵은 예상을 배반했다. 실험 결과, 어미핵의 1/2 스핀 입자 수가 홀수이면 딸핵도 홀수였고, 어미핵이 짝수이면 딸핵도 짝수였다. 어려움이 가중되었다.

• 베타 붕괴와 전자 중성미자

이때, 두 개의 돌파구가 베타 붕괴를 파헤칠 길을 열어 주었다. 첫째는 스위스의 볼프강 파울리가 한 제안으로서, 스핀이 1/2이고 질량도 작지만 전기적으로 중성이고 눈에 보이지 않는 미지의 입자가 전자와 함께 방출된다는 가정이었다. "친애하는 방사능 신사 숙녀 여러분." 파울리는 1930년 12월에 독일 튀빙겐에서 열린 물리학자 모임에 위문장으로 시작하는 편지를 보냈다. 파울리 본인이 참석하지 못했기 때문이다(그는 취리히에서 열리는 무도회에 참석하는 쪽을 택했다). 새로운 중성 입자를 제안하는 까닭은 베타 붕괴 "문제로부터 벗어나려는 절박한 몸부림"이라고 했다. "현재로서는 이 발상을 감히 공식 발표할 마음은 없습니다. 그래서 우선 친애하는 방사능 동지들만 믿고 묻습니다. 어떻게 하면 그런 중성자를 실험적으로 확인할 수 있을까요?"[24] 당연한 일이겠지만, 파울리의 '중성자'에 대한 반응은 가지각색이었다. 누구도 그것을 관찰하거나 그 속성을 측정할 방안을 생각해 낼 수 없었기 때문이다. 그 가정으로 베타 붕괴의 세 문제 중 둘(에너지 보존과 핵스핀)

---

24 원래 독일어로 쓰인 파울리의 편지에서 발췌하여 옮겼다.

이 '해소'된 것은 사실이지만, 순전히 가설에 불과한 개체를 통해 그렇게 했다는 것이 또 문제였다.

파울리의 제안이 있고 2년이 지나지 않아, '진짜' 중성자가 발견되었다. 양성자만큼 거대하고 양성자처럼 핵에서 발견되는 중성의 입자였다. 엔리코 페르미, 놀랄 만큼 명석하고 활기찬 이탈리아 물리학자로서 후에 (시카고에) 최초의 원자로를 지은 사람으로 명성을 날리게 되는 그는[25] 이 발견 이후 파울리의 입자에 새 이름을 부여했다. '작은 중성자'라는 뜻의 중성미자였다. 결국 페르미의 작명이 살아남았다. 물론 〈표 B.1〉에서 보았듯 현재는 그 앞에 세 가지 '맛깔'을 지칭하는 수식어가 붙는다. 개중 파울리와 페르미가 언급한 최초의 중성미자는 전자 중성미자이다.

베타 붕괴를 이해하는 두 번째 돌파구를 연 것도 페르미였다. 1934년, 페르미는 다음 내용의 이론을 구축했다. 방사성 붕괴의 순간, 방사성 핵 속에서 전자가 탄생함과 동시에 중성미자(실제로는 반중성미자)가 탄생하고, 즉시 둘은 핵으로부터 방출된다. 파울리의 고찰과 달리 페르미의 이론은 즉각 환영받았다. 베타 붕괴를 까다롭게 만드는 모든 문제들을 일거에 해소했기 때문이다. 이를테면 베타 붕괴 시의 전자 에너지가 확산되어 있다는 관찰을 정확하게 설명했다. 무엇보다도 현

---

[25] 페르미는 훌륭한 선생님으로 유명했고, 습관의 사나이인 것으로도 유명했다. 매일 아침 같은 시각에 일어나, 같은 아침을 먹고, 같은 뉴스 프로그램을 들었다. 나는 1951년에 페르미와 함께 예메츠 산맥을 등산하며 인도 주사위 놀이를 한 적 있다. 직접 보니 페르미는 또한 무엇이 되었든 그 순간 하는 일을 성공으로 이끌려 노력하는 사람이었다. 페르미를 싫어하기란 불가능에 가까웠다. 페르미는 학생들로부터도 존경을 받았다.

엔리코 페르미(1901~1954), 1928년경 모습.
[AIP 에밀리오 세그레 영상 자료원 제공]

재까지 양자물리학의 핵심으로 남아 있는 특별한 발상을 대담하게 선언한 점이 중요했다. 미시 세계의 상호 작용은 입자들의 생성과 소멸을 통해 일어난다는 발상이다. 당시에도 전자기 상호 작용에 대해서는 이 개념이 사실로 알려져 있었다. 전자기 상호 작용은 광자들의 생성과 소멸(방출과 흡수)을 통해 일어난다. 과학자들은 입자-반입자 쌍이 상호 소멸을 일으킬 수 있다는 사실도 알고 있었다. 그러나 베타 방사선을 입자들의 생성과 소멸로 해석하고, 나아가 모든 상호 작용을 묘사할 수 있는 무대를 열어젖힌 것은 순전히 페르미의 창조적인 재능 덕분이었다.

그 후 대부분의 물리학자들은 중성미자의 존재를 인정해 왔다. 그렇지만 중성미자가 직접 관찰된 것은 1956년의 일이다. 그해, 사우스캐롤라이나 주 서배너리버 원자로에서 일하던 프레더릭 라인스와 클라이드 코완은 원자로에서 초당 수십억 개씩 방출되는 중성미자들(다시 말하지만 정확하게는 반중성미자이다) 가운데 극히 일부를 특수한 기구로 잡아내는 데 성공했다.

대중 매체에서는 중성미자를 '미혹의 중성미자'라 부르곤 하는데, 이유가 있다. 중성미자는 이른바 약한 상호 작용만 겪는다. 중성미자가 '무슨 일을 할' 때, 가령 베타 붕괴로부터 방출되거나, 라인스-코완 기구에 흡수될 때, 그 원인은 언제나 약한 상호 작용이다. 사실 약한 상호 작용은 우리가 아는 가장 약한 힘은 아니다. 그 영예는 중력의 차지이다(뒤에서 상세히 설명하겠다). 어쨌든 약한 상호 작용은 대전 입자들과 광자들이 참여하는 전자기 상호 작용, 또는 양성자, 중성자, 쿼크 들이 참여하는 강한 상호 작용보다 한참 약하다. 수백만 전자볼트의 에너지를 지닌 중성미자가 10광년 두께(지구에서 알파 센타우루스 별까지 거리의 두 배가 넘는다)의 단단한 벽에 부딪친다고 상상해 보자. 중성미자가 벽을 통과할 가능성은 절반이 넘는다. 중성미자를 탐지하는 작업은 진정한 도전일 수밖에 없는 것이다!

그러고 보니 궁금한 독자들도 있을 것이다. 과학자들은 대체 어떻게 중성미자를 탐지했을까? 답은 확률에 있다. 조립 공장에서 갓 출고된 자동차들을 생각해 보자. 각 자동차가 심각한 사고 없이 100,000킬로미터 이상 주행할 확률이 절반이 넘는다고 하자. 몇몇은 그보다 먼 거리를 말짱하게 달릴 것이고, 몇몇은 그에 미치지 못할 것이다. 수는 아주 적겠지만 또 몇몇은 10킬로미터도 못 가 심각한 사고를 일으킬 것이고, 정말 드물지만 또 몇몇은 고작 열 블록만에 주저앉을 것이다. 실험실에서 희귀하게 감지되는 중성미자는 공장 문조차 무사히 통과하지 못한 자동차에 해당한다.

프레더릭 라인스(1918~1998), 1950년대에 실험실에서의 모습.
〔AIP 에밀리오 세그레 영상 자료원 제공〕

뮤온

1930년대 초, 기본 입자들의 세상에는 평화가 넘쳤다. 물질은 양성자, 중성자, 전자 들로 구성되어 있었다. 변화, 즉 상호 작용 과정을 매개하는 것은 광자, 그리고 아직 가설이지만 꽤 믿을 만해 보이는 중성미자였다. 그게 끝이었다. 다섯 개의 입자들. 그러나 평화는 오래가지 못했다. 우주 복사를 연구하던 유럽과 미국의 실험물리학자들이 전자보다 200배 무거운 대전 입자에 대한 증거를 찾아냈다. 이는 양성자나 중성자 무게의 9분의 1이었다.

처음에는 희소식인 것 같았다. 얼마 전에 일본 이론물리학자 유카와 히데키가 바로 그 정도 질량을 가지는 새로운 강한 상호 작용 입자가 있으리라는 추측을 내놓았기 때문이다. 히데키는 그 입자들이 핵 속에서 중성자 및 양성자와 교환을 일으킴으로써 강한 핵력을 일으킨다고 주장했다. 이론과 실험의 기막힌 조화, 꼭 그렇게 보였다. 하지만 결국 실험이라는 최종 심판을 통과하지는 못했다. 각국 물리학자들이 전시 업무를 마치고 순수 연구에 복귀한 1945년으로부터 얼마 지나지 않아, 우주선을 연구하던 실험물리학자들은 유카와 입자가 실재하긴 하지만 구름상자나 사진 건판에 궤적을 남기는 보통의 우주선 입자들과는 다른 무엇임을 확인했다. 유카와 입자는 추후 파이온pion이라 불리게 되었고, 우주 복사에 풍부한 입자들은 결국 뮤온muon이란 새 이름을 갖게 되었다.[26]

물리학의 새로운 영역에 들어서는 일은 러시아 소설을 읽는 것과 같다. 외울 이름이 너무 많아서, 처음에는 누가 누군지 헷갈린다. 그러니 잠시 숨을 고르고 입자들의 이름을 정리해 보자. 정말이지 많기도 하다. 과거와는 다른 뜻으로 쓰이는 이름도 있다.

렙톤은 강한 상호 작용을 겪지 않는(쿼크를 함유하지 않는) 1/2 스핀

---

[26] 우주 공간에서 지구로 들어오는 1차 우주 복사는 대부분 양성자들로 이루어져 있다. 양성자들이 대기 중 원자들의 핵과 충돌하여 온갖 종류의 입자를 만들어 내는데, 대부분은 지표까지 도달하지 못한다. 지표까지 도착하는 대전 입자는 대부분 뮤온이다. 손을 뻗어 느껴 보라. 매초 10여 개 이상 뮤온들이 손바닥을 통과하고 있을 것이다. (또한 중성미자도 수조 개씩 통과할 것이다. 그렇다, 수조 개라니!)

의 기본 입자들이다.

바리온(중입자)은 쿼크들로 이루어져 강한 상호 작용을 하는 합성물로, 1/2 스핀(어쩌면 3/2나 5/2도 가능하다)을 가진다. '바리온baryon'이란 단어는 '크다' 또는 '무겁다'를 뜻하는 그리스어에서 왔다. 양성자와 중성자와 기타 여러 무거운 입자들이 바리온이다. 하지만 무거운 입자들 중에 바리온이 아닌 것도 있다.

메존(중간자)도 바리온처럼 쿼크들로 이루어져 강한 상호 작용을 하는 합성물이다. 하지만 반정수(1/2, 3/2 등등) 스핀을 갖는 대신 0, 1, 기타 정수 값의 스핀을 갖는다. '메존meson'이란 단어는 '가운데' 또는 '중간'을 뜻하는 그리스어에서 왔다. 원래 질량이 전자와 양성자 사이인 입자의 이름으로 붙여졌다(그래서 '메조트론'이라고도 불렸다). 우리가 지금 뮤온이라고 부르는 것은 원래 뮤 메존이라고 불렸고, 파이온이라고 부르는 것(유카와 입자)은 파이 메존이라고 불렸다. 이제 우리는 뮤온과 파이온 사이에 공통점이 거의 하나도 없다는 사실을 안다. 파이온은 메존이지만, 뮤온은 아니다. 파이온은 가장 가벼운 메존이다. 다른 메존들은 더 무겁다. 양성자보다 무거운 것도 있다.

쿼크는 강한 상호 작용을 하는 기본 입자들로, 절대 혼자 다니지 않는다. 쿼크는 바리온과 메존을 구성하는 물질이며, 그 자체는 '바리온적'이다. 무슨 말인고 하니 바리온 전하라는 속성을 띤다는 뜻이다. 쿼크 하나와 반쿼크 하나가 결합해 메존 하나를 형성하면 바리온 전하는 0이다. 쿼크 세 개가 결합해 바리온 하나를 만들면 바리온 전하는 1이다. 쿼크는 다음 장에서 소개할 것이다.

힘 운반자는 그 생성, 소멸, 교환을 통해 힘을 일으키는 입자들이다.

우리는 힘 운반자도 렙톤이나 쿼크와 마찬가지로 하부 구조가 없는 기본 입자라 믿는다. 힘 운반자들도 다음 장에서 소개된다.

간략하게만 소개할 이름들도 있다. 강입자는 강한 상호 작용을 하는 바리온과 메존을 한데 부르는 이름이다. 핵자는 핵 속에 있는 중성자와 양성자를 포괄한다. 페르미온(엔리코 페르미의 이름을 땄다)은 렙톤이나 쿼크나 핵자처럼 반정수 스핀을 갖는 입자들을 일컫는다. 마지막으로 보손은(인도 물리학자 사티엔드라 나스 보스의 이름을 땄다) 힘 운반자나 메존처럼 정수 스핀을 갖는 입자들이다.

뮤온으로 돌아가자. 1940년대 말, 실험물리학자들은 우주 복사의 구성 물질 중 하나인 이 요소는 강한 상호 작용 기미가 없다고 결론 내렸다. 너무 쉽게 물질에 침투하기 때문이었다. 뮤온은 모든 면에서 전자처럼 행동했다. 다만 200배 무거웠다. 당시에는 이것이 대단한 의문이었는데, 큰 질량은 강한 상호 작용과 연결되어 있다고 생각했기 때문이다. 강한 상호 작용을 하지 않는 입자들, 즉 전자, 중성미자, 광자는 몹시 가볍다. 그런데 이 입자는 꽤 무거운 축인데도 강한 상호 작용을 하지 않았다. "누가 뮤온을 주문했지?" 콜럼비아 대학의 저명 물리학자 I. I. 라비가 했다는 말이다. 탁월한 이론가 리처드 파인먼은 캘리포니아 공과대학의 연구실 칠판에 호기심이 담뿍 담긴 다음 문장을 적어 두었다고 한다. "어째서 뮤온은 무게가 나갈까?" 한동안 의문은 깊어지기만 했다. 측정이 이루어질 때마다 뮤온과 전자의 공통점만 자꾸 확인되었기 때문이다. 물론 질량을 제외하고 말이다.

그래서 뮤온의 존재 이유가 무엇이든, 물리학자들은 뮤온을 전자의 뚱뚱한 사촌으로 인정하는 수밖에 없었다. 뮤온이 평균적으로 고작

200만 분의 1초를 사는 반면, 전자는 외부 방해가 없는 한 영원히 산다는 차이점은 그리 대단한 것은 아니었다. 모든 입자는 할 수만 있다면 붕괴하고 싶어 한다. 전자가 붕괴하지 못하는 것은 전하 보존 법칙, 그리고 에너지 보존 법칙 때문이다. 더 가벼운 대전 입자가 존재하지 않으니 붕괴를 하려야 할 수가 없다. 뮤온에게는 그런 제약이 없으니 결국 붕괴한다(200만 분의 1초도 아원자 영역에서는 굉장히 긴 시간이다). 사실, 뮤온이 붕괴하는 특정한 방식을 보면, 뮤온이 질량 외에 어떤 점에서 전자와 다른지 알 수 있다. 오로지 질량밖에 차이가 없다면, 뮤온은 때때로 전자 하나와 광자 하나(또는 감마선)로 붕괴할 것이다. 다음 공식처럼 말이다.

$$\mu \rightarrow e + \gamma$$

이 붕괴식은, 실제로 일어난다면 말이지만, 렙톤 수를 보존한다(붕괴 전에 렙톤 하나, 후에도 하나). 그러나 이런 붕괴는 발견되지 않았다. 뮤온과 전자는 분명히 뭔가 다른 점이 있기 때문에 서로 모습을 바꾸는 일이 금지되어 있는 것이다.

그 독특한 서로 간의 특징을 후에 맛깔이라 부르게 되었다. 맛깔은 전하나 바리온 전하처럼 보존되는 성질이다. 상호 작용 후에도 전과 동일해야 한다. 〈표 B.1〉에 적힌 뮤온 붕괴 공식을 보면 알 수 있다. 그 공식에서 붕괴 전에 뮤온 맛깔을 지닌 입자는 딱 하나, 음의 뮤온 자신이다. 붕괴 후에는 뮤온 맛깔을 지닌 다른 입자 하나, 즉 뮤온 중성미자가 탄생한다. 뮤온 맛깔은 보존되었다. 그 공식에서 전자 맛깔도 보존되었을까? 붕괴를 통해 탄생한 입자들 중 전자가 하나 있고, 전자 종류의 반중성미자가 하나 있다. 물리학자들이 하는 식으로 수를 헤아리면, 붕괴 후의 전자 '맛깔 수'는 +1(전자 하나) 더하기 −1(반중성미자 하나)이다. 합하면 0, 붕괴 전과 동일하다. '맛깔'에 수를 부여해서 헤아리는 게 좀 억지스러워 보인다는 건 알지만, 이렇게 잘 들어맞으니 별 수 없다. 세 가지 렙톤 맛깔이 모두 보존된다. (보존 법칙에 대해서는 8장에서 자세히 볼 것이다.)

뮤온 중성미자

1940년대 말, 뮤온의 존재를 확립했던 여러 실험들 가운데 영국 브리스틀 대학교의 세실 파웰과 동료 연구자들이 수행한 것이 있다. 이들은 특수한 사진 건판을 검출기로 활용하여 특이한 입자 궤적을 얻었는데, 오늘날 파이온이라 불리는 입자의 자취 뒤로 뮤온의 자취가 이어지고, 그 뒤로 전자의 자취가 이어지는 궤적이었다. 파이온이 하나의 뮤온 및 하나 이상의 보이지 않는 중성 입자들로 붕괴하고, 이후 뮤온이 하나의 전자 및 하나 이상의 보이지 않는 중성 입자들로 붕괴하는 것 같았다. 그 보이지 않는 입자들이 중성미자들인 듯했는데, 진짜 질문은 이것이었다. 중성미자는 한 가지 종류인가, 두 가지 종류인가? 물리학자들은 뮤온도 전자처럼 연관된 중성미자를 거느리리라 믿을 만한 증거를 가졌지만, 뮤온의 중성미자가 전자 중성미자와 같은지 다른지는 알 수 없었다.

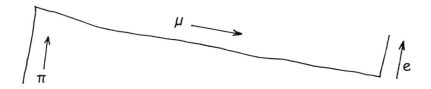

그림 4 사진 건판에 남겨진 궤적 모양이다. 움직이던 파이온이 멈춘 뒤 눈에 보이는 뮤온 하나와 보이지 않는 중성미자 하나로 붕괴했고, 그 뮤온이 움직이다가 멈춘 뒤 눈에 보이는 전자 하나와 보이지 않는 중성미자들로 붕괴했다(실제로는 중성미자 하나와 반중성미자 하나다). 최초의 관찰은 브리스틀 대학교의 세실 파월과 동료들이 1948년쯤에 수행했다. 실제 뮤온의 궤적 길이는 약 0.04센티미터이다.

뮤온이 질량 말고도 전자와 구별되는 특징(지금은 그 특징을 맛깔이라 부른다)을 지녔으니, 뮤온이 거느린 중성미자도 전자 중성미자와 다를 것이라 가정하는 편이 자연스러웠다. 하지만 물리학자들은 가장 단순한 해설이 가장 정확하리라고 믿고 싶어 한다. 꼭 필요하지 않다면 굳이 새 입자를 발명할 이유가 있을까? 전자 중성미자가 이중 작업을 수행해서 뮤온과도 짝을 이룰지 모른다. 오로지 실험으로 결정하는 수밖에 없었다.

드디어 결정적 실험이 수행된 것은 1962년이었다(라인스와 코완이 전자 반중성미자를 탐지한 때로부터 6년이 흐른 해다). 리언 레더만,[27] 멜빈 슈바르츠, 잭 스타인버거가 이끈 콜롬비아 대학교 연구진의 개가였다. 당시로선 최고였던 롱아일랜드 브룩헤이븐 연구소의 33기가전자볼트

---

27 레더만은 후에 시카고 인근 페르미 연구소의 소장을 지냈고, 현재는 고등학교 과학 교육 개혁 운동의 국가적 지도자로 활약 중이다. 9학년부터 물리를 가르치자는 '물리 먼저' 운동을 선두에서 이끌고 있다.

가속기를 활용한 이들은, 우주선이 상층 대기에서 일으키는 현상을 실험실에서 재현했다. 양성자들이 핵을 때려 파이온들을 만든다. 파이온들이 얼마간 날아가다 뮤온들과 중성미자들로 붕괴한다. 충분한 시간과 거리가 주어지면 뮤온들도 붕괴할 것이다. 하지만 연구진은 붕괴하는 파이온이 내는 중성미자들에 관심이 있었다. 과정은 다음과 같다.

$$\pi^+ \longrightarrow \mu^+ + \nu$$

$$\pi^- \longrightarrow \mu^- + \bar{\nu}$$

양의 파이온은 양의 뮤온, 즉 반뮤온 하나와 중성미자 하나로 붕괴한다. 음의 파이온은 음의 뮤온 하나와 반중성미자 하나로 붕괴한다. 뉴nu라고 하는 그리스 알파벳 ν위에 그어진 줄은 반입자임을 밝히는 기호다. 가속기에서 분무처럼 나오는 입자들을 막기 위해, 연구진은 13미터 두께의 철근콘크리트 장벽을 세웠다.[28] 이 정도 장벽은 대전된 입자를 모조리 막아 내기에 충분하지만, 중성미자들에게는(또한 반중성미자들에게는) 아무런 장애도 되지 못한다. 중성미자의 종류가 한 가지밖에 없다면, 장벽을 돌파한 중성미자들은 (원자핵 속에 있는 무수한 양성자들과 중성자들을 담은 상자인) 검출기 속에서 뮤온뿐 아니라 비슷한 수의 전자들도 만들어 낼 것이다. 그러나 실제 실험에서 중성미자들은 오로지 뮤온만 만들어 냈다. 뮤온 중성미자는 전자 중성미자와 동일하지 않

---

[28] 제대로 읽은 것이 맞다. 13미터이다!

뮤온 중성미자를 발견한 팀이 발견에 성공한 해인 1962년에 찍은 사진이다. 팀을 이끈 사람은 맨 왼쪽의 잭 스타인버거(1921년 출생), 맨 오른쪽의 멜빈 슈바르츠(1932년 출생), 슈바르츠 바로 옆의 리언 레더만 (1922년 출생)이었다.

〔리언 레더만 제공〕

앉던 셈이다. 따라서 위의 방정식들은 아래처럼 다시 쓰여야 한다.

$$\pi^+ \longrightarrow \mu^+ + \nu_\mu$$

$$\pi^- \longrightarrow \mu^- + \bar{\nu}_\mu$$

레더만-슈바르츠-스타인버거 연구진은 실험이 진행되는 동안 중성미자가 매초 1억(10^8)개씩 검출기를 통과했다고 추정했다. 연구진은 300시간 실험을 가동하여 29개의 중성미자를 확보했다. 뮤온의 중성미자라고 전자 중성미자보다 잡기 쉬운 상대는 아니었던 것이다!

타우

렙톤은 이만하면 끝났겠지! 1960년대의 몇몇 물리학자들은 그렇게 생각했다. 전자, 뮤온, 각각의 중성미자들, 그리고 이들 네 렙톤의 반입자들. 그것으로 마무리되어야 했다. 특히 당시에는 세 종류의 쿼크에 대한 증거가 있었고, 네 번째 쿼크를 믿을 만한 이론적 근거가 있었다. (네 번째 쿼크는 1974년에 발견된다.) 한 마디로, 네 종류의 렙톤이 있는 게 확실하고, 네 종류의 쿼크가 있을 것 같다고 생각되던 때였다. 다시 평화가 왔을까? 오래가지는 않았다.

캘리포니아 주의 스탠퍼드 선형 가속기 센터에서, 마틴 펄은 미지의 영역을 탐험하기로 결심했다. 뮤온보다 무거운, 아마 훨씬 무거울 대전된 렙톤을 찾기로 한 것이다. 펄은 과학과 정치 양 분야에서 활동가였다. 1960년대에는 베트남 전쟁 항의 시위에 참가하고, 미국 내의 사회 정의를 위한 활동에 나섰다. 1970년대 초에는 복지부동한 미국물리학회와 씨름한 끝에 협회 내에 과학과 사회 주제를 다루는 분과를 설립했다. 스탠퍼드의 몇몇 동료들은 거대한 렙톤을 찾겠다는 펄의 결심을 현명치 못한 처사라고 보았다. 펄은, 솔직히, 이론이 아니라 호기심과 희망의 안내를 따르고 있었다. 펄의 성공을 예견하는 이론물리학자는 아무도 없었다. 실험물리학자 동료들도 펄에게 실패할 거라고 충고했다.

실제로 펄의 탐색은 타우의 발견으로 성공을 거두기까지 장장 수년이 걸렸다. 펄은 1960년대 말에 탐색을 시작했는데 1975년이 되어서야 새로운 렙톤을 암시하는 최초의 증거를 내놓을 수 있었다. 최초의 증거도 약간 불확실했다. 펄과 다른 과학자들이 추가의 실험을 끝마친

마틴 펄(1927년 출생), 1981년의 모습.
〔마틴 펄 제공〕

1978년이 되어서야, 물리학계는 타우의 존재를 전적으로 받아들이게 된다. (그때쯤에는 쿼크도 두 종류 더 발견되어 총 다섯 개로 늘어나 있었다.) 펄의 1995년 노벨상은 그의 집념과 끈기를 인정하는 명예 회복이었다.

 펄이 타우를 발견한 과정은 이렇다. 펄은 스탠퍼드 선형 가속기의 '갈무리 고리'에서 전자 빔과 양전자(반전자) 빔을 충돌시켰다. 이 기기에서 전자들과 양전자들은 커다란 도넛 모양의 울안에 수집되고 (아주 잠깐이지만!) '저장' 된 뒤, 자기장에 의해 지하 경주로를 서로 반대 방향으로 돌기 시작한다. 전자 하나가 양전자 하나와 충돌할 때마다 5기가전자볼트에 달하는 에너지가 생기는데, 그 에너지의 일부가 새로운 입자들의 질량으로 변환될 수 있다. 입자 한 쌍이 소멸할 때 그들의 질량 에너지(또는 '정지 에너지')가 방출된다는 것은 누구나 아는 지당한 사실이다. 그런데 스탠퍼드 선형 가속기에서는 입자들의 운동 에너지가 질량 에너지를(고작 1메가전자볼트 정도이다) 한참 넘어설 정도로 크다. 그래서 그들이 소멸할 때 질량 에너지뿐 아니라 운동 에너지도 새로운 질량의 탄생에 투입된다. 〈표 B.1〉을 참고하면 5기가전자볼트의 에너지는 실제로 타우-반타우 쌍을 만들어 내기에 충분한 양이다. 타우-반타우 쌍의 에너지는 2×1.777기가전자볼트(2×1.777메가전자볼트), 즉 3.55기가전자볼트이다.

펄이 관찰한 반응은 타우의 '서명'을 받은 것이나 마찬가지였다. 과정은 아래와 같다.

$$e^- + e^+ \rightarrow e^- + \mu^+ + 보이지 않는 입자들 \quad (1)$$

이런 것도 있었다.

$$e^- + e^+ \rightarrow e^+ + \mu^- + 보이지 않는 입자들 \quad (2)$$

쌍으로 등장하는 전자와 뮤온의 속성을 바탕 삼아 거꾸로 추론함으로써, 펄은 놀라운 양의 정보를 얻을 수 있었다. 위 반응들의 '전'과 '후' 사이에 새로운 종류의 거대한 입자와 반입자가 잠시 등장했다가 순식간에 붕괴한다는 사실, '보이지 않는 입자들'이라고 지칭한 생성물들은 최소한 네 가지 입자들, 두 가지 중성미자와 두 가지 반중성미자를 포함하리라는 사실 등이었다.

역량이 돋보이는 펄의 분석을 참고삼아, 이제 우리는 위 반응들이 왼쪽에서 오른쪽으로 진행될 때 실제 무슨 일이 일어났는지 설명할 수 있다. 우선, 전자와 양전자가 충돌하여 사라짐과 동시에 타우-반타우 쌍이 등장한다.

$$e^- + e^+ \rightarrow \tau^- + \tau^+$$

스탠퍼드 선형 가속기 센터(SLAC)의 조감 사진. 뒤쪽으로부터 오는 3.2킬로미터 길이의 선형 관에서 가속된 고에너지 전자들과 양전자들이 앞쪽 지하에 있는 고리에 저장된다.
〔스탠퍼드 선형 가속기 센터 제공〕

    보존 법칙들을 점검해 보자. 전하는 전후 모두 0이다. 입자–반입자 쌍들이기 때문에 전자 맛깔과 타우 맛깔도 전후 모두 0이다. 질량은 상당히 많이 생성되었지만, 그럴 만큼 충분한 운동 에너지가 주어졌었다. 타우 입자들은 곧 붕괴한다(바람처럼 빠르게!). 음의 타우가 붕괴하는 방식은 아마 아래와 같을 것이다.

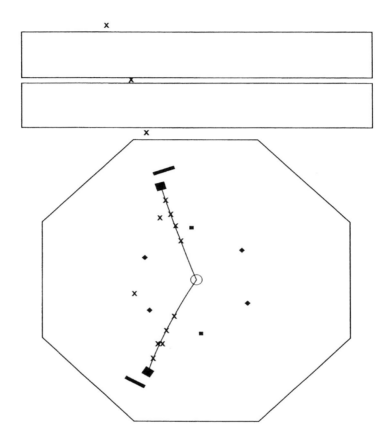

그림 5. 타우 렙톤의 존재를 입증하는 데 도움이 되었던 실험을 컴퓨터로 재구성한 그림. 중앙의 작은 동그라미는 빔이 달리는 관이다. 전자들과 양전자들은 관 속에서 서로 반대 방향으로 달린다. 전자들은 독자를 향해 날아오고, 양전자들은 독자로부터 멀어지는 방향으로 날아간다. 아래쪽으로 떨어지는 궤적은 전자가 만든 것인데, 팔각형 안에서 가던 길을 멈췄다. 위로 솟아오르는 궤적은 뮤온의 자취로, 계속 위로 올라가 두 겹의 차단 물질까지 뚫었다. 전자와 양전자가 중앙 작은 동그라미 속에서 충돌할 때 생긴 타우-반타우 쌍은 여기 보이지는 않지만 이론적으로 추론되는 존재들이다.

〔마틴 펄 제공〕

$$\tau^- \longrightarrow e^- + \nu_e + \bar{\nu}_e$$

양의 타우가 붕괴하는 방식은 아래와 같을 것이다.

$$\tau^+ \longrightarrow \mu^+ + \bar{\nu}_\mu + \nu_\mu$$

항상 보존 법칙들이 끼어들어 각 붕괴 사건에서 어떤 중성미자와 반중성미자가 생성될지를 지시한다. 가령 첫 번째 붕괴 공식을 보면, 타우 맛깔 보존 법칙 때문에 타우가 사라지는 대신 타우 중성미자가 등장했고, 전자 맛깔 보존 법칙 때문에 전자가 생기는 것과 동시에 전자의 반중성미자가 만들어졌다.

τ^- 와 τ^+ 입자의 붕괴 공식을 하나로 합치면, 아래와 같은 전-후 표현식이 된다.

$$e^- + e^+ \longrightarrow e^- + \nu_e + \bar{\nu}_e + \mu^+ + \bar{\nu}_\tau + \nu_\mu \ (3)$$

이는 위의 방정식 (1)과 일치하는 것이다. 다만 이제 보이지 않는 입자들이 무엇인지 드러났다. 중간에 존재했던 τ^-는 이와 달리 음의 뮤온과 뮤온 반중성미자로 붕괴할 수 있을 것이고, τ^+도 양전자와 전자 중성미자로 붕괴할 수 있을 것이다. 다른 말로 방정식 (3) 오른쪽에서 모든 e를 μ로, 모든 μ를 e로 바꾸면, 그 또한 가능한 결과가 된다. 그렇게 방정식 (2)를 설명할 수 있다.

물리학자들은 지나치게 사변적으로 흐르는 것을 일러 '눈속임' 이라

한다. 방금 본 해석, 여섯 가지 보이지 않는 입자들(타우 두 개, 중성미자 두 개, 반중성미자 두 개)을 동원한 해석도 눈속임일까? 아니, 그렇지 않다. 일단 물리학자들이 전자-양전자 충돌로 생기는 뮤온-전자쌍들의 경로와 에너지를 충분히 측정하기만 하면, 눈에 보이지 않지만 긴요한 중간 단계 반응을 수행한 타우들의 질량과 수명을 확실히 결정할 수 있기 때문이다. 전자와 양전자가 충돌하고서 불꽃이 튀는 것보다도 짧은 시간이 흐른 뒤, 전자와 뮤온이 등장해 날아간다. 물리학자들은 두 사건 사이에 벌어진 일을 꽤 분명히 밝힐 수 있다. 클라크 켄트가 공중전화 박스에 들어간 뒤 슈퍼맨이 걸어 나오기까지, 그 사이에 벌어진 일을 분명 우리가 밝힐 수 있듯이 말이다.

타우 중성미자

2000년 여름에는 마지막 렙톤의 증거가 등장했다. 역시 이전에는 한 번도 관찰되지 않은 최후의 기본 입자로 보였다. 일리노이 주 페르미 연구소(당시 세계에서 가장 강력한 가속기를 보유하고 있었다)의 과학자들은 800기가전자볼트의 광자 빔을 텅스텐 과녁에 발사한 뒤, 충돌의 잔해에서 중성미자들을 제외한 나머지 입자들을 최대한 제거하였다. 전하를 띤 입자들은 자기장으로 휘게 해 처리했다. 중성 입자들은 두터운 흡수제로 잡아 내었다. 방해물이 산적한 길을 뚫고 사진 건판 검출기에 도달한 것은 온갖 종류의 중성미자들뿐이었다. 개중 소수의 타우 중성미자들이 (연구진의 계산에 따르면 1조 개 중의 하나 꼴이었다) 검출기에서 상호 작용하여 타우 렙톤들을 만들었고, 전하를 띤 타우는 약 1밀리미터 길이의 자그만 궤적을 건판에 남겼다. 이 궤적은 타우가 붕괴하며 생성한 다른 입자들의 궤적과 함께, 타우 중성미자의 존재를 입증하는 증거였다.

타우 중성미자를 눈으로 목격하기 전에도 물리학자들은 그 존재를 의심하지 않았다. 그래도 렙톤 가족의 속성에 대한 믿음이 확실한 증거로 재차 검증되는 순간, 물리학자들은 안도의 한숨을 쉬었다. 렙톤은 세 가지 맛깔을 지닌 것이 분명하다. 우리는 이제 렙톤의 반응에 대한 탄탄한 이론을 구축했고, 베타 방사선부터 각종 관측 현상에 이르기까지 많은 것들을 설명할 수 있다.

중성미자의 질량

파울리는 1930년에 중성미자(파울리는 그때 '중성자'라고 불렀지만)를 제안하면서, 중성미자는 전자와 거의 비슷한 질량을 지녀야 하고, 어떤 경우에도 양성자 질량의 1퍼센트를 넘지 않아야 한다고 했다. 얼마 뒤에는 중성미자에 질량이 없는 게 아닌가 하는 예측이 나왔다. 베타 붕괴 실험들의 결과에 따른 추측이었다. 베타 붕괴 사건에서 전자와 중성미자가 함께 지녀야 할 총 에너지양이 있다. 전자(관찰된 입자)가 그 에너지 중 일부를 나르고, 중성미자(관찰되지 않는 입자)가 나머지를 날라야 한다. 중성미자는, 조금이라도 질량이 있다면, 최소한 자신의 정지 에너지인 mc^2만큼을 지녀야 한다. 우리가 방사성 핵에서 굴러 나오는 중성미자의 속도를 전혀 감지할 수 없다 해도, 좌우간 그만큼의 에너지를 지닐 것은 분명하다. 그러므로 전자가 지닐 수 있는 최대 에너지는 총 에너지에서 중성미자의 mc^2를 뺀 값이다.

그런데 1930년대의 물리학자들은, 점차 정교한 실험에 성공하는 과정에서, 베타 붕괴 시 핵에서 방출되는 전자들 중 가장 에너지가 큰 것은 총 에너지 전체를 지닌다는 사실을 알아냈다. 따라서 중성미자의 질량은, 질량이 있다 하더라도, 극도로 작아야 했다. (현재는 전자 중성미자의 질량 최대 한계가 전자 질량의 10만 분의 1까지 축소된 상태이다.) 질량이 정확히 0일지 모른다는 가능성은 페르미의 이론에도 들어맞고, 당시에도 완벽히 정상적인 개념으로 여겨졌다. 이미 과학자들은 질량 없는 광자에 친숙했다. 실제로 이론물리학자들은 페르미 이론을 손질하여 중성미자의 질량이 없어야 한다는 주장을 끌어내기도 했다.[29] 그래서 이후 몇 십 년간, 중성미자는 질량 없는 입자라는 것이 정설이 되었다.

질량 없는 중성미자. 단순한 만큼 호소력 있는 개념이다. 하지만 진실일까? 그렇지 않았다. 〈표 B.1〉은 현재 알려진 중성미자들의 질량 최대 한계를 보여 준다. 중성미자의 질량에 대해 어떤 근거가 있는지 확인하기에 앞서, 물리학에서 단순성이 가지는 의미를 잠시 고찰해 보자.

---

[29] 한 실험물리학자가 이런 말을 하는 걸 들은 적 있다. 만약 우주 공간에서 지구로 그랜드 피아노들이 떨어져 내리는 것이 관찰된다면, 이론물리학자들이 24시간 안에 그랜드 피아노가 1차 우주 복사의 핵심 요소임을 보여 주는 우아한 이론을 만들어 내리라는 것이다.

• 단순성에 대한 신념

지난 수백 년간 과학자들은, 특히 물리학자들은, 단순성에 대한 신념을 바탕으로 활동해 왔다. 단순성에 대한 신념이라니, 무슨 뜻일까? 자연이 단순한 법칙들에 의거해 작동한다는 믿음, 우리 인간이 법칙들을 찾아내어 수학적 형태로 기록할 수 있다는 믿음, 그것도 종이 몇 장에 간략하게 쓸 수 있다는 믿음이다. 일군의 관찰 결과를 설명하는 두 가지 해석이 존재할 때 더 단순한 쪽이 옳으리라는 믿음이기도 하다. 물론 어떤 게 더 '단순한' 것인지는 견해의 문제일 수 있다. 하지만 과학자들은 일반적으로 간명함, 개념들의 경제성, 수학적 표현의 간결함, 넓은 활용 범위 등이 기준이라고 동의한다. 그것을 모두 더하면 과학자들이 아름다움이라고 부르는 것이 된다.

예를 들어 보자. 팽창할 수 있는 거대한 구형 공간 한가운데 태양이 있다고 하자. 구가 팽창하면 구의 표면은 정확히 반지름의 제곱에 비례하여 넓어진다. 반지름, 즉 태양에서 구 표면까지 거리가 두 배가 되면, 표면적은 네 배가 된다. 반지름이 세 배면, 표면적은 아홉 배다. 이것이 3차원 에우클레이데스 공간에서의 기하학적인 사실이다.

한편, 뉴턴의 중력 법칙에 따라, 태양의 중력은 거리의 제곱에 정확히 반비례한다. 거리가 두 배가 되면 중력은 네 배 약해진다. 거리가 세 배면 중력은 아홉 배 약해진다. 이것이 물리학적 법칙이다. 이보다 단순한 법칙을 상상하기도 어렵다. 뉴턴에 따르면, 반지름 r에 붙는 지수는 2.1이나 2.0000004가 아니라, 정확히 2이다. 그리고 맥스웰의 전자기 이론에 따르면 이 역제곱 법칙은 대전 입자들 사이의 전기력에도 마찬가지로 적용된다.

하지만 20세기가 되고, 더 깊이 들여다보게 된 물리학자들은, 뉴턴과 맥스웰 이론의 경이로운 단순성이 근사값일 뿐임을 알게 됐다. 아인슈타인의 일반 상대성 이론은 중력과 반지름 r의 매개 지수가 정확히 2는 아님을 보여 주었다(행성과 항성이라면 극도로 2에 가깝지만 말이다). 그 결과 항성에 대해 궤도 운동하는 행성은 뉴턴의 법칙에서와 같이 이전의 타원 경로를 그대로 따르는 게 아니라, 매번 살짝 비껴가면서 일종의 나선 경로를 밟는다. 원자 깊숙한 곳에서도 그렇다. 양자역학의 특징적 존재인 '가상 입자'들이 오가기 때문에, 핵 주변의 전기장 세기는 정확한 역제곱 법칙에서 살짝 어긋난다. 그 결과 1928년의 폴 디랙은 수소 원자 속 전자의 두 가지 운동 상태가 정확히 같은 에너지를 지녀야 한다고 예측했지만(이 얼마나 단순한가!), 실제로는 살짝 다른 것으로 드러났다(그다지 단순하지 않다).

이 상황을 어떻게 설명할까? 이렇게 말할 수도 있다. 자연은 어떤 근사값의 수준에서는 놀랍도록 단순한 법칙들을 보여 준다. 너무나 그럴싸한 근사값들일 때가 많지만, 더 깊이 파고들면 자연은 훨씬 복잡한 법칙들을 드러낸다. 예를 들어, 존 휠러와 여타 연구자들의 이론에 따르면, 엄청나게 짧은 시간 동안 엄청나게 작은 공간을 들여다볼 경우, 부드럽고 매끄러웠던 일상의 시공간은 양자 거품으로 변한다고 한다.

우리 주변의 일상적 물리계는 사실 단순하지 않다. 과학자들이 물리 환경을 단순한 용어로 묘사하는 데 얼마나 고전하는지는 일기 예보만 봐도 알 수 있다. 수면을 달려가는 물결, 바르르 떨리는 나뭇잎들, 모닥불에서 피어오르는 연기. 하나같이 단순한 묘사를 쉬이 용납하지 않는다.

그러니, 크게 말해, 우리는 세 층의 복잡성을 가진 셈이다. 맨 위층, 눈에 보이는 단계는 매우 복잡하다(물결, 떨리는 나뭇잎, 날씨). 그 아래 층은 놀랍도록 단순하다. 지난 몇 백 년간 과학자들이 밝혀낸 것이 이 층이다(뉴턴의 중력, 맥스웰의 전자기 이론, 디랙의 양자 전자). 가장 깊은 층으로 가면, 다시 복잡성이 고개를 든다. 단순성에서 살짝 벗어나는 현상들이 등장한다. 하지만 이들은 우리 주변 환경의 복잡성과는 전혀 다르다. 이들은 더 깊은, 더 미묘한 단순성을 반영하고 있다. 가령 대부분의 과학자들은 몇 줄로 간단히 쓸 수 있는 아인슈타인의 일반 상대성 방정식들이 비길 데 없는 단순성을 지니고 있다고 생각한다. 이 방정식들은 공간과 시간만으로 중력을 설명하며, 왜 중력이 낙하체의 크기나 조성에 상관없이 늘 동일한 가속을 부여하는지를 처음 설명해 냈다. 하지만 이들은 뉴턴의 역제곱 법칙이 100퍼센트 옳지는 않다고 말하는 방정식들이다. 현대의 양자 이론은 아름답고 단순한 기초 방정식들과 개념들을 자랑하지만, 이론이 말하는 바에 따르면 우리가 진공이라 부르며 아무 것도 없다고 생각하는 공간은 사실 입자들이 끊임없이 생성, 소멸되는 약동적인 장소이다. 단순성은 미묘한 것이다. 단순성이 부여하는 아름다움도 마찬가지로 미묘하다.

• 다시 중성미자 질량으로

현대 물리학을 통해 배운 복잡성과 단순성의 세 단계를 염두에 둘 때, 우리는 중성미자가 정말 질량 없는 입자라면 '멋지겠'지만, 그렇지 않고 더 깊은, 아마 궁극적으로 더 단순할 어떤 이론에 의거해 약간의 질량을 갖는 것으로 드러난대도 놀랄 일은 아니라고 인정하게 된다. 최근에 과학자들은 중성미자도 질량을 가진다고 결론지었다. 그 질량은 매우 작으며, 서로 다른 중성미자는 서로 다른 질량을 가진다.

중성미자 질량에 대한 첫 증거는 1990년대에 나왔다. 가미오칸데라는 이름의 어마어마하게 큰 일본의 지하 검출기가 측정한 결과였다. 2001년과 2002년에는 역시 지하 깊은 곳에 있는 서드베리 중성미자 관측소(SNO, 캐나다에 있다)에서도 마찬가지 측정이 이루어졌다.

일본에서 일한 국제 연구진은 검출기를 뚫고 지나는 중성미자들이 만들어 낸 뮤온들을 관찰했다. 한 시간에 하나 정도가 관측되었다. 중성미자들은 대기 상층에서 우주선宇宙線에 의해 탄생한 것이다. 중성미자에게는 지구도 투명한 공간이나 다름없기에, 연구진은 위에서 오는 중성미자뿐 아니라 '발밑에서', 즉 지구 반대편 대기에서 온 중성미자들도 본다. 물론 온갖 다른 방향에서도 중성미자들이 날아든다. 연구진은 발밑에서 오는 뮤온 중성미자들의 수가 머리 위에서 오는 수에 비해 '부족'하다는 사실을 알아냈다. 남들보다 12,000킬로미터 이상 더 달려온 뮤온 중성미자들 가운데 일부가 '사라지고' 있었다. 어째서 이 사실이 중성미자의 질량을 암시하는 증거일까? 자, 앞으로 몇 분간 안전벨트를 단단히 매고 집중하기 바란다.

양자계는 한 번에 두 가지 '상태'로 존재할 수 있다. 그리고 뮤온 중성미자가 '순수한' 입자가 아니어서 하나의 일정한 질량을 갖지 않을 가능성도 있다. 뮤온 중성미자는 정확한 질량을 지닌 두 가지 다른 입자들의 혼합일 수 있다. 타우 중성미자 역시 같은 입자들의 혼합이되, 그 두 가지 입자들이 다른 식으로 섞인 것일 수 있다. 다른 두 입자란 것이 서로 같은 질량을 지녔다면, 혼합 가능성에 대한 고찰은 순전히

가미오칸데 검출기 내부에서 사람들이 보트를 타고 검사를 하고 있다. 검출기에 반쯤 물이 채워진 상태다.
〔도쿄 대학교 우주선 연구소 제공〕

수학적 논의일 뿐 관찰로 확인되는 결과는 생기지 않을 것이다. 하지만
두 다른 입자들이 서로 다른 질량을 지녔다면, 입자의 파동 속성이 중
요해진다. 두 가지 입자가 섞인 상태라면 양자 파동들은 서로 다른 진
동수를 띤다. 진동수는 에너지와 관계있고, 에너지는 질량과 관계있기

때문이다. 그래서 뮤온 중성미자는 서서히 타우 중성미자(전자 중성미자일 수도 있다)로 변했다가, 다시 뮤온 중성미자로 변하기를 반복할 것이다. 이 현상을 중성미자 진동이라고 한다.

음악에 빗대어 설명하면 쉽다. 오케스트라의 두 바이올리니스트가 동시에 A 음을 켠다고 하자. 하지만 두 사람의 A 음이 서로 다른 진동수(음조)라면, 그들은 '맥놀이'를 듣게 된다. 두 진동수의 차이 때문에 진동의 세기가 서서히 커졌다 작아졌다 흔들리는 것을 말한다. 그들이 음조를 같게 맞추면 맥놀이는 사라진다. 비슷한 식으로, 두 '혼합된' 중성미자들의 양자 파동들은 혼합된 입자들의 질량이 동일하지 않을 경우 '맥놀이'를 일으켜 서서히 떨릴 것이다. 중성미자가 질량을 가진다고 반드시 진동이 일어나야 할 필요는 없지만, 거꾸로, 진동이 감지된다면 그것은 중성미자에 질량이 있다는 뜻일 수밖에 없다. 최소한 중성미자들 가운데 두 가지는 서로 질량이 다르다는 뜻이고, 우리가 뮤온 중성미자니 전자 중성미자니 타우 중성미자라고 부르는 입자들이 다른 더욱 '순수한 질량' 상태의 혼합물이라는 뜻이다.

고작 위에서 오는 중성미자보다 아래에서 오는 중성미자의 수가 작다고 이런 결론을 내리다니, 지나친 게 아닌가 싶을지도 모르겠다. 하지만 각도와 에너지에 따라 이른바 중성미자 결핍이 관측되는 현상은 중성미자 질량을 효과적으로 뒷받침하는 대단한 증거이다. 후에 서드베리 중성미자 관측소(SNO)에서 이뤄진 다른 국제 연구진의 실험도 한결 확고한 근거를 제공해 주었다.

서드베리 중성미자 관측소의 검출기는 온타리오 주 니켈 광산 아래 2.5킬로미터 지하에 있다. 검출기에는 1,000미터톤의 중수가 담겨 있어서,[30] 태양으로부터 오는 중성미자들을 연구하기에 알맞다. 천체물리학자들은 이론적 계산을 통해 태양 중성미자들이 얼마나 많이 지구에 도달할지 알 수 있다(제곱센티미터당 매초 수십억 개씩 쏟아진다). 천체물리학자들은 또 태양에서 탄생한 중성미자들은 모두 한 가지 맛깔임을 알고 있다. 태양을 빛내는 열핵 반응에서는 오로지 전자 중성미자만 생기기 때문이다. 미국 물리학자 레이 데이비스의 선구적 작업 덕분에, 지구에 도달하는 전자 맛깔 중성미자의 수가 예측치에 한참 못 미친다는 사실도 수년 전부터 알려져 있었다.[31] 서드베리 중성미자 관측소에서는 그 이유를 밝혀 냈다. 태양을 떠난 전자 맛깔 중성미자들은 중성미자 진동 때문에 지구로 오는 도중 변형을 겪는다. 뮤온 중성미자와 타우 중성미자, 또는 타우 중성미자만으로 변했다가 다시 전자 중성미자로 변하기를 반복한다. 이 3인조 춤의 결과, 지구에 도달하는 태양 중성미자들은 비교적 동등한 비율로 세 맛깔로 나뉘는 것이다.

서드베리 중성미자 관측소 팀의 작업이 어떤 것이었는지 맛보기 위해, 그들이 연구한 두 가지 반응을 소개할까 한다. 중수소의 핵인 중양성자가 결부된 반응들이다. 중수소를 '무겁게' 만드는 것이 바로 중양성자다. 중양성자는 양성자 하나와 중성자 하나로 구성되며, 여기서는

---

30 아무리 자금이 풍부한 연구진이라도 중수를 1,000미터톤이나 살 여력은 없다. 서드베리 중성미자 관측소 팀은 캐나다 원자로 프로그램으로부터 중수를 빌렸다. 언젠가 연구자들이 중수를 돌려줄 날이 있을 것이다. 중성미자와 수없이 충돌했지만, 여전히 깨끗하고 어떤 실용적 목적에도 하자가 없는 상태로 말이다.

31 그보다 몇 년 전에, 프린스턴 대학교 고등연구소의 천체물리학자 존 바콜은 이렇게 말했다고 한다. "실험물리학자들이 태양 중성미자의 수가 모자라는 것을 확인한다면, 태양이 빛나지 않는다는 것을 증명한 셈이나 마찬가지일 것이다."

{pn}이라고 표기하겠다. 반응은 이렇다.

$$\nu_e + \{pn\} \rightarrow e + p + p$$

이것도 있다.

$$\nu + \{pn\} \rightarrow \nu + p + n$$

첫 번째 반응에서 중성자는 양성자로, 중성미자는 전자로 변했다. 맛깔이 보존되어야 하므로, 전자 맛깔 중성미자만 이 반응을 일으킬 수 있다. 연구진은 이 반응이 일어나는 횟수는 태양 중성미자 전체가 지구까지 맛깔을 유지한다고 할 때 일어나야 할 횟수의 정확히 3분의 1임을 확인했다. 두 번째 반응에서는 중성미자가 중양성자를 '깨뜨려서' 에너지 일부를 잃고 양성자와 중성자로 변하게 만들었다. 이 반응은 어떤 맛깔의 중성미자라도 일으킬 수 있다. 연구진은 이 반응의 발생 횟수는 (적절한 에너지를 지닌) 모든 태양 중성미자들이 지구에 도달한다고 가정할 때의 횟수와 일치한다는 것을 확인했다.

이 실험들로는 중성미자들의 질량이 정확히 얼마인지는 알 수 없다. 몹시 작다는 것만 알 뿐이다. 〈표 B.1〉에 현재까지 알려진 질량 한계들이 적혀 있다(2003년 기준).

서드베리 중성미자 관측소 검출기의 겉 구조. 지름이 18미터이고 안쪽으로 꽂힌 검출기 관이 9,600개쯤 된다. 이 사진을 찍고 난 뒤 내부에 중수(양성자 대신 중양성자를 지닌 수소 원자들로 된 물) 100만 킬로그램을 채웠다.
〔서드베리 중성미자 관측소 제공〕

왜 세 가지 맛깔일까? 더 있는 건 아닐까?

왜 입자의 맛깔이 세 종류인지 아는 사람은 없다. 끈 이론가들은 언젠가 맛깔들의 독특한 특성으로부터 답을 알아낼 수 있으리라 믿는다. 이 대담한 이론물리학자들은 모든 기본 입자가 진동하는 끈으로 구성되어 있으며, 끈의 크기는 양성자나 원자핵에 비해 상상을 초월할 만큼 작다고 주장한다. 흥미롭지만 아직 가설에 불과한 이론이다. 끈 이론이 옳다면, 중력과 입자 이론이 통합될 것이다. 기본 입자들의 수, 질량, 기타 속성들을 예측할 수 있으며, 렙톤과 쿼크가 결국 크기를 갖게 될 것이다. 미시의 자연을 바라보는 우리의 세계관에 혁명이 도래할 것이다.

우리가 전인미답의 영역을 탐사하러 나선 탐험가라고 하자. 이제껏 세 개의 숨겨진 마을들을 발견했다면, 당연히 저 너머에 다른 마을이 또 있지 않을까 생각하게 된다. 알려지지 않은, 지도에 나와 있지 않은 장소에서, 미리 답을 알아낼 도리는 없다. 계속 전진하여 확인해 보는 수밖에 없다. 이제껏 세 종류의 맛깔을 발견한 과학자들도 비슷한 처지로 보일지 모른다. 네 번째나 다섯 번째, 어쩌면 무한한 종류의 맛깔이 더 있을지 누구도 모르는 일이니 말이다. 그러고 보면 두 번째 맛깔을 발견한 것도 깜짝 놀랄 일이었고(라비의 말을 떠올려 보자. "누가 뮤온을 주문했지?"), 세 번째도 그랬다(마틴 펄은 타우를 찾기까지 주위의 회의적 시선에 시달렸다). 그런데 놀랍게도, 물리학자들은 세 번째 맛깔로써 여행에 종지부를 찍었다고 자신하고 있다. 더 이상 숨겨진 맛깔은 없다는 것이다.

물리학자들은 탐험가들과 달리 어떻게 자신할 수 있을까? (그들은 상당히 확신하는 편이다.) 눈앞의 자연에 더 이상 놀랄 거리는 없다고, 최소한 맛깔에 대해서는 그렇다고 어떻게 자신하는 걸까? 태양에서 오는 중성미자의 총수가 실제 도달하는 전자 중성미자 수의 세 배라는 사실이 맛깔의 수가 셋이라는 증거 중 하나이다. 양자 이론에서 가상 과정이라 부르는 것도 또 다른 유력한 증거이다. 가상 과정은 쉽게 말해, 보이지 않는 것이 보이는 것에 미치는 영향이다. 양자 이론에 따르면 어떤 과정의 '전'(가령 두 입자의 충돌 직전)과 '후'(충돌로부터 새 입자들이 등장하는 시점) 사이에는, 보존 법칙들을 만족시키는 한, 상상할 수 있는 모든 일이 벌어진다. 중간에 벌어지는 일들 중에는 갖가지 입자들의 생성과 즉각적인 소멸도 있다. 중간 단계의 '가상 입자'들은 스스로 비록 보이지 않는 존재이지만 과정의 결과물, 즉 '후'의 상태에 영향을 미친다. 만약 입자 맛깔이 하나 이상 더 존재한다면, 그들도 가상의 춤에 참여하고 있을 테고, 과학자들은 그 존재를 추론할 수 있었을 것이다. 추가의 맛깔을 지닌 입자들이 가상 과정에 참여한다는 증거는 없다.

추가의 맛깔을 부정하는 주장으로 가장 강력한 것은 Z^0('지-노트zee-naught'라고 읽는다)라는 무거운 중성 입자의 붕괴에 대한 분석이다. Z^0는 양성자보다 거의 100배쯤 무겁다. 여기에 또 다른 양자 효과가 작용한다. Z^0의 측정 질량은 범위값으로 존재한다. 즉 Z^0의 질량을 측정할 때마다 매번 다른 값이 얻어진다. 실험자가 동일한 입자에 대해 측정한 모든 질량값들을 취합하면 평균값을 중심으로 퍼져 있는 분포 형태가 되는데, 이렇게 퍼진 값을 질량의 불확정성이라 한다. (측정에서 발생할 수 있는 오류값보다 불확정성 값이 크기 때문에 의미가 있다. 입자에는 정말로 단일한 질량이라는 것은 존재하지 않는다.) 하이젠베르크의 불확정성 원리에 따르면, 질량 불확정성은 시간 불확정성과 얽혀 있다. 한쪽이 커지면 다른 쪽이 작아진다. 그러니 질량 불확정성이 크다면, Z^0는 몹시 짧은 순간만 살 수 있을 것이다. 질량 불확정성이 작아지면, Z^0는 더 오래 살 수 있다. 실제 Z^0의 수명은 너무 짧아서 시계로 측정할 수 없을 정도이다. 질량 불확정성이 시계의 일을 대신 해 주는 것이다. 질량 측정값들이 얼마나 넓게 퍼졌는지 봄으로써 입자의 수명을 정확하게 정할 수 있다.

이제 슬슬 논증의 끝이 보인다. Z^0 붕괴 경로들 중에서 대전 입자들을 발생시키는 몇몇 사건들은 관찰이 가능하다. 반면 관찰 불가능한 붕괴 경로들 중에는 중성미자–반중성미자 쌍으로 붕괴하는 경우가 있다. 물리학자들이 보이는(대전된) 입자들로 붕괴하는 확률을 알고 모든 붕괴 양식들의 평균 수명을 알면, 보이지 않는 입자들로 붕괴하는 확률을 추론할 수 있다. 계산 결과, Z^0는 정확히 세 종류의 중성미자–반중성미자 쌍(전자, 뮤온, 타우 맛깔들)으로만 붕괴할 수 있다. 두 가지이거나, 네 가지이거나, 다섯 가지이거나, 하여간 다른 수가 아닌 것이다. 세 개 이상의 맛깔이 존재할 유일한 방법은, 네 번째 이후의 맛깔을 지닌 중성미자가 극도로 거대할 때이다. 양성자 질량의 몇 배 정도로 말이다. 그러나 알려진 중성미자들의 질량이 양성자에 한참 못 미친다는 것을 볼 때, 가능성은 거의 없어 보인다.

이리하여 맛깔은 세 종류에서 멈췄다. 하지만 왜? 그건 참 흥미로운 질문이다.

•• 복습 문제

1. 불안정성, 방사성, 붕괴라는 세 용어를 입자를 대상으로 서로 연관 지어 설명하라.

〈표 B.1〉

2. 전자 몇 개가 모여야 타우 렙톤 하나의 질량과 같은가?

3. 뮤온이 10^8 m/s으로 난다면(광속의 1/3), 평균 수명 동안 얼마나 이동할 수 있는가? 이 거리는 우리에게 친숙한 일상의 거리들에 비하면 어느 정도 크기인가?

4. 반전자, 즉 양전자의 전하는 얼마인가? 반뮤온의 전하는 얼마인가?

5. (a) 뮤온 중성미자 질량의 최대 한계는 뮤온 질량의 몇 퍼센트인가?
   (b) 타우 중성미자와 타우의 질량에 대해서도 (a)와 같은 질문에 답해 보라.

전자

6. (a) 음극선은 무엇인가?
   (b) 음극선관은 요즘 어디에서 쓰이는가?

7. (a) 알파 입자는 무엇인가?
   (b) 베타 입자는 무엇인가?
   (c) 감마 입자는 무엇인가?

8. (a) 전자와 양전자가 공통으로 지니는 속성은 무엇인가?
   (b) 서로 다른 속성은 무엇인가?

9. 어떤 의미에서 디랙의 양전자(전자의 반입자) 예측이 '신념에 기반한' 것이었는가?

전자 중성미자

10. 알파, 베타, 감마 방사선 중 어느 것이 터널링 현상과 관계 있는가?

11. 알파, 베타, 감마 방사선 중 어느 것이 빛의 방출과 가장 밀접하게 관련되어 있는가?

12. 알파, 베타, 감마 방사선 중 어느 것이 입자들의 생성에 관련되어 있는가?

13. 물리학자들이 왜 처음에 베타 붕괴(핵에서 전자들의 방출) 때문에 혼란스러워했는지 이유를 두 가지 들라.

14. 베타 붕괴를 설명하는 돌파구가 된 페르미의 발상은 무엇인가?

15. 수 광년 길이의 고체도 뚫는 중성미자를 어떻게 실험실에서 잡아내는지 설명하라.

뮤온

16. 우주 공간에서 지구에 도착하는 우주선 입자들은 대부분 양성자들이지만, 지구 표면에 닿는 고에너지 입자들은 대부분 뮤온들이다. 이유를 설명하라.

17. $\mu \rightarrow e + \gamma$ 라는 붕괴는 실제로 일어나지 않는다. 이 점으로부터 어떤 사실을 알 수 있는가?

18. 뮤온이 대전된 렙톤들 가운데 가장 가벼운 입자라면, 뮤온이 붕괴할 수 있는가? 이유는 무엇인가?

뮤온 중성미자

19. $\pi^+ \rightarrow \mu^+ + \nu_\mu$ 라는 붕괴에서 화살표 오른쪽의 두 입자 중 어느 쪽이 검출하기 쉽고 어느 쪽이 어려운가? 왜 차이가 나는가?

타우

20. 스탠퍼드 선형 가속기에서 가속된 전자의 운동 에너지는 질량 에너지에 비해 크기가 어떤가?

21. 타우-반타우 쌍을 만들기 위한 최소 에너지는 얼마인가?

22. 94쪽의 〈그림 5〉를 볼 때 전자와 뮤온 중 어느 쪽이 물질을 쉽게 투과해 지나는가?

타우 중성미자

23. 타우 중성미자들이 건판에 만들어낸 타우들의 궤적 길이는 얼마나 되는가?

중성미자의 질량

24. 중성미자의 질량이 0이리라고 암시한 최초의 증거는 무엇이었는가?

25. 과학자들은 단순성을 믿는다. 어떤 이론이 '단순하다'는 평을 들으려면 어떤 속성들을 지녀야 하는가?

26. 자연을 묘사할 때 만나게 되는 세 층위의 복잡성은 어떤 것들인가?

27. 일본의 가미오칸데 검출기에서, 발밑으로부터 오는 중성미자들은 머리 위에서 오는 중성미자들보다 얼마나 더 멀리 여행해 온 것인가?

28. 태양이 만들어내는 중성미자는 한 가지 맛깔인가, 여러 가지 맛깔인가?

왜 세 가지 맛깔일까? 더 있는 건 아닐까?

29. 물리학자들은 렙톤의 맛깔이 추가로 더 발견되리라고 생각하는가?

30. 중성미자의 맛깔이 세 가지 이외에는 없음을 증명하는 증거를 하나만 말해 보라.

°° 도전 문제

1. 물리학자들이 '우아하지' 않거나 '아름답지' 않은 방정식을 거부하는 것과 비슷하게, 과학 이외의 일에서 여러분이 그런 이유로 무언가를 거부할 만한 상황이 있을까?

2. 어떤 자기장 속에서 전자들이 왼쪽으로 휜다면, 양전자들은 오른쪽으로 휠 것이다. 그런데 전자들과 양전자들이 하나의 가속기 '저장 고리' 속에서 동시에 돌 수도 있다고 한다. 방법을 설명하라.

3. 과학자들은 자연을 매우 단순하게 묘사하는 이론을 가리켜 '아름답다'고 말한다. 우리 일상의 경험에서 단순미와 아름다움이 같은 것으로 드러나는 예를 찾아보라.

4. 중성미자 진동 현상을 설명해 보라.

나머지 대가족의 식구들

THE REST OF THE EXTENDED FAMILY

쿼크

쿼크는 정말 기묘한 존재들이다. 기본 입자라 불리는 몇 안 되는 입자들 중 하나이지만, 우리는 쿼크를 한 번도 본 적 없고, 앞으로도 볼 일 없을 것 같다. 우리는 쿼크의 질량을 막연하게 추측하는 정도이고 (하나를 잡아서 무게를 재어 볼 수 없으니 당연하다), 왜 가장 무거운 녀석은 가장 가벼운 녀석보다 수만 배나 육중한지 전혀 모른다. 그래도 쿼크는 존재한다. 여섯 개가 세 집단으로 나뉘어, 렙톤에 어울리게 줄지어 있다. 렙톤처럼 쿼크의 스핀도 1/2 단위이다. 역시 렙톤처럼, 쿼크는 물리적 공간을 점유하지 않는다. 우리가 아는 한 쿼크는 점으로 존재한다. 그 밖의 면에서는 쿼크와 렙톤이 천지 차이이다. 쿼크는 강한 상호 작용을 하고(렙톤은 아니다), 둘이나 셋씩 짝지어 입자들을 만든다 (렙톤끼리 뭉쳐 다른 입자를 만드는 일은 없다). 그들이 만드는 파이온, 양

성자, 중성자 등은 우리가 볼 수 있는 입자들이다.[32]

상상해 보자. 둘이나 셋씩 짝지어 말이나 소나 기린 의상 같은 것을 뒤집어쓰고 무대에 오르는 배우들이 있다. 그런 역할만 맡는 배우들이다. 우리는 관람석에 앉은 뒤, 디지털 카메라를 꺼내서, '동물들'을 찍고, 사진을 연구한다. 그러면 동물들에 대해서 많은 것을 알 수 있다. 크기, 색깔, 행동 방식, 그리고 (무대 담당으로 일하는 친구의 도움이 있다면) 무게도 알 수 있다. 각 동물 속에 배우가 몇 명 들었는지도 알 수 있다. 하지만 의상 속 배우들이 어떻게 생겼는지, 성별은 무엇이고 피부색은 어떤지 알 수는 없다. 이것이 양성자, 중성자, 기타 합성 입자들(기본 개체들로 만들어진 입자들)을 연구하여 쿼크를 파악하려는 물리학자의 처지이다.

동물 의상의 예는 완벽한 비유는 아니다. 사실 물리학자들은 쿼크를 직접 보지 않고도 쿼크에 대해 많은 사실들을 알아냈기 때문이다. 그런데 양성자 속 쿼크들과 의상 속 배우들 간에는 결정적인 차이가 있다. 질량을 측정하는 문제이다. 동물을 연기하는 배우의 수가 딱 여섯이라면, 그래서 그들이 이렇게 저렇게 짝을 지어 연기하는 것이라면, 무대에 오른 동물들의 무게를 잰 뒤 이리저리 잘 계산하여 개개인의 몸무게를 도출할 수 있을 것이다(물론 의상의 무게를 고려해야 한다). 우리가 사는 일상에서는 각자의 질량을 더한 것이 전체 질량이기 때문이다. 조지가 73킬로그램이고 그레이시가 54킬로그램이라면, 조지와 그레이시를

---

32 양전자와 전자가 힘을 합쳐 수소 같은 원자를 만들 수도 있다. 그것을 포지트로늄이라고 한다. 하지만 이것은 원자만 한 크기의 거대한 개체이고, 입자가 아니다.

함께 체중계에 세우면 127킬로그램일 것이다. 자못 당연한 이 사실이야말로 화학자들이 그토록 감사히 여기는 질량 보존 법칙의 정수이다.

하지만 질량은, 다른 많은 속성들이 그렇듯, 아원자 세계에서는 다르게 작용한다. 질량과 에너지 등가 원리 때문이다. 쿼크 세 개가 뭉쳐 양성자 하나를 이루지만, 양성자 질량 가운데 쿼크의 질량에 해당하는 비중은 극히 일부일 뿐이다. 나머지 질량은 양성자에 갇혀 있는 순수한 에너지들에서 비롯한다. 조지와 그레이시와 글로리아의 몸무게를 합하면 181킬로그램인데, 그들이 말 의상을 걸치고 무게를 재었더니 15톤이 나가는 것과 마찬가지다. 가련한 물리학자는 양성자 질량을 1,000만 분의 1 수준까지 정교하게 측정하고도, 고작 그 속의 쿼크들은 다소의 차이를 감안하고 이 정도 근사값 질량을 가지는 것 같다고 말할 수 있을 따름이다.

〈부록 B〉의 〈표 B.2〉에는 여섯 쿼크들의 이름과 몇 가지 특징들이 나와 있다. 첫 번째 집단은 위up 쿼크와 아래down 쿼크라는 무미건조한 이름이다(그저 이름일 뿐, 실제 방향과는 아무 상관없다). 두 번째 집단의 이름을 지을 때는 물리학자들이 좀 재치를 부렸다. 야릇한strange 쿼크와 맵시charm 쿼크이다(미안하게도 하나는 형용사이고 하나는 명사이다). 1940년대 말, 양성자보다 무거운데다 예상을 벗어난 긴 수명을 가진 입자들이 우주 복사에서 발견되었다. 참 '야릇' 했다. 과학자들은 이들을 야릇한 입자들이라 부르기 시작했고, 이제 우리는 그들이 100억 분의 1초 정도로 장수하는 이유를 안다. 중성자나 양성자에는 없는 특이한 쿼크가 입자 속에 들어있기 때문이다. 바로 야릇한 쿼크다. 후에, 꽤 무거운 메존이나 바리온 중에서도 1조 분의 1초까지 사는 녀석이 있음을 발견했는데(원래 그들은 훨씬 빨리, 1초의 1조 분의 1의 10억 분의 1보다 짧게 살고 붕괴해야 '만' 한다고 여겨졌다), 참 '맵시' 있게 보였다. 말할 필요도 없겠지만 이 입자들의 수명을 연장해 주는 것은 그 속에 든 새로운 쿼크, 맵시 쿼크였다.

상당히 무거운 세 번째 집단이 1977년과 1995년에 발견되었을 때는, 물리학자들이 몸을 사렸다. 한동안 이들을 '진실' 쿼크와 '아름다움' 쿼크로 부르던 때가 있었지만, 보수주의가 득세했다. '진실' 쿼크는 '꼭대기top' 쿼크가, '아름다움' 쿼크는 '바닥bottom' 쿼크가 되었다. (새 명칭에 대해서는 몇 가지 이론적 이유가 있었다. 그래도 진실함과 아름다움이 사라진 것은 안타까운 일이다.)

모든 관찰된 입자들의 전하는 0 아니면 +1이나 −1, 아니면 +2나 −2, 이런 식이고, 양성자 전하 단위로 나아간다. 반면 쿼크와 반쿼크들은 분수 전하를 지닌다. +1/3이나 −1/3, +2/3이나 −2/3, 이런 식이다. 하지만 이들은 몇씩 뭉쳐야만 관찰 가능한 개체가 되므로, 관찰되는 개체의 총 전하는 늘 0 아니면 단위 전하의 정수 배이다.

쿼크가 '분수' 형태로 지니는 속성이 한 가지 더 있다. 바리온 수이다(전하에 빗대어 바리온 전하라고 부르기도 한다). 양성자와 중성자는 바리온이다(바리온의 뜻이 '중입자'임을 기억하자). 바리온 수의 핵심은 보존된다는 점이다. 무거운 바리온이 가벼운 바리온으로 붕괴하기도 하지만 붕괴 전의 바리온 수와 붕괴 후의 바리온 수는 늘 같다. 바리온 수라는 속성은 절대 사라지지 않는다. (마찬가지로 전하도 보존된다. 반응 후의 전하량은 언제나 반응 전과 같다.) 우리 우주와 우리 인류에게 다행스럽게도, 가장 가벼운 바리온은 더 이상 붕괴할 데가 없다. 그래서 안정하다. 붕괴하려면 더 가벼운 바리온이 존재해야 하는데 그렇지 않기 때문이다. 그 가장 가벼운 바리온이 바로 양성자이다. 양성자는 영원히 사는 것 같다.[33] 양성자의 이웃인 중성자는 조금 더 무겁다. 그 말인즉 중성자는 불안정하다. 중성자는 자기보다 질량이 작은 양성자로(그리고 전자와 반중성미자로) 붕괴할 수 있다. 그래도 바리온 보존 법칙이나 에너지 보존 법칙을 어기지 않기 때문이다. 가만히 내버려 두면 중성자는 평균적으로 족히 15분 정도 산 뒤에 다른 입자들로 휙 바뀐다. 다시금 우리 인류에게 다행스럽게도, 중성자는 원자핵 속에서는 아주 안정하다. 덕분에 양성자와 중성자 209개가 덩어리로 묶여 영원히 존재할 수 있다. 덕분에 세상에는 다양한 종류의 원소들이 존재하게 됐고, 수소 원자 하나만 달랑 있는 세상이 되지 않았다. 이것은 질량은 에너지이고 에너지는 질량이기 때문이다. 안정한 핵 속의 중성자는 위치 에너지 때문에 사실상 붕괴할 수 없는 질량처럼 되어 버린 것이다. (불안정한 핵에서는 중성자가 붕괴할 수도 있다. 그러면 베타 방사선이 나온다.)

쿼크 이야기로 돌아가자. 쿼크 각각은 1/3의 바리온 수를 가진다. 양성자나 중성자를 이룰 때처럼 쿼크가 세 개 모이면, 바리온 수가 1이다. 반쿼크의 바리온 수는 −1/3이므로, 쿼크 하나와 반쿼크 하나가 뭉치면 바리온 수는 0이다. 그런 쿼크-반쿼크 조합이 메존들을 만든다. 반쿼크는 그저 신기한 무엇이 아니라, 입자들의 대열에 당당히 오르는 존재다(하지만 반쿼크는 항상 불안정하다).

---

33 양성자도 궁극에는 불안정한 개체라 주장하는 이론도 있다. 어쨌든 너무나 수명이 길기 때문에 140억 년의 우주 역사 내에 양성자가 붕괴할 가능성은 눈곱만 하다. 양성자 붕괴를 찾아 나선 물리학자들은 아마 사례를 발견하지 못할 것이다.

〈표 B.2〉에서 알 수 있듯, 쿼크들의 질량은 상당히 다양하다. 위 쿼크나 아래 쿼크처럼 몇 메가전자볼트인 것부터 꼭대기 쿼크처럼 170,000 메가전자볼트인 것까지 있다. 앞서 말했듯, 왜 이런지 아는 사람은 없다.

표에는 안 나와 있지만 중요한 속성이 한 가지 더 있다. 쿼크의 '색'이다(미안하지만 이것 역시 임의로 붙인 이름이라, 진짜 색깔하고는 아무 상관이 없다). 색은 전하와 흡사하여 가끔 색 전하color charge라 불리기도 한다. 입자가 지닌 색 속성은 결코 사라지지도, 파괴되지도 않는다. 쿼크의 색은 '빨강', '초록', '파랑'이다. 반쿼크들은 반빨강, 반초록, 반파랑이다. 빨강, 초록, 파랑이 뭉치면 '무색'이 된다. 반빨강, 반초록, 반파랑이 뭉쳐도 무색이다.

합성 입자들

쿼크는, 경이롭고 흥미로운 존재이긴 하지만, 숨겨져 있다. 쿼크가 지닌 색도 숨겨져 있다. 우리가 실험실에서 보는 것은 쿼크들이 둘이나 셋씩 짝지어 형성한 무색의 합성 입자들이다.[34] 알려진 수백 가지 합성 입자들 가운데 몇 개가 〈표 B.3〉에 소개되어 있다.

표에 등장한 입자들은 크게 두 종류로 나뉜다. 바리온과 메존이다. 바리온들은 쿼크 세 개로 만들어지며 반정수 스핀(1/2, 3/2, 5/2 등등)

---

34 최근에 펜타쿼크에 대한 증거가 발표되기도 했지만 아직 논란의 대상이다. 펜타쿼크는 쿼크 네 개와 반쿼크 하나로 이루어진 개체(사실상 바리온)이다.

을 가진다. 메존들은 쿼크-반쿼크 쌍으로 만들어지며 정수 스핀(0, 1, 2, 등등)을 가진다. 정신없겠지만 3장에서 배웠던 용어들을 끄집어내 보자. 바리온은 페르미온이라 불리는 입자 종류이고, 메존은 보손이라 불리는 입자 종류이다. 페르미온과 보손의 행동은 놀랄 만큼 다른데, 그 점은 아꼈다가 7장에서 이야기할 것이다. 표의 입자들은 모두 강입자들이다. 즉 강한 상호 작용을 하는 입자들이다. 이유는 단순한 것이, 입자의 구성 요소인 쿼크들이 강한 상호 작용을 하기 때문이다.

바리온 중 가장 가벼운 것은 양성자와 중성자로, 우리가 아는 모든 원자들의 심장부에 있는 녀석들이다. 다음으로 람다, 시그마, 오메가(등등 더 많다)라는 그리스 이름을 지닌 바리온들이 있다. 양성자와 중성자는 u(위) 쿼크와 d(아래) 쿼크로 구성된다. 표의 다른 바리온들은 하나 이상의 s(야릇한) 쿼크를 포함했다. 아직 꼭대기 쿼크를 포함하는 바리온은 하나도 발견되지 않았다. 맵시 쿼크를 포함하는 바리온 가운데 가장 가벼운 것은 양성자 질량의 2.5배쯤 된다. 바닥 쿼크를 포함하는 바리온은 이제까지 딱 하나 알려져 있는데, 질량이 양성자의 여섯 배쯤 된다.

양성자를 제외한 모든 바리온들이 불안정하다는(방사성이라는) 것을 유념하자. 표에 전형적인 붕괴 경로와 평균 수명이 적혀 있다. 중성자의 평균 수명인 886초는 거의 '영원'이나 다름없다. 아원자 기준으로는 평균 수명 10^{-10}초도 예외적으로 긴 편이다. 10^{-9}가 10억 분의 1이니까, 10^{-10}초는 1초의 100억 분의 1이다. 표 아래쪽 메존들을 보자. 에타 입자의 평균 수명은 10^{-19}초라고 나와 있다. 인간의 기준으로는 상상이 안 될 정도로 짧은 시간이지만, 에타 입자에게는 충분히 긴 시간이다.

덕분에 원자를 가로질러 이동하고서야 죽는 것이다.

〈표 B.3〉에는 가장 가벼운 메존 세 가지만 적었다. 알려진 메존의 수는 수십 개쯤 된다. 최고로 가벼운 것은 파이온으로, 양성자 질량의 7분의 1쯤 나간다. 그래도 전자보다는 270배 무겁다. 앞장에서 말했듯, 1940년대 말에 처음 확인된 파이온은 애초에는 1930년대에 유카와 히데키가 예측했던 입자로 간주되었다. 양성자와 중성자 사이에서 교환됨으로써 강한 핵력을 설명하는 입자로 말이다. 유카와의 교환 이론이 전적으로 틀린 것은 아니지만, 지금은 쿼크들 속에서 글루온들이 교환된다는 이론으로 대체되었다. 파이온은 입자들이 추는 춤 속의 주역 발레리나가 아니라, 한낱 군무의 일원인 '그냥 그런' 무용수였다.

표에 적힌 파이온의 구성을 살펴보자. 사실 전하 +1, −1, 0을 갖는 세 파이온들이라 해야 정확하겠다. 양으로 대전된 파이온은 위 쿼크 하나와 반아래 쿼크 하나로 이루어진다. 이것을 $u\bar{d}$라고 표기한다. 〈표 B.2〉를 참고하면 이 조합의 총 전하가 정말 +1임을 알 수 있다(반아래 쿼크의 전하가 +1/3이기 때문이다). 바리온 수는 0이다(반쿼크의 바리온 수가 −1/3이다). 모든 메존들의 바리온 수는 0이다. 음의 파이온은 아래 쿼크 하나와 반위 쿼크 하나로 이루어져, $d\bar{u}$이다. 중성, 그러니까 전하를 띠지 않는 파이온은 혼합물인데, 위 쿼크 하나와 반위 쿼크 하나로 구성되어 있든지, 아니면 아래 쿼크 하나와 반아래 쿼크 하나로 구성되어 있다. 그래서 $u\bar{u}\, \&\, d\bar{d}$라고 쓴다. 과학자들은 이런 표기법을 케이온에도 적용한다. 파이온처럼 양, 음, 중성이 존재하기 때문이다. (케이온은 최초로 발견된 '야릇한' 입자들 가운데 하나이다.) 에타 입자는, 어떤 면에서 보면, 중성 파이온 입자의 짝이라고 할 수 있다. 조성이

$u\bar{u}$ & $d\bar{d}$로 동일하다.

메존들이 붕괴하는 경로는 여러 가지인데, 개중 전적으로 렙톤들로만 붕괴하는 길도 있다. 반면 바리온들은 그러지 못한다. 바리온 보존 법칙의 제약을 받기 때문이다. 바리온은 붕괴 생성물 속에 반드시 다른 바리온을 내야 한다. 물론 바리온도 렙톤들을 생성할 수는 있다. 중성 자를 보면 알 수 있다.

힘 운반자들: 현상을 일으키는 입자들

물리학이 다루는 대상을 한 번에 설명하려면 존재하는 것(사물)과 벌어지는 일(활동)을 다룬다고 말하면 된다. 렙톤, 바리온, 메존 등 우리가 보는 입자들과, 쿼크처럼 볼 수 없지만 연구할 수 있는 입자들이 합쳐져 존재하는 것을 이룬다. 이와는 다른 계열의 입자들, '힘 운반자 force carrier'라 불리는 것들이 있는데, 이들이 벌어지는 일을 결정한다. 꼭 지적해 두고 싶은 점은 벌어지지 않는 일도 벌어지는 일만큼 흥미롭다는 사실이다. 일어나지 않는(그러므로 일어날 수 없는 것으로 보이는) 과정들도 숱하다. 이를테면 무에서 전하가 생기는 일, 에너지가 생겨나거나 사라지는 일이다. 아마 양성자의 방사성 붕괴도 그럴 것이다.

〈표 B.4〉에 있는 것들이 '힘 운반자'들이다. 힘 운반자들의 교환을 통해 모든 상호 작용을, 달리 말해 다른 입자들 사이의 '힘'들을 설명할 수 있다. 이들은 모두 보손이다. 스핀은 1이나 2를 가진다. 어떤 수만큼이든 자유롭게 생성되거나 소멸되는데, 이들의 존재를 제약하는 보존 법칙이 없기 때문이다. 힘 운반자들 가운데 셋은 질량이 어마어마하게 크고, 셋은 질량이 아예 없다. 질량 없는 입자 중에 중력자도 있다. 아직껏 가설상의 존재로서 중력에 대한 힘 운반자이다.

• 중력 상호 작용

〈표 B.4〉에 나열된 힘 운반자들은 각기 서로 다른 상호 작용에 관여하는데, 세기가 작은 것부터 적혀 있다. 가장 약한 것이 중력이다. 우리가 중력을 측정할 때는 아무리 미약한 상호 작용이라도 중력자 수십억하고도 또 수십억 개가 참여하므로, 중력자의 효과를 집단적으로 경험할 뿐, 중력자 하나의 효과로는 경험할 수 없다. 그러므로 현재로서는 중력자를 감지할 희망이 없다. 그런데 자연에서 가장 약한 힘이 우리를 지구에 묶어 두고, 지구를 태양 주위 궤도에 묶어 두고, 심지어 내 다리를 부러뜨릴 수 있다고? 이유는 두 가지다. 첫째, 중력은 늘 인력으로만 작용하는 반면, 한층 강한 힘인 전기력은 인력과 척력 양쪽으로 작용하기 때문이다. 전기적으로 따질 때 우리 지구는 양전하와 음전하 사이에서 완벽하게 균형을 이루고 있다. 그래서 우리가 건조한 날에 양탄자 위를 뒹굴며 몸에 정전기를 잔뜩 일으켜도 그 때문에 바닥으로 잡아당기는 전기력이 느껴진다거나 하는 일은 없다. 만약 지구의 모든 음전하가 마술처럼 삽시간에 사라지면, 그래서 양전하만 남으면(그리고 우리가 양탄자에 비빈 정도의 별것 아닌 음전하량을 지니고 있다면), 우리는 대번 엄청난 전기적 인력에 끌려 짜부라져 죽을 것이다. 거꾸로 지구의 모든 양전하가 마술처럼 삽시간에 사라지면, 그래서 음전하만 남으면, 우리는 전기적 척력에 밀려 로켓보다 빠르게 우주로 발사될 것이다. 이런 섬세한 균형, 거의 완벽하다 할 수 있는 인력과 척력의 상쇄는 우주 전반에 걸쳐 있다. 덕분에 중력이 뚜렷한 힘으로 군림할 수 있는 것이다.

중력이 약한 힘인데도 우리에게 크게 느껴지는 두 번째 이유는, 우리를 아래로 잡아당기는 질량이 굉장히 크기 때문이다. 우리는 60만 해 톤의 물질이 내는 중력에 의해 땅에 붙어 있다. 사실은 크기에 상관없이 모든 물질들이 중력으로 서로 끌어당기지만, 일상적 규모의 물체들이 내는 중력을 보면 중력이 얼마나 약한지 실감할 수 있다. 우리가 슈퍼마켓 계산대의 점원에게서 1미터 떨어진 곳에 서 있을 때, 점원은 중력을 통해 우리를 우리 몸무게의 10억 분의 1보다 작은 힘으로 끌어당긴다. 달리 말하면, 점원이 우리를 가로로 당기는 힘보다 지구가 우리를 수직 아래로 당기는 힘이 10억 배 크다. 당연히 '가로' 힘을 측정하는 일, 즉 실험실에서 두 물체 사이 중력을 측정하는 일은 참으로 도전적인 과제이다. 중력은 이토록 약해서, 중력의 세기에 대한 기준인 뉴턴의 중력 상수는 여타 물리학의 기본 상수들에 비해 정확하게 알려져 있지 않다.

중력이 약해서 생긴 또 한 가지 결과는, 아원자 세계에서 중력이 아무 역할도 하지 못한다는 점이다. 적어도 현재 알려진 바로는 그렇다. 수소 원자 속 양성자와 전자 사이에 작용하는 전기력은 터무니없이 큰 차이로 중력을 압도한다. 무려 10^{39}배 이상이다. (10^{39}는 얼마나 큰 수일까? 그만큼의 원자들을 다닥다닥 붙여 세우면 우주 가장자리까지 갔다가 돌아오기를 1,000번 반복할 수 있다.) 이토록 보잘것없이 약한 중력이지만, 양성자보다 작은 차원에서는 모종의 역할을 하지 않을까? 중력이 양자 이론과 얽혀 있지만 우리가 그 방식을 짐작하지 못하는 것은 아닐까?

해답을 찾아낸다면 진정 감탄할 만한 일일 것이다.

• 약한 상호 작용

상호 작용의 위계에서 다음으로 약한 것은 약한 상호 작용이다. 이는 방사능 핵에서 전자의 방출(베타선), 기타 중성미자를 동원하는 다양한 변환들을 일으킨다. 이름이 암시하듯 약한 힘이지만(전자기 상호 작용과 강한 상호 작용에 비해서), 중력보다는 훨씬 세다. 〈표 B.4〉에 나와 있듯, 약한 상호 작용을 '중개'하는 것은 (중개에 대해서는 뒤에서 설명하겠다) W 입자와 Z 입자이다. 양성자(전형적인 '무거운' 입자)보다 80배 이상 무거운 커다란 헤비급 보손들이다.

엔리코 페르미는 1934년에 최초의 베타 붕괴 이론을 개발할 때, 양성자, 중성자, 전자, 중성미자의 4인조 사이에 직접 약한 상호 작용이 벌어지리라 상상했다. 하지만 이후 수년간, 물리학자들은 하나 이상의 교환 입자(우리 표현으로는 힘 운반자)가 과정에 관여하리라고 추측했다. 중성자가 중성자인 순간, 그리고 중성자가 사라져 양성자, 전자, 반중성미자가 등장하는 순간 사이의 짧은 시기에 잠시 존재하는 입자가 있다고 말이다. 과학자들이 그 W 입자와 Z 입자를 발견한 것은 1983년이었다. 제네바 유럽 입자물리 연구소(CERN)에 있는 거대한 양성자 싱크로트론의 힘을 빌렸다.[35] W와 Z 입자는 사실 세 자매들로 구성된 존

---

[35] CERN('선'이라 발음한다)은 유럽 입자물리 연구소를 말한다. 프랑스어 Centre Européen pour la Recherche Nucléaire의 앞 글자들을 딴 것이다. 유럽 입자물리 연구소의 싱크로트론은 세계의 다른 싱크로트론들처럼 경주로 가속기이다. 입자들이 트랙의 지정된 지점을 지날 때마다 동기화된 전기력 펄스가 가해져 가속이 된다.

재라 할 수 있다. 양전하, 음전하, 0의 전하를 띨 수 있기 때문이다. 한때 강한 핵력의 힘 운반자로 착각되었던 파이온 3인조, 양의 파이온, 음의 파이온, 중성 파이온과 비슷하다. 하지만 W-Z 3인조와 파이온 3인조 사이에는 두 가지 큰 차이가 있다. 파이온은 쿼크-반쿼크 쌍으로 합성된 입자로서 명확한 물리적 크기를 지닌다. 그러나 W와 Z 입자는, 우리가 믿기로는, 기본 입자이다. 더 작은 요소로 구성된 합성물도 아니고 물리적 공간 점유도 없다. 게다가 W와 Z 입자는 파이온에 비해 엄청나게 육중하다.

• 전자기 상호 작용

〈표 B.4〉의 다음 차례인 광자는 흥미로운 역사를 갖고 있다. 시작은 1905년, 알베르트 아인슈타인의 광자 '발명'이었다. 1920년대에는 진정한 입자는 아닌 '소체corpuscle(알갱이)'라는 모호하고 유령 같은 정체로 존재했다. 1930년대와 1940년대에는 급부상하여 물리학에서 중심 역할을 맡았는데, 물리학자들은 광자를 전자 및 양전자와 연결하여 양자전자기역학이라는 강력한 이론을 구축했다. 그 후 오늘까지, 광자는 정말 질량이 없고 정말 크기도 없는 기본 입자로서 전자기력의 힘 운반자로 여겨지고 있다. 우리는 깨어 있는 동안에는 낮이고 밤이고 말 그대로 광자들을 '본다'. 광자는 태양 에너지 일부를 지구에 전하고, 별이나 항성, 촛불, 전구, 벼락 등에서 방출된 빛을 우리 눈에 전한다. 지금도 초당 수십억 개씩의 광자들이 책장에서 독자의 눈으로 정보를 전하고 있다. 보이지 않는 광자들도 많다. 라디오나 텔레비전이나 무선 전화의 신호를 나르고, 따뜻한 벽에서 나오는 열을 나르고, 우리 몸을

압두스 살람(1926~1996), 1978년경
의 모습.
〔AIP 에밀리오 세그레 영상 자료원 제공〕

꿰뚫는 엑스선을 이루는 광
자들이다. 또한 우주는 저
에너지 광자들로 가득 차
있다. 이른바 우주 배경 복
사라는 것으로서, 빅뱅의
산물이다. 모두 합치면 우
주에는 물질 입자 하나당
10억 개 비율로 광자들이
존재한다.

  이쯤에서 〈표 B.4〉에 숨겨진 진실을 밝혀야겠다. 네 가지 힘 중 두
개가 멋지게 통합되어 있다는 사실이다. 약한 상호 작용과 전자기 상호
작용이다. 오래전에 유카와 히데키는 교환 입자의 덩치가 클수록 교환
입자가 힘을 미치는 영역, 즉 힘의 '범위'는 좁아진다는 사실을 깨달았
다. 우리가 교환 입자의 질량을 내키는 대로 바꿀 수 있는 전능한 신이
라고 하자. 다른 것은 고스란히 둔 채 교환 입자를 점점 크게 하면, 그
힘은 점점 약해진다(따라서 힘이 미치는 범위는 점점 짧아진다). 1970년
대, 압두스 살람, 스티븐 와인버그, 셸던 글래쇼라는 세 저명 이론물리

스티븐 와인버그(1933년 출생), 1977년의 모습.
[AIP 에밀리오 세그레 영상 자료원 제공]

학자들이 약한 상호 작용과 전자기 상호 작용은 한 상호 작용의 두 얼굴이라는 대담한 발상을 제안했다. 그들은 두 상호 작용의 핵심적 차이는 힘 운반자의 속성 차이일 뿐이라고 말했다. 전자기력이 먼 범위까지 미치고(몇 미터나 몇 킬로미터 너머에서도 감지할 수 있다) 상대적으로 강한 것은 전자기력 운반자가 질량 없는 입자인 광자이기 때문이다. 약한 상호 작용은 짧은 범위에 미치고(양성자 지름보다 작은 거리에 작용한다) 상대적으로 약하므로, 그 힘 운반자는 굉장히 커야 한다. 몇 년 지나지 않아 W 입자와 Z 입자가 발견됨으로써 '전자기약력' 이론의 진가가 확인되었다.

그렇다면, 어떤 면에서 볼 때, 약한 상호 작용과 전자기 상호 작용은 동일한 하나의 힘이다. 물론 완벽하게 같다고 할 수는 없는 것이, 약한

셸던 글래쇼(1932년 출생), 1980년의 모습.
〔AIP 에밀리오 세그레 영상 자료원 제공〕

상호 작용은 모든 입자들에게 영향을 미치는 보편적 힘이지만, 전자기 상호 작용은 전하를 띤 입자들에게만 미치기 때문이다.

통합을 이뤄 낸 물리학자들은 이 작업으로 1979년에 노벨상을 공동 수상했다. 세련된 파키스탄인인 살람은 런던 임페리얼 칼리지의 이론물리학부를 이끌었다(영광스럽게도 나는 1961년부터 1962년까지 그곳 살람의 팀에서 일한 적 있다). 살람은 트리에스테에 국제 이론물리학 센터를 설립하는 일에도 노력을 기울였다. 그리고 트리에스테에서 전 세계 저개발국의 분투하는 물리학자들을 격려하고 돕는 일에 정열적으로 매진했다.

와인버그는 전자기약력 이론을 연구할 때 하버드에 있었으나 후에 오스틴의 텍사스 대학교로 옮겼다.[36] 와인버그가 이론물리학에 기여한 바는 어마어마하다. 나아가 와인버그는 일반 독자에게 물리학을 설명

36 물리학자들 사이에 떠도는 전설에 따르면, 와인버그는 텍사스 대학교로 옮길 때 '괘씸할 정도로' 어마어마한 연봉을 요구했다고 한다. 미식축구 팀 코치에 맞먹는 연봉을 요구했다는 것이다. 사실인지 아닌지는 모르겠지만, 사실이라면 대학이 선선히 와인버그의 요구를 들어준 셈이다.

할 줄 아는, 우아하고 효과적인 글을 쓰는 작가이다. 와인버그와 글래쇼는 뉴욕 시에서 같은 고등학교를 다닌 친구였고, 후에 하버드에서도 나란히 교수로 일했다. 글래쇼는 대학 교육을 받지 못한 러시아 유대계 이민자 부부의 아들이었지만, 입자물리학에 지대한 공헌을 한 연구자가 되었을 뿐 아니라 과학을 전공하지 않는 학생들에게 대중적이고 효과적인 강의를 하는 선생님으로도 이름이 높다.

• 강한 상호 작용

〈표 B.4〉의 마지막 타자는 여덟 개의 입자 집합이다(반입자까지 헤아리면 16개이다). 강한 상호 작용에서 '풀'처럼 기능하는 이들은 글루온이다. 어울리는 이름이다. 전기적 전하는 띠지 않지만, 기묘한 조합의 색 전하를 띤다. 가령 빨강–반초록이나 파랑–반빨강 같은 조합이다. 이런 색–반색 조합은 서로 다른 여덟 가지가 있으므로, 글루온은 여덟 가지 종류가 있다.[37] (세 가지 색의 색–반색 조합은 모두 아홉 가지이지만, 한 가지는 색을 바꾸지 않고 그냥 두는 변환에 해당하기 때문에 양자색역학적 제약에 따라 존재하지 않으므로 여덟 가지만 남는다— 옮긴이). 글루온과 상호 작용하는 쿼크는 그때마다 색이 바뀐다. 우리가 티셔츠를 파는 노점에 멈출 때마다(또는 티셔츠 노점과 '상호 작용'할 때마다) 입고 있던 티셔츠를 다른 색으로 바꿔야 하는 것과 비슷하다. 광자의 경우 자신들끼리의 상호 작용은 대전 입자를 거쳐서 간접적으로 하는 데 국한되어 있지

---

[37] 빨강, 초록, 파랑은 오늘날 강한 상호 작용 '색'의 표준 명칭이다. 각국 물리학자들이 제 나라 국기의 색깔들로 제멋대로 부르던 시절도 있었다.

만, 글루온은 쿼크뿐 아니라 자신들끼리도 서로 힘을 행사한다.

왜 물리학자들은 쿼크니, 글루온이니, 색이니 하는 보이지 않는 것들을 만들어 내게 되었을까? 제대로 기능하는 해석들이기 때문이다. 쿼크 여섯 가지, 글루온 여덟 가지, 색 세 가지라니, 꼭 테이프로 만화경들을 이어 붙인 것 같다. 하지만 이 체계를 통해 설명되는 현상의 수는 여섯 더하기 여덟 더하기 셋을 뛰어넘는다. 강한 상호 작용에 대한 이 '그림'을 통해 수천 개는 아니라도 최소 수백 개의 입자들과 그 상호 작용들을 가지런히 정리할 수 있다.

가능한 데까지 한번 글루온을 시각화해 보자. 우선 양성자를 농구공만 한 크기로 부풀린다. 다음으로 농구공의 '피부'를 제거하여 구형의 공간만 남기자. 그 속에는 결코 공간을 벗어나지 않으면서 쉴 새 없이 이리저리 몰려다니는 쿼크 세 개가 있다. 세 가지 색깔로 예쁘게 칠해진 쿼크들이라고 상상해도 좋다. 단, 주의할 점은, 쿼크는 점 입자라는 것이다. 쿼크는 질량, 색, 스핀, 전하, 바리온 수를 지니고 있지만, 식별할 수 있는 규모란 것이 전혀 없는 존재이다. 휙휙 날아다니는 쿼크들은 끊임없이 글루온들을 방출했다가 흡수한다. 농구공 내부에는 세 개가 아니라 수십 개의 입자들이 존재하는 셈이다. 모두 미친 듯이 춤추며 운동하고, 생성되고, 소멸한다. 글루온도 쿼크처럼 점이다. 색, 반색, 기타 속성들을 지녔지만 질량이 없는 점이다. 밖에서 보기에 기적적으로, 입자들의 무리는 전체적으로 색 중성을 유지한다. 총 전하도 한 단위로 유지한다(앞서 이것을 양성자라고 했다). 총 바리온 수 한 단위, 총 스핀 1/2 단위도 유지한다.

농구공 표면을 넘어서는 쿼크가 있으면, 글루온이 그것을 잡아 세게 끌어당긴다. 보초 서던 선생님이 정해진 놀이터에서 벗어나는 어린아이를 잡아 오는 것과 비슷하다. 글루온의 강한 힘에는 놀라운 면이 있다. 중력(거리가 멀어질수록 약해진다)이나 전자기력(역시 거리가 멀어질수록 약해진다)과 달리, 글루온의 인력은 거리가 멀어질수록 증가한다. 그래서 쿼크와 글루온 들이 점유한 공간, 양성자 내부 공간에는 '피부'가 필요 없다. 글루온이 지키기 때문이다. 글루온은 쿼크나 다른 글루온이 경계를 벗어나지 못하게 감시하며, 멀어질수록 세지는 힘을 통해 어떤 입자도 나가지 못하게 한다. 한편 양성자 한가운데에서는 쿼크가 보다 자유롭게 움직인다는 증거가 있다(선생님도 놀이터 한가운데에서 노는 아이는 안전하다 생각하여 크게 신경 쓰지 않는다).

그래서 우리는 쿼크나 글루온을 하나만 검출한 예가 없다. 거리가 멀어질수록 힘이 세지니, 입자들 중 하나만 떼어내는 건 불가능하다. 하지만 잡아당길수록 늘어나는 고무줄이라도 충분히 힘을 주어 잡아당기면 결국 끊어지며 묶였던 곳에서 떨어져 나갈 것이다. 마찬가지로 양성자에 훨씬 큰 에너지를 가하면, 강한 글루온 끈이라 해도 쿼크 하나 잘라 내는 게 가능하지 않을까? 대개 그렇듯이 일상생활의 비유가 아원자 세계에도 똑같이 적용되기는 힘들다.

여기서 질량과 에너지 등가 원리가 다시 한 번 존재감을 드러낸다. 양성자에 (가령 가속기에서 발사된 다른 양성자를 충돌시켜) 충분한 에너지를 쏟아 넣으면 글루온–쿼크 끈이 끊어질 수도 있다. 사실이다. 하지만 글루온과 쿼크는 파국에 대항할 방안을 갖고 있다. 쿼크를 떼어 내는 데 든 에너지는 다른 입자들을 만들어 낼 수 있을 만큼 크다. 어마어마한 에너지를 쏟아 쿼크 하나를 잘라 내는 데 성공한다 해도, 에너지 일부가 새로운 쿼크나 반쿼크로 변형될 것이다. 새로 생긴 반쿼크들 중 하나가 막 자유로워지려는 쿼크에 들러붙을 테고, 우리의 검출기에는 자유 쿼크가 아니라 파이온이 잡힐 것이다. 쿼크를 양성자에서 떼어 냈지만, 반쿼크 보호자가 따라왔고, 쿼크만 보고자 했던 우리의 바람은 무산되었다.

파인먼 도표

미국 물리학자 리처드 파인먼은 탁월한 물리학적 성취만큼이나 재치와 글 솜씨로 유명하다.[38] 파인먼의 발명 가운데, 아원자 세계의 현상을 시각적으로 그려 보게 도와주는 훌륭한 사건 도표화 기법이 있다. '파인먼 도표'는 특히 두 입자 사이에 힘 운반자가 교환될 때 '실제로' 일어나는 듯한 사건을 또렷이 드러냄으로써, 상호 작용을 보다 잘 설명해 준다. 이론물리학자에게 파인먼 도표는 시각화 도구 이상이다. 입자들 사이에 가능한 반응들을 모두 나열할 수 있는 방법이고, 심지어 다양한 반응들의 실현 가능성을 계산하는 데도 도움이 된다. 그러나 지금은 시각적 도구로서만 소개하려 한다. 힘 운반자들이 생성하는 교환 힘이 어떻게 작용하는지 훨씬 선명하게 머리에 그릴 수 있을 것이다.

파인먼 도표는 초소형 시공간 지도다. 찬찬히 이해하기 위해, 먼저

---

38 나는 캘리포니아 공과대학에서 강연하는 영광을 누린 일이 있다. 그때 파인먼은 맨 앞줄에 앉아 틀림없이 졸고 있었다. 강연이 끝나자, 파인먼이 손을 들더니 질문을 하나 던졌는데, 너무나 예리한 질문이라 흠칫 당황했다. 나는 어쨌든 집에는 가야겠기에 끙끙대며 답변을 했다.

평범한 보통 지도를 생각해 보자. 도로 지도 같은 '공간 지도' 말이다. 그런 지도는 보통 2차원이고, 북쪽이 위, 동쪽이 오른쪽을 가리킨다. 지도상의 선은 공간 속에서 움직인 경로를 말한다. 수학자라면 공간 속에서 움직인 경로를 땅에 투영한 선이라고 말할 것이다.

〈그림 6〉의 선들은 비행기가 시카고 미드웨이 공항에서 동쪽으로 날아가 톨레도에 도착하고, 자동차가 톨레도에서 남서쪽으로 달려 인디애나폴리스에 도착하는 경로들이다. 페르미 연구소의 테바트론(양성자 싱크로트론으로서 1테라전자볼트의 에너지를 낸다 하여 이름 지어졌다—옮긴이)에서 돌고 있는 양성자도 보인다(양성자의 경로는 엄청나게 확대되었다). 선 끝의 화살표는 운동이 일어난 방향을 가리킨다. 비행기의 고도나 회전하는 양성자의 지하 깊이를 알고 싶다면, 지도를 3차원으로 확장해 '위-아래'를 보여 줘야 한다. 그렇게 해도 비행기나 자동차나 양성자가 언제 특정 지점에 있었는지는 지도에서 알아 낼 수 없다. 지

도의 선들은 공간을 이동한 경로만 보여 준다. 공간뿐 아니라 시간까지 포함하려면 4차원으로 가야 한다. 그러한 시공간 영역은 우리의 시각화 능력을 넘어선다. (상대성

리처드 파인먼(1918~1988), 로스앨러모스 시절 신분증 사진으로 1943년의 모습.
[AIP 에밀리오 세그레 영상 자료원 제공]

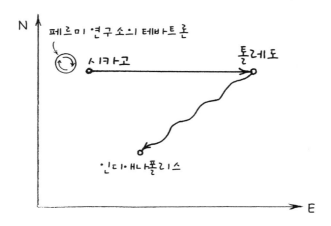

그림 6 공간 지도.

이론에 정통한 물리학자들도 4차원을 시각화하는 일에는 보통 사람들보다 나을 것이 없다.)

다행스럽게도, 2차원 시공간 지도도 2차원 도로 지도만큼이나 유용하다. 시공간 지도를 2차원으로 축약한 도표가 〈그림 7〉이다. x라고 표기된 가로축은 동–서 방향의 거리를 나타낸다. t라고 표기된 세로축은 시간을 나타낸다. 내가 가만히 서 있으면, 보통의 공간 지도에서 내 '경로'는 한 점이다. 나는 그냥 '그곳에' 있다. 하지만 시공간 지도에서는 다르다. 우리는 무정한 시간의 화살을 타고 끝없이 나아가기 때문이다. 그래서 이륙 전에 시카고 공항 활주로에 서 있던 비행기는 세로선(도표에서 AB)으로 표현된다. 공간 위치는 고정이지만 시간 위치가 움직인 것이다. 이제 비행기가 이륙하여 거의 일정한 속도로 톨레도까지 날아간다. 그 시공간 경로인 BC 선이 오른쪽 상단으로 기울어 있는 게

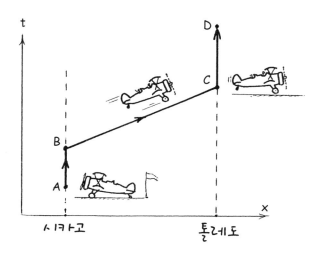

그림 7 시공간 지도.

보이는가? 선이 오른쪽으로 가는 것은 비행기가 그 방향으로 움직이기 때문이다. 선이 위로 가는 것은 시간이 흐르기 때문이다. 비행기 속도가 느리면 경로는 거의 수직에 가까워질 것이다(운동이 없음을 뜻하는 수직선에 가까워질 것이다). 비행기 속도가 빠르면 경로는 거의 수평에 가까워질 것이다(같은 거리를 짧은 시간 안에 주파하기 때문이다). 마지막으로, 비행기가 톨레도에 내려 진입로에 멈춘다. 그 시공간 경로는 다시 수직선이다(도표의 CD).

비행기의 시공간 경로 ABCD를 비행기의 세계선world line이라 부른다. 그 선은 움직이지 않는다는 사실을 명심하자. 그 선은 그냥 '그곳에' 있다. 보통 지도 위의 선이 그 자리에 가만히 있듯이 말이다. 세계선은 여행의 역사를 공간과 시간 모두에 대해 기록한 것이다. (물론 세계선이 '진화'하는 모습을 상상할 수는 있다. 특정 시간까지 오게 된 과거의 경로만 안다고 생각하고 이후를 그리는 것이다. 비슷한 식으로, 내가 공간 지도에서 여행했던 길을 뒤밟는다면, 나는 시작점부터 현 위치까지의 경로만 밟을 수 있지, 미래의 경로가 어떻게 될 것인지 앞서 정확히 예측할 수는 없다.) 그러므로 시공간 지도는 '사물'이 언제 어디에 있는지 말해 준다. 비행기이든, 자동차이든, 아원자 입자이든 상관없다. 그런데 비행기나 자동차라면 세계선에서 드러나지 않는 세부 사항들이 더 많다. 승무원이 점심을 가져오고, 아이들이 뒷자리에서 노는 일 같은 것 말이다. 하지만 기본 입자에는 더 이상의 숨겨진 활동이 없다. 세계선의 조각조각이 입자에 대한 모든 정보를 말해 준다. 다만, 세계선 한 조각이 사라지고 다른 조각이 등장하는 순간, 즉 상호 작용이 일어나는 지점에서는 이야기가 달라진다.

상대성 이론에서 '사건'은 특정 시공간 지점에서 벌어지는 어떤 일이다. 즉 공간상의 한 점, 또한 시간상의 한 순간에 벌어지는 일이다. 〈그림 7〉의 점 B와 C는 (대략) 사건이라 할 수 있다. B에서 무슨 일인가 벌어졌다. 비행기가 움직이기 시작하여 이륙했기 때문이다. C에서도 무슨 일인가 벌어졌다. 비행기가 착륙하여 서서히 멈췄다. 물론 이 비행기 '사건들'은 정확히 공간상의 한 점이나 시간상의 한 순간에 일어난 일은 아니다. 하지만 개념을 설명하자면 그렇다는 말이다. 입자세계에서는 사건들이 시공간상의 정확한 한 지점에서 일어나지, 넓은 공간에 걸쳐 일어나거나 긴 시간에 걸쳐 일어나지 않는다. 실제로 실험을 해 보면 아원자 세계의 모든 현상들은 궁극적으로 특정 시공간 지점에서의 작은 폭발적 사건들에 의해 벌어지는 것임을 알 수 있다. 게다가 사건이 벌어지면 과거의 것은 하나도 살아남지 못한다. 점 이후에 등장하는 것들은 이전의 것들과는 다르다.

입자 시공간 도표를 살펴보기 전에, 비행기의 세계선에서 한 가지 특징을 더 살펴보자. 〈그림 7〉의 세계선에는 화살표가 있다. 쓸데없는 정보가 아닐까? 누가 뭐래도 비행기가 A에서 B로 '이동'하는 방법은 한 가지뿐이다. 위로 가야 한다. 시간이 그 방향으로 흐르기 때문이다. 비행기가 시간을 거슬러 이동하는 일은 과학 소설에나 나오는 일인데 왜 굳이 화살표까지 붙여야 할까? 이 개념들을 입자에 적용하려면 화살표가 필요하기 때문이다. 아원자 입자들은 때로 과학 소설 속 이야기처럼 보이는 법칙들의 지배를 받는다. 입자는 실제로 시간을 거슬러 이동할 수 있으며, 상호 작용 군무를 출 때 자주 그러고 있다. 입자가 시간을 거슬러 이동한다는 생각을 처음 한 것은 파인먼의 스승인 존 휠러였다. 파인먼은 그 발상을 자기 이름을 딴 도표에 결합한 것이다.

〈그림 8〉에서 〈그림 12〉까지는 입자 과정에 대한 파인먼 도표들이다. 어느 도표이든 시간은 아래에서 위로 읽으면 된다. 자를 하나 수평으로 놓고 도표 아래쪽에 붙였다가, 서서히 시간 흐름 방향대로 위로 올린다고 상상하자. 가령 〈그림 8〉을 보자. 전자 두 개가 서로 다가와, 상호 작용을 일으킨 뒤, 멀어져 간다. 이 전자 산란은 아래 공식으로 표현된다.

$$e^- + e^- \rightarrow e^- + e^-$$

도표는 무수히 많은 가능한 결과들 중 가장 단순한 한 가지를 보여주고 있지만, 현실에서 벌어지는 현상이라고 확신할 수 있는 사건이다.

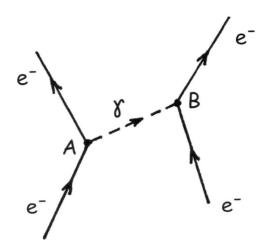

그림 8 전자-전자 산란.

점 A에서, 전자 하나가 광자 하나(감마선)를 방출하고, 점 B에서, 이 광
자가 다른 전자에 흡수되었다. 광자가 교환된 결과 전자들의 속도와 방
향이 바뀌었다. 이것이 현장에서 본 전자기 상호 작용이다.

　모든 파인먼 도표에 공통된 두 가지 중요한 특징을 이 도표에서 확
인할 수 있다. 하나는 눈에 확 들어오는 특징이고, 다른 하나는 그다지
확연하지 않은 특징이다. 확연한 특징은 상호 작용 점인 A와 B에서 입
자선 세 개가 만난다는 사실이다. A나 B 같은 점을 꼭짓점이라 한다.
구체적으로 지칭해 세 갈래 꼭짓점이라고도 한다. 그곳이 바로 상호 작
용이 벌어지는 시공간 점이다. 다른 도표들을 보아도 모두 세 갈래 꼭
짓점들 투성이이다. 게다가 그냥 세 갈래도 아니고, 페르미온 선 두 개
와 보손 선 하나가 만나는 꼭짓점이다. 도표에 등장하는 페르미온은 렙
톤일 수도, 쿼크일 수도 있다. 보손은 힘 운반자들, 즉 광자, W 보손,

글루온 들이다. 깜짝 놀랄 만한 이 보편성은, 이제 사실로 받아들여지고 있다. 세상의 모든 상호 작용은 결국 렙톤이나 쿼크 들이 특정 시공간 점에서 보손들(힘 운반자)을 방출하고 흡수함으로써 이루어지는 것이다. 모든 상호 작용의 심장부에는 세 갈래 꼭짓점이 있다.

확연하지 않은 특징은 무엇이냐 하면, 상호 작용은 진정 파국적인 사건으로서, 모든 입자가 소멸되거나 생성되거나 둘 중 하나라는 사실이다. 점 A를 보면, 날아든 전자가 파괴되고, 광자가 탄생하고, 새로운 전자가 탄생했다. 왼쪽 위로 날아간 전자는 왼쪽 아래에서 올라왔던 전자와 같다고 할 수 없다. 물론 둘 다 전자라는 점에서는 같은 개체이지만 떠나는 전자가 도착했던 전자와 동일하다고 말하는 것은 아무 의미가 없다. 〈그림 9〉부터 〈그림12〉까지를 보면 한 꼭짓점에 수렴하는 세 입자들의 서로 다른 성격이 보다 확실히 드러날 것이다.

〈그림 9〉는 전자와 그 반입자인 양전자가 만나 소멸한 뒤 두 개의 광자를 내놓는 과정이다. 아래와 같이 표현된다.

$$e^- + e^+ \rightarrow 2\gamma$$

여기서도 상호 작용 꼭짓점이 A와 B 두 군데이고, 각기 페르미온 선두 개와 보손 선 하나씩이 만났다. A에서는 날아든 전자가 광자 하나와 새로운 전자 하나를 냈다. 새 전자는 B로 날아간 뒤, 날아든 양전자를 만나 또 다른 광자를 방출했다. 이 과정이 시간 순으로 진행되는 것을 상상하려면, 상상의 수평 자를 아래에서 위로 천천히 올리면서 보아야 한다. 화살표는 무시하고 보자. 당장 질문이 쏟아지리란 것을 나도 잘

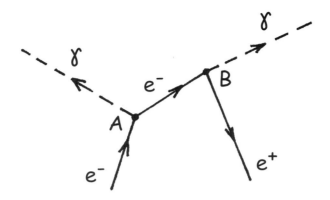

그림 9 전자-양전자 소멸.

안다. 무시하고 볼 거라면 왜 화살표 따위를 그릴까? 답은, 화살표는 꼬리표이기 때문이다. 화살표의 목적은 그 선이 입자의 선인지 반입자의 선인지 구별하기 위함이다. 즉, 오른쪽에 보이는 아래를 가리키는 화살표는 양전자의 선이다. 양전자가 시간을 따라 움직이는 모습, 달리 말해 도표에서 위쪽으로 움직이는 모습이다. 하지만 (휠러와 파인먼의 통찰이 진가를 발휘하는 대목이 이 지점이다) 시간을 따라 움직이는 양전자는 시간을 거슬러 움직이는 전자와 동등하다. 그래서 도표를 눈에 보이는 화살표들을 따라 해석해도 무방하게 된다. 자, 전자 하나가 왼쪽에서 시간을 따라 흘러와서, A와 B에서 광자를 하나씩 방출하고, 시간을 거슬러 돌아간다. 야릇하지만 이것도 사실이다. 휠러와 파인먼은 시간을 따라 움직이는 양전자로 설명하는 방식과, 시간을 거슬러 움직이는 전자로 설명하는 방식 양쪽 다 '옳다'는 것을 보였다. 수학적으로 동등하고 구별 불가능하기 때문이다. 하지만 독자 여러분이나 내게는

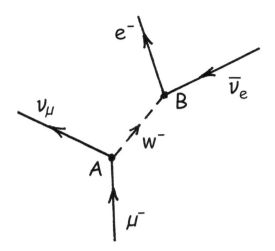

그림 10 음의 뮤온 붕괴.

시간을 따를지 거스를지 선택할 권리가 없지 않은가? 옳은 항의다. 우리는 무슨 일이 있어도 앞으로만 간다. 도표 위쪽으로 미끄러지는 수평자를 따라서 말이다. 우리가 〈그림 9〉에서 보는 것은 양전자가 왼쪽으로 날아와서 전자와 충돌하는 그림이다. 다만 양자 세계의 방식에 길들여질 경우, 다르게 해석할 수 있다는 것도 믿을 뿐이다. 전자가 시간을 되감아 올라가서 오른쪽으로 이동하는 것으로 설명해도 좋다고 말이다.

〈그림 10〉은 약한 상호 작용 사례이다. 음의 뮤온 붕괴를 파인먼 도표로 그렸다.

$$\mu^- \longrightarrow e^- + \nu_\mu + \bar{\nu}_e$$

여기서는 W^- 보손이 교환 입자로서 중개하는 역할을 한다. 매 꼭짓

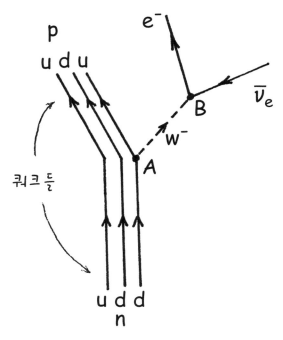

그림 11 중성자 붕괴.

점에서 보손 법칙이 작용하는 것을 알 수 있다. 점 A에서, 음전하 한 단위가 도착하고 음전하 한 단위가 떠났다. 뮤온 맛깔 입자 하나가 도착하고(뮤온) 하나가 떠났다(뮤온 중성미자). 점 B에서도 역시 전하가 보존되고, 전자 맛깔이 보존되었는데(전후 모두 0이다), 동시에 생성된 전자와 반중성미자의 맛깔 수가 각각 +1과 −1이기 때문이다. 화살표가 말해 주듯, 그리고 앞선 논의에서 배웠듯, 꼭짓점 B를 다르게 해석할 수도 있다. 시간을 거슬러 온 중성미자가 W⁻ 입자를 흡수하여 시간을 따라 움직이는 전자가 되었다고 말이다.

〈그림 10〉의 뮤온 붕괴 과정은 베타 붕괴 과정이라고도 할 수 있다.

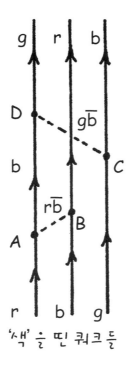

그림 12 글루온들을 교환하는 쿼크들.

방사능 핵의 베타 붕괴와 마찬가지로 전자가 형성되어 방출되기 때문이다. 〈그림 11〉의 중성자 붕괴도 얼추 비슷하다.

$$n \longrightarrow p + e^- + \bar{\nu}_e$$

〈그림 10〉과 〈그림 11〉이 몹시 닮았다는 것을 알 수 있다. 〈그림 10〉에서는 음의 뮤온이 약한 상호 작용을 통해 뮤온 중성미자로 변형되었다. 〈그림 11〉에서는 아래 쿼크가 역시 약한 상호 작용을 통해 위 쿼크

로 변형되었다. 강한 상호 작용은 붕괴 사건에서는 아무런 역할을 하지 않지만, 붕괴 전의 중성자와 붕괴 후의 양성자 속에 있는 세 개의 쿼크들을 강하게 한데 잡아 준다.

마지막으로 〈그림 12〉를 보자. 세 개의 쿼크들 속에서 글루온이 어떻게 교환되는지 체계적으로 보여 준다(양성자를 이루는 쿼크들일 수도, 중성자를 이루는 쿼크들일 수도 있다). 이번에는 쿼크 세 개를 각각의 색전하에 따라 이름 붙였다. r은 빨강, g는 초록, b는 파랑이다. '위' 쿼크냐 '아래' 쿼크냐 하는 속성은 상호 작용이 진행되어도 변하지 않았다. 그러므로 가령 맨 왼쪽 선, 빨강, 파랑, 초록으로 변모하는 선은 줄곧 위 쿼크이거나 줄곧 아래 쿼크이다. 그림에 상호 작용 꼭짓점이 네 개 보인다(각각 페르미온 선 두 개와 보손 선 하나가 만나는 세 갈래 꼭짓점임을 확인하자). A에서, 빨강 쿼크가 빨강-반파랑 글루온(rb̄ 라고 표기되어 있다)을 방출하여 파랑 쿼크로 변했다. 나중에 D에서, 그 파랑 쿼크는 초록-반파랑 글루온을 흡수하여 초록 쿼크가 된다. B에서, 파랑 쿼크는 A에서 방출되었던 빨강-반파랑 글루온을 흡수하여 빨강 쿼크가 되었다. 그리고 C에서, 초록 쿼크는 초록-반파랑 글루온을 방출하고 파랑 쿼크가 되었다. 마음을 활짝 열고 상상해 보자. 양성자 속에서 매초 수십억 번씩 이런 색들의 방출, 흡수, 교환의 춤이 공연되고 있는 것이다. 거리가 멀어질수록 입자들을 더 세게 당기는 강력 때문에, 쿼크들은 아무리 애를 써도 벗어날 수 없다. 쿼크들은 영원히 3인조 군무를 춰야 하는 운명이다.

쿼크

1. 쿼크는 기본 입자인가 합성 입자인가?

2. (a) 쿼크와 렙톤이 비슷한 점은 무엇인가?
   (b) 다른 점은 무엇인가?

3. (a) 질량 보존 법칙은 일상에서 널리 유효한 원칙인가?
   (b) 아원자 세계에서 널리 유효한 원칙인가?

4. (a) 전하가 4/3 단위인 입자가 있을까?
   (b) 6/3 단위는 있을까?

5. 양성자 붕괴를 막는 보존 법칙은 무엇인가?

6. 혼자 있을 때 중성자는 불안정하여 붕괴한다. 왜 우리 몸 속 탄소 핵 안에 있는 중성자는 붕괴하지 않는가?

〈표 B.2〉

7. 쿼크 세 개로 전하가 없고 바리온 수 1인 입자를 만들려면 어떻게 조합하면 될까?

8. 어떤 쿼크와 반쿼크를 조합하면 전하가 +1이고 바리온 수가 0인 입자를 만들 수 있을까?

9. 양성자의 질량은 (에너지 단위로) 938MeV이다. 꼭대기 쿼크의 질량은 양성자의 질량에 비해 어떤가?

합성 입자들과 〈표 B.3〉

10. 관찰되는 합성 입자들에 '색'이 있는가?

11. 바리온과 메존의 주요한 차이점들은 무엇인가?

12. (a) 바리온들은 대개 불안정한가?
    (b) 메존들은 대개 불안정한가?

힘 운반자들과 〈표 B.4〉

13. (a) 무엇이냐(사물)에 관련된 입자들을 몇 가지만 들어 보라.
    (b) 무엇이 벌어지느냐(작용)에 관련된 입자들을 몇 가지만 들어 보라.

14. 보존 법칙들은
    (a) 힘 운반자들이 생성되고 소멸되는 수에 제약을 가하는가?
    (b) 렙톤들이 생성되고 소멸되는 수에 제약을 가하는가?

15. 수소 원자 속 양성자와 전자는 서로 중력으로 끌어당긴다. 하지만 물리학자들은 원자 구조에서는 중력이 아무 역할도 하지 않는다고 한다. 왜인가?

16. 우주에는 광자와 전자 중 어느 쪽이 더 많은가?

17. 전자기약력 이론에 의하면 힘 운반자들 가운데 어느 것들이 한 가족인가?

18. 광자가 W 및 Z 입자와 엄청나게 다른 점은 무엇인가?

19. 쿼크들 사이 거리가 멀어질수록 강력은 강해지는가, 약해지는가? 전기력이나 중력과 비슷한가 다른가?

20. 종합 정리해 보자. 네 가지 기본 상호 작용의 이름을 강한 것부터 대고, 각각의 힘 운반자를 말하라.

파인먼 도표

21. 공간 지도는
    (a) 한 장소에서 다른 장소로 갈 때 방향을 알려 줄 수 있는가?
    (b) 과거에 어느 장소들에 있었는지 알려 줄 수 있는가?
    (c) 언제 그 장소들에 있었는지 알려 줄 수 있는가?
    (d) 한 장소에서 다른 장소로 얼마나 빠르게 이동했는지 알려 줄 수 있는가?

22. 시공간 지도는 위의 네 가지 것 중 어느 일들을 할 수 있는가?

23. 세계선이란 무엇인가?

24. 물리학자들은 사건을 어떻게 정의하는가?

25. 입자 세계의 '사건'에서 전형적으로 벌어지는 일은 어떤 것인가?

26. 파인먼 도표에서 각 사건은 세 갈래 꼭짓점으로 표현된다. 이유를 말하라.

27. 〈그림 9〉를 참고하여 어째서 입자 상호 작용이 파국적 사건인지 설명하라.

28. 물리학자들은 W 입자의 존재를 추측하고 관찰하기 전에는 다음 방식의 뮤온 붕괴, $\mu^- \rightarrow e^- + \nu_\mu + \bar{\nu}_e$ 가 '네 갈래' 꼭짓점 사건이라고 믿었다. 입자 하나가 들어가고, 입자 세 개가 나오는 것이란 뜻이다. 〈그림 10〉을 다시 그려 이 옛날 과정을 표현해 보라.

29. 〈그림 10〉에는 어떤 보존 법칙이 드러나 있는가?

30. 〈그림 12〉에는 어떤 보존 법칙이 드러나 있는가?

°° 도전 문제

1. 왜 가장 약한 힘인 중력이 일상에서 가장 크게 느껴지는지 설명해 보라.

2. (a) 우리가 말 그대로 눈으로 볼 수 있는 힘 운반자는 무엇인가?
   (b) 왜 다른 힘 운반자들은 직접 볼 수 없는가?

3. 양성자에 아무리 에너지를 많이 쏟아 부어도 쿼크 하나를 떼어 낼 수 없는 이유를 설명해 보라.

4. 미식축구 경기에서 꼼짝 않고 있다가 공을 잡은 뒤 몇 발짝 뒤로 물러서고, 다시 앞으로 달리다가 태클을 당해 처음 시작점에서 좀 나아간 지점에 다시 정지하게 된 쿼터백의 운동을 시공간 지도로 그려 보자. (〈그림 7〉을 참고하라.)

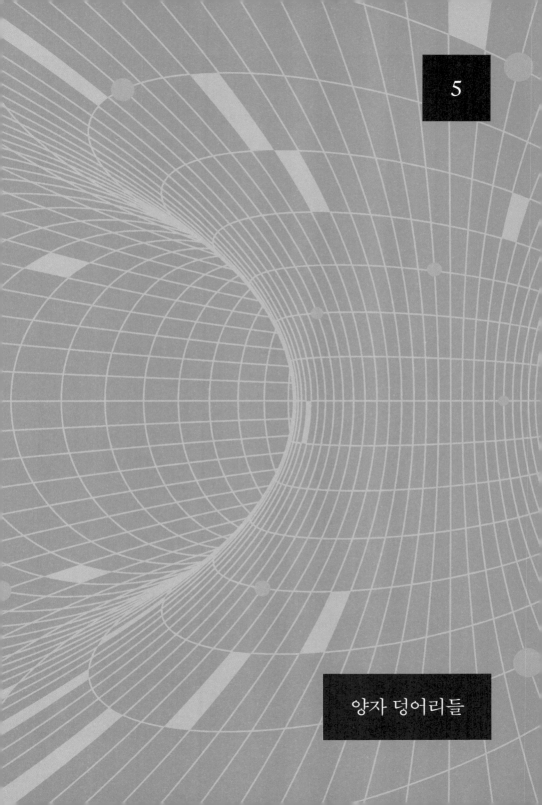

5

양자 덩어리들

막스 플랑크는 혁명가가 되려고 나선 게 아니었다. 1900년 12월, 베를린의 프로이센 아카데미에 복사 이론을 제출했을 때, 그리고 그 유명한 상수 h를 제안했을 때, 플랑크는 자신이 고전 이론의 탄탄한 체계에 존재하는 사소한 흠을 바로잡는 손질을 하고 있다고 생각했다. (이후 자신이 당긴 방아쇠 덕분에 양자 혁명이 급물살을 탔을 때도, 플랑크는 참여를 원치 않았다. 플랑크는 자신이 시작한 일을 진심으로 끌어안지 못했다.)

플랑크는 전자기 이론과 열역학을 섞었을 때 발생하는 문제점을 손질하고 있었다. 전자기 이론은 전기와 자기는 물론이고, 빛(과 다른 복사)을 다룬다. 열역학은 복잡계의 온도와 에너지 흐름 및 분포를 다룬다. 19세기 물리학의 양대 산맥인 두 이론은, 하지만, '공동 복사cavity radiation'를 설명하지 못했다. 고정된 온도의 닫힌 상자에서 나오는 복사가 공동 복사이다.

플랑크와 동료들이 잘 알았던 바, 물체는 어느 온도에서든 복사를

막스 플랑크(1858~1947).
〔AIP 에밀리오 세그레 영상 자료원 제공〕

방출한다. 온도가 높을수록 방출되는 복사의 강도가 커지고 복사의 평균 진동수가 높아진다. 복잡한 법칙 같지만 일상의 체험으로도 충분히 확인할 수 있다. 전기난로의 열선이 저온에서 방출하는 복사는 주로 적외선 영역의 진동수이다. 가까이 손을 대 보면 미적지근한 열기를 느낄

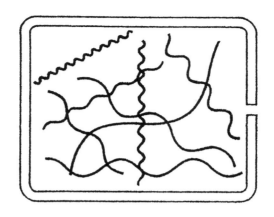

그림 13 공동 속의 다양한 진동수들.

수 있다. 고온으로 조절된 열선에서는 보다 강한 복사가 나오는데, 낮은 진동수의 적외선이었던 복사 중 일부가 높은 진동수의 붉은 가시광선으로 변해 우리 눈에 들어온다. 덜 알려진 사실이지만 차가운 물체도 복사를 방출한다. 가령 북극의 만년설을 들 수 있다. 열선보다 훨씬 약한 강도에, 훨씬 낮은 진동수의 복사이기는 하지만, 지구의 에너지 일부를 대기 중에 돌려보내는 일임에는 차이가 없다.

'공동cavity'(가령 거실이라도 좋다) 속에서는 여러 진동수의 복사들이 마구 튕겨 다니며 내벽에서 방출되었다 흡수되기를 반복한다. 플랑크의 연구가 있기 전, 과학자들은 이 복사의 특이한 성질 하나를 발견했다. 복사의 속성이 벽의 온도에 달려 있고, 벽의 재료 조성과는 무관하다는 사실이었다. 놀랍도록 단순한 조건임에도 불구하고, 공동 복사의 세기가 어떤 진동수로 분포되는지 설명하려는 과학자들의 노력은 모두 허사로 돌아갔다.

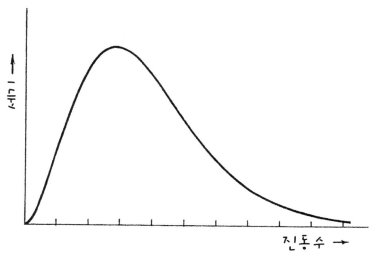

그림 14 공동 복사의 세기.

1900년 10월, 플랑크는 공동 속 복사 에너지 분포를 사실에 들어맞게 설명해 주는 공식을 얻었다. 하지만 플랑크의 공식에는 이론적 기반이 없었다. 물리학자들이 '곡선 일치법'이라 부르는 방식을 통해 얻은 것이었기 때문이다. 플랑크는 이토록 잘 맞는 공식은 틀림없이 옳으리라고 믿었다. 하지만 어째서 들어맞는 것일까? 원자들과 분자들이 복사와 상호 작용하는 영역에서 대체 어떤 일이 벌어지기에, 이 공식으로 상황이 설명되는 걸까? 플랑크는 탐구에 나섰다. 그는 후에 이렇게 말한 적 있다. "내 인생에서 가장 힘들게 일한 몇 주가 지나자, 드디어 어둠이 걷히고 미처 상상치 못했던 새로운 전망이 동트기 시작했다." 플랑크는 진동하는 전하가 호스에서 흐르는 물처럼 연속적으로 복사를 방출하는 게 아니라 피칭 머신에서 나오는 야구공처럼 덩어리로 방출된다고 가정하면, 이제껏 관찰된 공동 복사의 속성들을 설명할 수 있음을 깨달았다. 플랑크는 이 덩어리를 '양자quanta'라 불렀고, 그리하여 양자 이론이 탄생하였다.

플랑크는 특히 진동 전하가 방출할 수 있는 최소 에너지 양자는 진동 주파수에 비례한다고 가정해야 했다. 따라서 진동수가 두 배라면 최소 에너지도 두 배, 진동수가 세 배라면 최소 에너지도 세 배가 되어야 했다. 비례 상수를 동원하면 이 관계는 간단한 방정식으로 정리된다. 공식은 이렇다.

$$E=hf$$

E는 양자 에너지, f는 진동수, h는 오늘날 플랑크 상수라 불리는 비례 상수이다. 플랑크는 기존의 관찰 데이터에 이 공식을 일치시킴으로써 h 값을 계산할 수 있었다. 그가 얻은 값은 오늘날 우리가 아는 값에서 고작 몇 퍼센트 차이 날 뿐이다.

우리는 3장에서 광자 에너지의 표현식으로서 위 공식을 만난 적 있다. 그러나 그런 식의 해석은 1905년에 아인슈타인이 제기한 것이다. 그 5년 전, 플랑크의 손에 있을 때, 공식은 단지 진동 전하가 방출하는 복사 에너지를 표현하는 수식으로만 사용되었다. 플랑크는 복사 에너지 자체가 양자화되어 있다(덩어리져 있다)고는 말하지 않았고, 에너지를 양자화된 양으로만 더할 수 있다고 말했다. 비유하자면, 수영장에 물을 부을 때 한 바가지, 두 바가지, 세 바가지처럼 꽉 찬 바가지 단위로만 부을 수 있고 한 바가지보다 적은 양은 붓지 못한다고 가정해 보자. 그러나 수영장 속 물을 나눌 때는 꼭 바가지 단위가 아니라 마음대

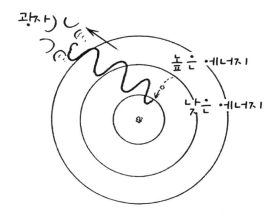

그림 15 에너지 변화가 광자의 진동수를 결정한다.

로 할 수 있는 경우를 생각하면 된다. (광자 등장 이전의 추론이 이러하였다.)

플랑크는 방출된 복사의 진동수는 방출을 일으킨 전하의 진동수와 같다는 고전적 해석을 의심 없이 받아들였다. 밴조가 내는 소리의 진동수가 밴조 현이 흔들리는 진동수와 같은 것처럼 말이다. (아인슈타인도 광자에 대해 동일한 가정을 취했다.) 상황을 바꾼 것은 닐스 보어였다. 1913년, 보어는 양자적 발상을 수소 원자에 적용함으로써, 방출된 복사의 진동수를 결정하는 것은 방출계의 에너지 변화량이라는 사실을 밝혔다. 보어에 따르면, 전자가 빛 방출 전에 특정 진동수를 갖고 빛 방출 후에 다른 진동수를 가질 때, 방출된 빛의 진동수는 두 전자 진동수 중 어느 것과도 일치하지 않는다. 플랑크의 공식은 변화된 이론에서도 살아남았으나, 새로운 해석을 갖게 됐다. 보어의 손에서 $E=hf$의 E는 물질계의 에너지 변화량으로, f는 진동하는 물질의 진동수가 아니라 방출된 복사의 진동수로 탈바꿈했다. (1913년의 보어는 아인슈타인의 광

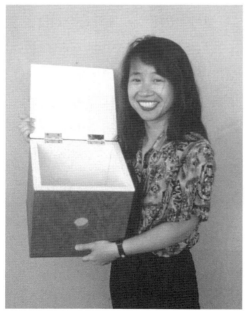

상자 내부는 하얀색이지만 구멍을 통
해 들여다볼 때는 까맣다. 상자로 들어
간 빛이 거의 모두 흡수되어 밖으로 나
오지 않기 때문이다. 상자는 공동 복사
를 일으킨다.
〔피어슨 에듀케이션 제공〕

자를 받아들이지 못한 상태였기 때문에, 광자는 언급하지 않았다. 하지만 이제 우리는 물질계의 에너지 손실 E는 그 과정에서 생성된 광자가 획득한 에너지 양과 같다는 사실을 안다.)

공동 복사는 종종 '흑체 복사black-body radiation'라고도 불린다. 이상적인 '흑체'는 자신에게 오는 모든 복사를 흡수해 버리는데, 그런 물체가 방출하는 에너지의 강도와 주파수는 공동 복사의 특성을 고스란히 드러낸다. 이유는 단순하다. 공동에서 이리저리 튕겨 다니던 복사는 결국엔 완벽히 흡수되어 버릴 테고, 공동 내부는 '까맣게' 보여 흑체가 될 것이다(흰색으로 칠해진 벽이라고 해도 말이다!). 태양 표면은 흑체와 몹시 유사하지만, 단 한 가지, 까맣게 보이지 않는다는 점이 다르다. 존 휠러가 1968년에 '블랙홀'이란 단어를 창안할 때도 완벽하게 붕괴한 상태의 물질은 흑체black body와 관련이 있다고 생각하여 그런 이름을 붙인 것이었다. 흑체는 자신에게 오는 모든 복사를 흡수하지만, 에너지를 방출하기도 한다. 블랙홀은 자신에게 오는 모든 것을 흡수하지만(복사와 물질 모두), 아무것도 방출하지 않는다.[39]

양자라는 발상을 도입한 1900년의 플랑크는 마흔두 살이었다. 이론 물리학자들이 가장 뛰어난 업적을 발표하는 평균 연령을(3장에서 말했듯 칼 앤더슨은 스물여섯이라 주장했다) 한참 넘은 나이였다. 사반세기 후인 1924년에서 1928년까지 양자역학을 전면적으로 발전시킨 물리학자들 가운데 몇몇은 플랑크가 혁명을 개시하던 시점에 아직 태어나지

---

[39] '거의 아무것도'라 말해야 정확할 것이다. 영국 이론물리학자 스티븐 호킹이 블랙홀도 결국에는 약간의 복사를 방출한다는 사실을 발견했다. 이유? 미묘한 양자 현상 때문이다. 10장을 보라.

도 않았다. 1900년에 막스 보른, 닐스 보어, 에르빈 슈뢰딩거는 십 대였고, 사티엔드라 나스 보스는 여섯 살, 볼프강 파울리는 갓난아기였다. 베르너 하이젠베르크와 엔리코 페르미는 1901년에, 폴 디랙은 1902년에 세상에 등장했다.

우리는 이 젊은이들이 1920년대 중반에 양자역학을(아원자 세계의 이론으로서) '창조' 하여 '완성' 시켰다고 생각한다. 어떤 면에서 옳은 말이지만, 양자역학의 미스터리는 아직 완전히 풀리지 않았다. 여전히 물리학자들은 양자역학을 발전 중인 이론으로 간주한다. 양자역학이 틀린 예측을 내놓아서가 아니다. 쿼크 같은 입자나 색 같은 개념이나 1조 볼트 에너지를 다루지 못해서가 아니다. 단지, 존재 근거가 부족한 것처럼 보이기 때문이다. "왜 양자지?" 존 휠러는 이렇게 말하곤 한다. "양자를 생각할 때 머리가 어지럽지 않으면 양자를 이해하지 못한 것이다." 닐스 보어는 이렇게 말했다고 한다. 누구보다 깊게 양자역학을 이해했던 정력적이고 명석한 미국 물리학자 리처드 파인먼은 이렇게 썼다. "내 물리학 수업 학생들은 양자역학을 이해하지 못한다. 내가 이해하지 못하기 때문이다."[40] 물리학자들은 양자역학에 대한 어떤 이유가 언젠가는 발견되리라 믿고 있다.

1900년 12월 베를린에서의 첫 탄생 이후 지금껏, 세월의 풍상을 견디고 살아남은 단 한 가지는 플랑크 상수이다. 플랑크 상수는 양자 이론의 기본 상수로 남았다. 복사된 에너지를 복사된 진동수와 이어 주던

---

40 Richard Feynman, *QED*(Princeton, N.J.: Princeton University Press, 1985), p. 9.

원래의 역할을 넘어 훨씬 깊은 의미들을 갖게 되었다. 앞서 말했듯, 플랑크 상수는 아원자 세계의 규모를 결정짓는 상수이고, 아원자 세계를 일상의 '고전적' 세계와 구별되게 하는 상수이다.

이번 장은 양자 덩어리들에 대한 이야기이다. 아직은 덩어리들 가운데 하나만 소개했다. 방출된 에너지의 덩어리(또는 양자)가 광자라는 복사 에너지 덩어리(또는 입자)가 된다는 것이었다.

자연에는 두 종류의 덩어리짐, 즉 알갱이성이 있다. 사물의 알갱이성과 사물이 갖는 속성들의 알갱이성(이산성discreteness)이다. 우선 사물의 알갱이성을 보자. 물질을 무한히 쪼갤 수 없다는 사실은 누구나 안다. 물질을 엄청 잘게 분해하면 원자들이 되고('원자'라는 단어는 '나눌 수 없음'을 뜻하는 말에서 왔다), 원자들을 쪼개면 전자와 원자핵이 되고, 결국 쿼크와 글루온이 나온다. 우리가 아는 것은 거기까지이고, 우리가 할 수 있는 일도 거기까지이다. 우리는 전자와 쿼크의 정확한 크기나 구조를 모른다. 이렇게 물을지 모르겠다. "그건 우리가 더 깊숙이 탐구해 보지 않았기 때문 아닌가요? 세계 속의 세계 속에 다른 세계가 또 있지 말라는 법은 없잖아요?" 과학자들은 두 가지 이유를 댄다. 양파 같은 현실의 핵을 감싼 껍질들이 그렇게 많지는 않다고, 그리고 우리가 핵에 거의 다가갔다고 믿을 만한 이유가 있는 것이다.

한 가지 이유는, 기본 입자를 완벽하게 묘사하는 데 필요한 성질들이 몇 개에 불과하다는 사실이다. 전자는 질량, 전하, 맛깔, 스핀, 약한 상호 작용의 힘 운반자인 보손들과의 상호 작용 강도로 묘사된다. 그 이상은 없다. 물리학자들은 설령 발견되지 않은 전자의 속성이 더 있더라도, 그 수가 많을 리는 없다고 확신한다. 전자의 모든 것을 낱낱이 규정하는 데는 이 짧은 목록이면 충분하다. '단순한' 강철 볼 베어링을 완벽하게 묘사하는 데 얼마나 많은 말이 필요한지 비교해 보자. 보통 볼 베어링의 질량, 반지름, 밀도, 탄성, 표면 마찰력, 기타 등등 몇 가지 사항을 알면 볼 베어링에 대해 알 만한 건 다 알았다고 할 것이다. 하지만 이 속성들만으로는 볼 베어링을 완벽하게 묘사할 수 없다. 정말 속속들이 묘사하려면, 속에 철 원자가 몇 개 들었는지, 탄소 원자는 몇 개 들었는지, 다른 원소들은 얼마나 많은지, 원자들이 어떻게 배열되어 있는지, 무수한 전자들이 물질 전체에 어떻게 퍼져 있는지, 원자들이 어떤 진동수의 에너지로 떨리는지 등등을 알아야 한다. 볼 베어링을 어느 것 하나 빼놓지 않고 묘사하려면 이런 사항들이 수억 개 하고도 또 수억 개 하고도 또 수억 개 적힌 목록이 필요하다. 물질이라는 양파의 껍질을 한 겹씩 벗길 때마다 물질을 묘사하는 일도 점점 단순해질 테지만, 기본 입자들을 묘사하는 일은 이보다 훨씬, 훨씬 단순하다.

우리가 물질의 진정한 핵심에 다가서고 있다고 믿을 두 번째 근거는, 위의 단순성 문제와도 연결되는 입자의 동일성이다. 아무리 엄격하게 제조 표준을 따라도 완벽하게 동일한 두 개의 볼 베어링을 만들 수는 없다. 반면 모든 전자들은 진정 동일한 개체들이라고 생각할 만하다. 모든 빨강 위 쿼크들은 서로 진정 동일한 개체들이고, 다른 입자들도 마찬가지이다. 전자가 파울리의 배타 원리(전자 두 개가 동시에 동일한 운동 상태에 있을 수 없다고 규정하는 원리)를 따른다는 사실은 전자들이 서로 동일하니까 가능하지, 조금이라도 서로 다르다면 있을 수 없는 일이다. 만약 벗겨야 할 물질의 껍질이 무한히 많다면, 전자도 볼 베어링처럼 복잡할 테고, 두 전자가 동일한 일은 없을 것이며, 전자 각각을 정확히 묘사하려면 방대한 정보를 나열해야 할 것이다. 그러나 현실은 그렇지 않다. 기본 입자들의 단순성과 상호 동일성을 볼 때, 우리는 우리가 물질의 궁극적 '실체'에 바싹 다가섰다고 믿어도 좋은 것이다.

이제 사물의 속성들이 보이는 알갱이성을 이야기해 보자.

전하와 스핀

양자화된 물질 속성 중 이미 소개한 것으로 전하가 있다. 관찰된 입자들 가운데 전하가 없는 몇몇을 제외하고, 나머지는 양성자 전하 e의 정수 배(양이든 음이든)인 전하를 띤다. 스핀도 비슷하다. 스핀은 0 아니면 전자 스핀의 정수 배이다. 전자의 스핀은 각운동량 단위로 $(1/2)\hbar$이다. 입자의 경우 기본 입자든 합성 입자든 e나 $(1/2)\hbar$의 배수가 대개 0, 1, 2 정도이지만, 일상의 물체들은 그보다 훨씬 큰 전하와 훨씬 큰 각운동량을 지닌다. 덩어리짐, 곧 양자화는 속성 값으로 허락된 값들 사이의 차가 유한하다는 뜻이지, 가능한 속성 값의 수가 유한하다는 뜻이 아니다. 2, 4, 6…… 하고 짝수를 나열해 보면 알 수 있는데, 수 사이 간격은 유한한 값이지만 행렬 자체는 무한하게 나간다. 전하나 스핀 값들도 유한한 간격을 지녔지만, 무한한 수가 가능하다.

우리는 전하 덩어리 e의 크기가 왜 꼭 그 정도인지 모른다. e는 입자 세계의 기준으로 봐도 작은 편이다. 이것은 대전 입자와 광자 간의 상호 작용 세기를 측정하는 단위이다. 이 상호 작용(전자기 상호 작용)은 쿼크-글루온 상호 작용(당연히 강한 상호 작용이다)보다 100배쯤 약하다.[41] 그래서 전하의 세기가 약하다고 말하는 것이지, 사실 약한 상호 작용에 비하면 둘 다 매우 센 힘들이다. 어쨌든 여기서 중요한 점은 전하 덩어리의 크기는 그저 관측량이라는 것이다. 왜 그 값을 가져야 하는지, 그 이유는 우리가 모른다.

비슷한 식으로, $\hbar$의 크기(스핀 덩어리 크기를 결정한다)도 관측량일 뿐 이론적 기반이 없다. 1920년대에 개발된 양자역학 이론은 스핀과 각운동량 양자화의 존재를 설명했지만, 양자 단위의 크기를 예측하지는 못했다.

보어는 1913년 논문에서 각운동량이 $\hbar$의 정수 배로 존재한다고 가정했다. 그리고 이후의 양자 이론은 스핀의 덩어리짐에 세 가지 규칙이 있다고 밝혔다.

1. 페르미온(렙톤이나 쿼크 등)은 $\hbar$ 단위로 반정수의 스핀을 갖고(1/2, 3/2, 5/2 등등), 보손(광자나 글루온 등)은 $\hbar$ 단위로 정수의 스핀을 가진다(0, 1, 2 등등).
2. 궤도 각운동량은 언제나 $\hbar$의 정수 배이다(0, 1, 2 등등).
3. 스핀 각운동량이든 궤도 각운동량이든, 각운동량은 특정 방향만 가리킬 수 있으며, 어떤 축에 대해 각운동량을 투영한 것은 서로 정확히 $\hbar$ 만큼(즉 한 단위만큼) 차이가 나야 한다.

41 서로 다른 상호 작용들의 상대적 세기를 정확히 비교할 수는 없다. 서로 다른 수학적 형태를 띠기 때문이다. 거칠게 설명해, A와 B라는 사람들이 방 저쪽 편에 있을 때는 내가 B보다 A에게 훨씬 강하게 끌리지만, A와 B가 내 가까이 있을 때는 아주 간발의 차이로만 A에 더 끌리는 상태라 할 수 있다. '인력의 상대적 세기'는 근사하게만 알 수 있지, 정확하게는 알 수 없다.

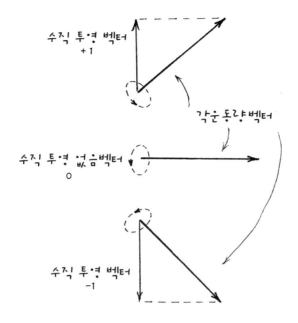

수직 투영 벡터
+1

각운동량벡터

수직 투영 없음벡터
0

수직 투영 벡터
-1

그림 16 궤도 각운동량 1의 투영들.

세 번째 규칙이 특히 흥미롭다. 스핀이 특정 방향을 '가리킨다'는 것은, 스핀의 축이 그 방향을 향한다는 뜻이다. 가령 지구의 스핀이 북극성을 향한다면 지구의 축이 북극성 쪽을 가리킨다는 말이다. '투영' 개념은 〈그림 16〉에 설명되어 있다. 다양한 방향을 가리키는 각운동량이 화살표로 그려져 있다. 화살표 끝에서 어떤 축을 향해 수직으로 내린 선은 그 축에 대한 각운동량의 투영을 나타낸다. 복잡하게 들리겠지만 의미는 쉽다. '방향의 양자화'(규칙 3)는 주어진 각운동량에 대해 가능한 방향이 한정되어 있다는 뜻이다. 가령 궤도 각운동량이 1이라면, '위', '아래', 혹은 그 가운데라는 세 방향만 가능하다. 스핀이 1/2인

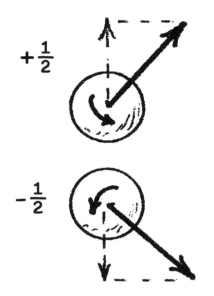

그림 17 스핀 1/2의 투영들.

전자 같은 입자는 두 방향만 가능하다. 투영이 1/2인 '위' 방향, 그리고 투영이 −1/2인 '아래' 방향이다(규칙 3에 따라 두 투영 사이의 차는 1이어야 한다).[42]

색 전하

색 전하도 전기 전하처럼 양자 단위로 존재한다. 덩어리져 있다는

---

[42] 주어진 각운동량(h 단위)에 대해 가능한 방향의 수를 계산하는 공식이 있다. 각운동량에 2를 곱한 뒤 1을 더한다. 1/2 스핀이라면 2가 되고, 1이라면 3이 된다. 스핀 2라면 5가 나온다.

말이다. 4장에서 말했듯, 쿼크는 세 가지 '색'들 중 하나만 가질 수 있는데, 통상 빨강, 초록, 파랑이라 부른다. 반쿼크에 주어지는 색은 반빨강, 반초록, 반파랑이다. 빨강 쿼크 두 개가 결합하면(현실적으로는 그럴 일이 없지만), 조합은 두 단위의 빨강 색 전하를 갖는 셈이다. 빨강 쿼크 세 개는 세 단위의 빨강 색 전하를 가진다. 부호가 같은 전하의 계산법을 그대로 적용하면 된다. 전자 두 개의 총 전하량은 −2 단위, 전자 세 개의 총 전하량은 −3 단위인 것처럼 말이다. 반면 색의 '말소'는 좀 복잡하다. 크기가 같은 양전하와 음전하가 만나면 총 전하량이 0이 되지만, 색이 없는 개체가 되려면 세 가지 색이 모두 만나야 한다. 빨강, 초록, 파랑이 뭉치거나 반빨강, 반초록, 반파랑이 뭉쳐야 한다. 사실 우리가 자연에서 목격하는 사물은 모두 무색의 개체들이다. 특정 색이 축적되어 거시 세계에 드러나는 일은 없다는 것이다. 전기 전하와는 대조적이다. 전기 전하는 많은 양이 축적될 수 있고, 주변 사물들에서 대전된 물체 형태로 등장한다. 머리칼을 훑은 빗이든, 땅에 벼락을 꽂기 직전의 먹구름이든 말이다.

질량

어떤 의미에서 가장 또렷하게 덩어리져 보이는 속성은 질량이다. 모든 입자가 특정한 질량을 갖기 때문이다. 원자핵이든 단백질 분자든 모든 합성 개체가 유한한(따라서 양자화된) 질량을 갖는다. 하지만 에너지가 질량이 될 수 있다는 등가 원리 때문에, 합성 입자의 질량은 그 속을 구성하는 입자들의 질량 합과 일치하지 않는다. 가령 중성자의 질량은 그 속을 구성하는 세 쿼크들(더하기 질량 없는 수많은 글루온들)의 질량을 합한 것보다 훨씬 크다. 혼합 속에 에너지가 포함되어 있고, 에너지도 질량에 기여하기 때문이다. 아니면 중양자(중수소의 핵)를 생각해 보자. 중양자는 양성자 하나와 중성자 하나로 만들어진다. 이번에도 에너지가 문제인데, 다만 결합 에너지이기 때문에 질량을 감소시키는 요소로 작용한다. 따라서 중양자를 구성 입자들로 쪼개려면 결합 에너지를 상쇄할 만큼의 에너지를 더해 주어야 한다.

전하와 각운동량은 질량에 비하면 단순한 편이다. 중성자의 전하(0)는 그 속 쿼크들의 전하를 합한 값과 같다. 중양자의 스핀은 그 속 양성자와 중성자의 스핀을 합한 값과 같다(단, 크기에 더해 방향까지 고려하는 벡터 값으로 합해야 한다). 구성 성분의 질량을 다 더해도 입자의 질량이 되지 않는다는 사실은, 깊은 의미에서 합성 입자가 부분을 조합하기만 한 개체가 아니라 전혀 새로운 개체임을 의미하는 것이다.

〈부록 B〉의 〈표 B.1〉이나 〈표 B.2〉를 보면 기본 입자들의 질량에 아무런 규칙성이 없음을 알 수 있다. 과학자들도 규칙을 발견하지 못했다(몇몇 합성 입자들에 대해서만 그럴싸한 규칙성을 수립했다). 왜 뮤온의 질량은 전자 질량의 200배가 넘을까? 왜 꼭대기 쿼크의 질량은 위 쿼크 질량의 5만 배가 넘을까? 아무도 모른다. 질량은 양자화되어 있고, 우리의 설명을 기다리고 있다는 사실을 알 뿐이다.

에너지

마지막으로 에너지까지 왔다. 모든 물리 개념들 중 가장 오지랖 넓은 에너지를 살펴볼 차례다. 에너지의 양자화로부터 양자 이론이 시작되었고, 이론의 발전 단계마다 도움을 준 것도 에너지 양자화이다. 플랑크와 아인슈타인은 복사 에너지를 다뤘다. 보어는 물질 에너지를 추가했다. 수소 원자에서 방출된 빛이 선 스펙트럼을 만든다는 사실은 수십 년간 널리 알려져 있었는데, 그 말인즉 원자들이 이산적 진동수만을 방출한다는 것이었다(선으로 드러나는 이유는 빛이 진동수에 따라 갈리기 전에 좁은 슬릿을 통과하기 때문이다). 양자 이전 시대에는 선 스펙트럼은 놀랍지 않았다. 원자 속 전하가 특정 진동수들로 떨린다는 뜻으로 해석되었고, 오르간이나 오보에나 플루트 속 공기처럼 또는 피아노 줄이나 바이올린 현처럼 진동하는 것이라고 해석되었다. 원자는 소음이 아니라 음악을 복사하는 것이었다.

그런데 보어의 연구가 등장할 무렵, 원자의 선 스펙트럼에서 관찰된 두 가지 사항이 과학자들의 마음을 혼란스럽게 했다. 새로운 해석을 요하는 사항들이었다. 첫째는 플랑크와 아인슈타인이 구축한 에너지-진동수 관계였다. 원자가 특정 진동수의 복사만 방출할 수 있다면, 에너지를 특정 꾸러미 단위로만 잃는다는 말이 된다. 둘째는 어니스트 러더퍼드와 동료들이 1911년에 이룬 발견으로, 원자 속은 대개 빈 공간이고, 작은 중앙 핵 주변에 전자들이 존재한다는 사실이었다.

고전 이론은 상황을 수습하지 못했다. 고전 이론에 따르면 수소 원자에서 핵 주변을 도는 전자는 나선을 그리며 안으로 떨어질 것이었다. 점점 더 높은 진동수로 에너지를 방출하며 약 10^{-8}초 만에 핵으로 떨어져야 했다. 조국 덴마크를 떠나 영국 맨체스터 대학교 러더퍼드 실험실에 초빙 연구자로 온 스물여섯 살의 보어는 혁신적인 발상이 필요함을 깨달았다. 보어의 추론은 이러했다. 수소 원자 속 전자는 점진적이며 연속적인 방식으로 에너지를 잃을 수 없다. 전자는 한동안 정상 상태에 머물렀다가, 그보다 낮은 에너지 정상 상태로 양자 도약을 하고, 결국 바닥상태에 다다르면 더 이상 에너지를 복사할 수 없다. 보어는 위와 같은 세 가지 혁명적 발상들에 네 번째 발상을 더했다. 각운동량은 $\hbar$ 단위로 양자화된다는 것이다. 이로써 보어는 수소 선 스펙트럼의 모든 관찰 진동수들을 정량적으로 완벽하게 설명할 수 있었다.

보어가 도입하고 사용한 발상이 하나 더 있다. 대응 원리라는 것으로, 양자 알갱이성(덩어리짐)이 상대적으로 작아지면 양자 이론의 결론은 고전 이론의 결론에 근접해야 한다는 원리였다. 몹시

닐스 보어(1885~1962), 1922년의 모습.
[AIP 에밀리오 세그레 영상 자료원 제공]

비과학적으로 들리는 '상대적으로 작아지면', 그리고 '근접'이란 표현이 무슨 뜻인지 짚고 넘어가자. 수소 원자에 대해 알갱이성이 '상대적으로 작다'는 것은 인접한 양자 값들 간의 차가 비율로 보아 작다는 말이다. 가령 두 인접 상태 간의 에너지 또는 각운동량 차가 1퍼센트라면, 알갱이성이 비교적 작다고 할 수 있다. 인접한 두 상태 간의 에너지차가 1퍼센트의 100분의 1이라면, 알갱이성은 상대적으로 더 작다. 수소 원자 속 전자의 저에너지 상태들 사이는 상대적으로 양자 값 간격이 크다. 그렇기에 고전적 추론으로는 설명에 실패할 것이다. 하지만 전자가 핵에서 멀리 있다면, 즉 우리가 '들뜬' 상태라고 부르는 상태에 있다면, 단계 간의 상대적 차는 점차 좁아진다. 그러면 고전적 추론이 어느 정도 유효하기 시작할 것이다. 자, 이런 상태들에 대해 양자적 결론이 고전적 결론에 '근접'하다는 말은, 양자적 알갱이성이 (퍼센트로 따져) 점차 작아짐에 따라 양자적 결론과 고전적 결론의 차가 점차 작아진다는 말이다. 그러면 양자적 결론은 고전적 결론에 '대응'할 것이다.

대응 원리는 부정확하다. 모호하다고도 할 수 있다. 하지만 원리로서 강력하기는 하다. 양자 이론에 제약을 가하는 원리이기 때문이다. 대응 원리에 따르면, 고전 이론이 유효하게 설명하는 상황에 양자 이론을 끌어들일 때는, 양자적 결론이 고전적 결론을 (매우 엄밀히) 재현해야 한다. 마치 10차선 고속도로를 달리다 좁은 시내 도로로 접어드는 것과 같다. 교통 기사는 한 규모에서 다른 규모로 서서히 부드럽게 흐름이 이어지도록 설계해야 한다. 교통 기사의 '대응 원리'는 차선 수가 적어질수록 고속도로의 규칙들이 시내 도로의 규칙들에 가깝게 접근해야 한다는 제약이다.

보어는 조언자 러더퍼드에게(당시 마흔한 살이었다) 논문 초고를 전달하며, 모든 무거운 원소들의 스펙트럼을 설명하는 이론이 아니라 오로지 수소 스펙트럼만 설명하는 이론이라 발표하기 주저된다고 말했다. 러더퍼드는 걱정 말고 발표하라고 현명하게 충고하며, 이렇게 덧붙였다고 한다. "수소를 설명할 수 있으면 사람들은 나머지도 믿을 걸세." 하지만 보어의 논문에 러더퍼드를 괴롭히는 점이 한 가지 있긴 했다.[43] 러더퍼드는 이렇게 썼다. "전자가 어디서 멈춰야 하는지 미리 아는 듯 가정한 것처럼 보이네." 러더퍼드의 의혹은 양자 미스터리의 핵심을 찌른 것이고, 그 이야기는 다음 장의 주제이다.

'정상 상태'에 있는 전자는 한곳에 정지한 것도, 움직임 없이 가만히 있는 것도 아니다. 전자는 고속으로 일정 공간을 누비고 다니지만, 에너지와 각운동량이 고정된 (정상의) 값을 가진다. 한 에너지 상태에서 더 낮은 에너지 상태로, 또 더 낮은 에너지 상태로 내려오는 전자는 계단을 내려올 때 한 발짝마다 쉬는 사람과 비슷하다. 사람은 위치 에너지를 조금 잃고 한 계단 아래로 내려온다. 잠시 쉰 뒤에, 다시 위치 에너지를 조금 잃고 또 한 계단 아래로 내려오며, 그렇게 계단 맨 아래까지 내려오는 것이다. 전자도 이처럼 바닥에 다다른다. 가장 낮은 에너지 상태를 바닥상태라고 한다. 바닥상태는 더 이상 끌어낼 에너지가 없는 영점 에너지 상태이다. 전자는 여전히 상당한 운동 에너지를 갖고 활기차게 휙휙 날아다니지만, 양자역학의 제약 때문에, 에너지 일부를

---

[43] 덩치 크고, 우락부락하며, 실험실에서 쾌활하게 노래를 불러 젖히기 좋아했던 뉴질랜드인 러더퍼드는 시각화하여 생각할 수 없는 수학 이론에 대해서는 참을성이 없었다. 보어의 정상 상태 및 양자 도약 이론은 너무나 혁명적인 것이었음에도 러더퍼드의 기준을 통과한 셈이다.

잃고 더 낮은 상태로 갈 수
는 없는 몸이다. 왜냐하면
더 낮은 에너지 상태가 존재
하지 않기 때문이다. 계단을
다 내려오면 더 낮게 갈 데
가 없는 것과 마찬가지이다. 땅 속으로 파고드는 것은 금지되어 있다고
가정해 보자. 그때 우리는 바닥상태에 있다. 이론적으로는 방출 가능
한 잉여 에너지가 있어도, 가령 수직 갱도를 타고 지구 속으로 내려갈
수 있어도, 그것은 금지된 일인 것이다. 지표면에 머물러 있는 수밖에
없다.

영점 에너지 개념은 물질을 절대 온도 0도로 냉각할 때도 등장한다.
절대 온도 0도는 현실로 달성 가능한 온도는 아니다. 하지만 물리학자
들은 100만 분의 1도 수준까지 바짝 다가가는 데 성공했다. 절대 온도
0도는 물질로부터 더 이상의 열(에너지)을 끌어낼 수 없는 온도라고 정
의해도 좋다. 이때는 물질 전체가 원자처럼 바닥상태에 머무를 수 있
다. 그때의 에너지가 (써먹을 수 없는 에너지로 보이지만) 물질의 영점 에
너지이다.

양자 이론은 공간이 한정된 계에 대해서만 양자화된 에너지를 규정

한다. 원자, 분자, 원자핵 등은 모두 한정된 계이다. 일반적으로 좁은 계일수록 운동 상태 간의 에너지 차가 크다.[44] 따라서 자그만 핵 속의 에너지 상태들은 수십만 내지 수백만 전자볼트(eV)쯤 멀찌감치 떨어져 있는 반면, 좀 더 큰 원자 속의 상태들은 수 전자볼트쯤 떨어져 있다. 분자의 에너지 상태 간 간격은 더 좁다. 분자는 원자보다 크기 때문이다.

규칙을 연장하면 이런 결론이 나온다. 속박이 전혀 없다면, 허용된 에너지 상태 간에 간격 자체가 없을 것이다. 속박 없이 자유롭게 공간을 누비는 전자는 아무 에너지나 맘껏 가질 수 있다. 달리 말해 허용된 운동 상태 간의 에너지 격차가 0이다. 전류를 흐르게 하는 금속 속의 전도 전자는 상당히 느슨하게 속박되어 있어서, 몇 센티미터 정도 자유롭게 이동할 수 있다. 별 것 아닌 듯해도 원자나 핵 속 전자에 비하면 엄청난 거리를 움직이는 셈이라, 현실적인 기준에서 전도 전자는 속박되지 않았다고 말할 수 있다. 인접 에너지 상태 사이의 격차가 몹시 작아서 별로 문제가 되지 않는다.

이제 기본 입자들에 관한 미묘한 궁금증 한 가지를 해결하자. 수소 원자 두 개가 있는데, 하나는 바닥상태에, 다른 하나는 들뜬상태에 있다면, 둘은 동일한 개체의 다른 형태일까 아니면 서로 다른 두 개체일까? 보통은 동일한 개체의 두 형태로 취급된다. 공통점이 너무 많기 때문이다. 하지만 더 깊이 들여다보면, 이들은 다른 개체들이다. 들뜬 수소 원자가 광자를 방출한 뒤 바닥상태 수소 원자로 변하는 일은, 이론

---

44 이 규칙은 물질의 파동 속성을 통해 설명된다. 9장에서 알아볼 것이다.

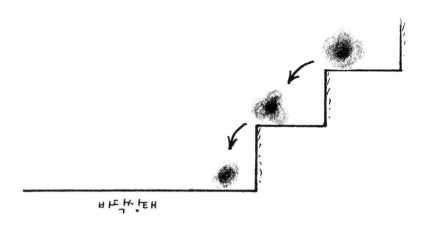

바닥상태

그림 18 낮은 에너지 상태로 내려오는 전자.

적으로, 뮤온이 중성미자와 반중성미자를 방출한 뒤 전자로 '변하는' 일과 다를 게 없다. 후자의 입자 과정을 묘사할 때는 보통 뮤온이 소멸되고 중성미자, 반중성미자, 전자가 생성되었다고 말한다. 동등한 원칙에 따라, 들뜬 수소 원자가 붕괴할 때 원래의 수소 원자가 소멸되고 광자와 바닥상태 수소 원자가 생겨난다고 말할 수 있다. 결국 원자건 분자건 핵이건 입자건, 변화의 과정은 항상 하나 이상의 개체가 소멸되고 하나 이상의 개체가 생성되는 과정이다.

위의 추론 덕분에 거꾸로 된 궁금증 한 가지가 더 생겼다. 상이한 에너지 상태의 원자들을 서로 다른 개체들로 봐도 좋다면, 거꾸로 서로 다른 입자들을 비밀스런 '무언가'의 상이한 에너지 상태들로 볼 수도 있을까? 동일한 쿼크 조합으로 이루어진 몇몇 합성 입자들의 경우에는 확실히 그렇다. 똑같은 쿼크들을 동원해도 여러 방식으로 조합할 수 있으므로, 가령 스핀 정렬을 다르게 할 수 있으므로, 여러 가지 입자를 만들 수 있다. 이 입자들의 질량은 총 에너지를 반영할 텐데, 물리학자들이 밝혀낸 바에 따르면, 합성 입자들 질량 간의 관계는 수소 원자의 들뜬상태 에너지들 간의 관계와 유사했다. 한편 기본 입자들(렙톤, 쿼크, 힘 운반자)의 경우에는 질문에 대한 답을 모른다. 현재로서는 이 입자들은 매우 별개의 것으로 보인다. 기본 입자들조차 무언가 더 심오한 존재의 다른 에너지 상태들에 '불과' 한지는, 끈 이론을 통해서든 다른 방법을 통해서든, 앞으로 알아볼 문제다.

** 복습 문제

1. (a) 모든 물체들은 복사하는가?
   (b) 복사체의 온도가 높아지면 복사는 어떻게 변하는가?

2. 양자 이론을 탄생시킨 막스 플랑크의 이론은 무엇이었는가?

3. 양자의 뜻은 무엇인가?

4. $E = hf$ 방정식의 뜻을 설명하라.

5. 고전 이론(그리고 플랑크)에 따르면 방출된 복사의 진동수는 복사를 내는 진동 전하의 진동수와 어떤 관계가 있는가?

6. 원자가 광자를 방출할 때, 광자의 에너지는 원자의 에너지와 어떤 관계가 있는가?

7. 왜 158쪽 사진의 상자는 내부가 하얀데도 '흑체'인지 설명하라.

8. 물질의 조각과 물질의 성질 모두 알갱이져 있다. 물질 조각의 알갱이성이 세계에 대해 말해 주는 바는 무엇인가?

9. 알갱이성을 띠는 물질의 성질을 두 가지만 들어 보라.

10. 물리학자들이 사물이라는 양파에는 핵이 있고, 그것을 둘러싼 껍질의 수가 무한하지 않다고 생각하는 두 가지 근거는 무엇인가?

전하와 스핀

11. 전하의 양자 단위 e 기준으로
    (a) 전자 두 개의 전하는 얼마인가?
    (b) 전자 하나와 양성자 하나는?
    (c) 양성자 하나와 중성자 하나로 이루어진 중양자는?
    (d) 양성자 하나와 중성자 두 개로 이루어진 3중양자는?

12. 친구가 말하기를 실험실에서 한 작은 입자의 전하를 측정했더니 $3.6e$였다고 한다. 의심을 해 봐야 할까?

13. 전자의 스핀이 '가리킬' 수 있는 방향은 몇 가지인가?

색 전하

14. 색 전하의 세 가지 색깔은 무엇인가? 어떤 조합으로 결합해야 '무색'의 입자가 되는 가?

15. 전하를 느끼듯이 색 전하를 '느낄' 수 있는가? 그 이유는 무엇인가?

질량

16. (a) 질량은 양자화되어 있는가?
    (b) 질량에는 기본적인 양자 단위가 있는가?

에너지

17. 이제 우리는 선 스펙트럼을 양자화된 에너지 변화로써 설명한다. 왜 양자 이전의 물리 학자들은 선 스펙트럼에 대해 고민하지 않았는가?

18. 닐스 보어가 도입한 세 가지 혁명적인 발상은 (a) 정상 상태 (b) 양자 도약 (c) 바닥상 태였다. 각 개념의 의미를 간단히 설명하라.

19. 정상 상태에 있는 전자는 정지해 있는가?

20. 보어는 각운동량에 대해 무엇이라고 말했는가?

21. 영점 에너지란 무엇인가?

22. 원자핵 속 에너지 상태들 간 간격은 분자들에서보다 넓은가, 좁은가?

23. 공간을 자유롭게 움직이는 전자는 운동 에너지를 아무 값이나 가질 수 있는가?

24. 들뜬상태의 수소 원자는 바닥상태 수소 원자와 다른 개체인가?

•• 도전 문제

1. 155쪽의 그래프를 참고하여 햇빛의 세기를 복사된 진동수의 함수로 나타낼 때, 가로축 어디쯤에 가시광선의 진동수가 있겠는가? (제대로 답하려면 다른 참고 자료들을 조사해 봐야 할 것이다.)

2. 어떤 단위로 환산하면, 플랑크 상수는 $h=4.14 \times 10^{-15}$eVs이다. 어떤 초록빛의 진동수가 $f=4.83 \times 10^{14}$Hz라면(1Hz는 $1s^{-1}$과 같다), 이 빛의 광자의 에너지는 전자볼트 단위로 얼마인가? 10분의 1 단위로 반올림하라.

3. 수소 원자 속 전자가 총 각운동량 $(3/2)\hbar$를 가질 수 있는가?

4. 각운동량 3/2 양자 단위가 가리킬 수 있는 방향은 몇 가지인가?

5. 대응 원리를 친구에게 설명해 보자.

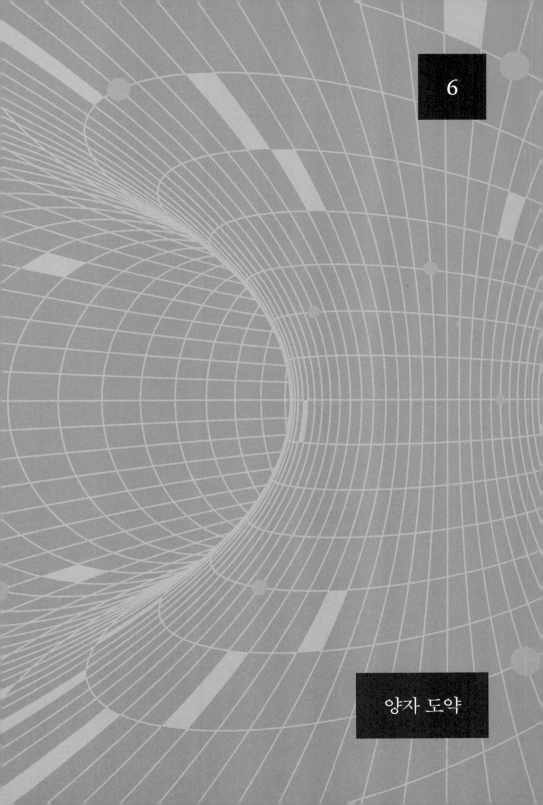

6

양자 도약

QUANTUM JUMPS

러더퍼드는 보어에게 참 좋은 질문을 던졌다. 들뜬상태의 전자는 어느 에너지 상태로 뛰어내려야 할지 어떻게 알까?[45] 나는 여기에 질문 하나를 더 던진다. 전자는 언제 뛰어야 할지 어떻게 알까? 이 질문들에 답이 나오기까지는 12년 이상이 걸렸다.

1926년, 막스 보른[46]이 해답으로 가는 통찰을 얻었다. 보른은 독일 괴팅겐의 연구 그룹에 속해 있었는데, 새로운 양자역학을 탄생시키는 데 긴요한 역할을 한 그룹이었다. 보른의 주장은, 아원자 세계의 근본 법칙은 확실성의 법칙이 아니라 확률의 법칙이라는 것이었다. 양자역

---

[45] 물론, 전자는 원래 아무것도 모른다. 물리학자들은 그냥 의인화된 표현으로 전자의 법칙들을 논하는 것뿐이다.

[46] 보른은 1933년에 나치 독일을 떠나 영국으로 갔고, 1936년에는 스코틀랜드 에든버러로 가서 1953년에 은퇴할 때까지 교수로 일했다. 보른의 손녀 올리비아 뉴튼존은 물리학 대신 연예인의 길을 택했다.

학은 특정 원자 속 특정 전자가 언제 양자 도약을 할지, 어느 상태로 도약할지 예측하지 않고, 할 수도 없다. 달리 말해 전자는 언제 어디로 뛸지 자기도 모른다. 양자역학이 예측하는 것은 전자가 뛸 확률이다. 그 확률은 상당히 정확하게 계산할 수 있다. 우리는 들뜬상태 A의 전자가 낮은 에너지 상태 B로 양자 도약을 할 확률을 정확하게 안다. 하지만 특정 원자를 두고 그런 양자 도약이 언제 일어날지, 아니 일어나기는 하는 건지 물어봐야 소용없다. 전자는 대신 다른 상태 C로 뛸지도 모르는 노릇이기 때문이다.

이런 질문을 하는 독자가 있을지 모르겠다. 확률의 핵심이 부정확성, 또는 불확정성인 마당에, 어떻게 확률이 정확할 수 있다는 거지? 일상의 예를 들어 이해해 보자. 균형이 완벽하게 잡힌 동전을 던져서 앞이 나올 확률은 1/2, 곧 0.5이다. 이 확률은 정확하다(완벽하게 균형 잡힌 동전이라면). 앞이 나올 확률은 0.493도, 0.501도 아니고, 정확하게 0.500이다. 하지

막스 보른(1882~1970).
〔AIP 에밀리오 세그레 영상 자료원 제공〕

만 특정 시도에서 어느 면이 나올지는 전적으로 불확실하다. 결과가 불확실할 때도 확률은 정확할 수 있는 것이다.

동전 던진 사람은 모른다 치고, 동전 스스로는 앞으로 떨어질지 뒤로 떨어질지 알고 있을까? 전자의 예를 보면 동전도 모를 것 같다. 하늘에서 떨어지는 동전이야말로 완벽한 확률의 사례 아닌가 말이다. 그런데 답은, 현실에서는 어디로 떨어질지 모르지만 이론적으로는 '알고 있다' 이다. 축구 심판은 동전을 던지면서 어느 쪽이 나올지 모르지만, 동전은 알고 있다. 동전에 대해 알아야 할 모든 정보(던진 높이, 동전 질량, 초기 속도, 방향, 회전 속도, 풍속, 공기 저항 등등)를 갖춘 과학자는, 이론적으로 동전이 어느 면을 위로 하여 떨어질지 알 수 있다는 말이다. 동전 던지기의 확률은 일종의 무지로 인한 확률이다. 현실에서 앞뒤 각각의 확률밖에 알 수 없고(각각 50퍼센트이다), 특정 시도의 결과를 예측할 수 없는 까닭은, 우리가 충분히 알지 못하기 때문이다. 우리는 결과 계산에 필요한 세부 사항들에 무지하다. 그렇지만 전자를 다스리는 양자적 확률은 다르다. 그것은 근본적 확률이다. 우리는 들뜬상태 전자의 모든 면을 알고 있지만, 그런데도 전자가 언제 어디로 뜰지 예측하지 못한다.

고전 물리학은 모호하지 않고 정확하다. 모든 조건 하에서, 모든 결과를, 최소한 이론적으로는, 정확하게 계산할 수 있다. 이른바 초기 조건들을 속속들이 아느냐의 문제일 뿐이다. 우리는 태양계의 현 상태를 잘 알기 때문에 2050년 1월 1일에 화성이 어디에 있을지 확신을 갖고 정확하게 예측할 수 있다. 오늘의 대기와 그 아래 지구의 조건을 빠짐없이 알 수만 있다면 다음 주의 날씨도 (이론적으로는) 정확하게 계산할 수 있다.[47] 양자역학 또한 모호하지 않고 정확하다. 다만 의미가 다를 뿐이다. 확률을 정확하게 계산할 수 있다는 의미에서는 정확한 반면, 물리학자가 어떤 현상의 가능성만 계산할 수 있고 현실에서 무엇이 벌어질지는 말할 수 없다는 점에서는 모호하고 부정확하다(불확정성이 있다고 말하는 편이 낫겠다). 정확히 언제 한 전자가 양자 도약을 선택할 것인지는, 영원히 계산 불가능하다.

물리학자가 정말 옳은 확률을 계산했는지 확인하려면 어떤 측정을 해 보아야 할까? 가령 수소 원자 속 전자가 상태 A에서 상태 B로 뛸 확률을 측정하려면, 원자 하나나 몇 개를 측정해서는 턱도 없다. 초기 상태가 A인 원자들을 잔뜩 모아 놓고 이들이 상태 B로 뛰는 행동의 평균을 관찰해야 한다. 원자 하나하나가 저마다 일정 시간이 흐른 뒤 붕괴를 일으킬 텐데(즉 양자 도약을 할 텐데) 그 시간은 제각각 다를 것이고, 넓은 범위에 걸쳐 있을 것이다. 인내심을 품고 원자 100만 개의 붕괴 시간을 측정하면 실험물리학자는 시간들의 평균을 구할 수 있고, 그것이 평균 수명이다. 이렇게 측정한 평균 수명을 이론에 의한 평균 수명과 대조해 보면 이론의 유효성을 확인할 수 있다.[48] 100만 번쯤 측정을 한 후라면, 설령 각 원자의 수명은 평균에서 크게 벗어나는 경우가 있어도, 실험의 평균값과 이론값이 아주 근사할 것이다(물론 이론이 옳다면 말이다).

---

47 안타깝게도 이것은 실현 불가능한 소망이다. 오늘 날씨에 대한 충분한 정보를 얻기 힘들어서가 아니라, 다음 주의 날씨는 오늘 날씨의 조그마한 불확실성에도 대단히 민감하게 반응하기 때문이다. 카오스 현상 때문에 오늘의 자그만 변이가 다음 주에는 거대한 효과를 일으킬지 모른다.
48 수학적으로 평균 수명은 붕괴 확률의 역에 해당한다. 계산 결과 얻은 붕괴 확률이 나노초당 20퍼센트라고 하자(어느 1나노초 간격이든 그 안에 붕괴가 일어날 가능성이 20퍼센트라는 뜻이다). 0.2/나노초 확률이라고 쓸 수 있다. 그 역은 5나노초이므로 그것이 예상 평균 수명이다.

동전 던지기에 대해서도 비슷하게 말할 수 있다. 앞이 나올 확률이 정말 50퍼센트인지 확인하려면 엄청나게 많은 측정을 해야 한다. 완벽하게 균형 잡힌 동전을 열 번 던졌더니 앞은 세 번만 나올 수도 있다. 그렇다고 앞이 나올 확률이 30퍼센트인 것은 아니다. 단지 측정 횟수가 부족한 것이다. 동전을 1,000번 던졌는데도 앞면이 300번 나오면, 그때야말로 놀랄 만하다. 앞면이 '거의' 500번쯤 나오리라 예상했기 때문이다. 동전을 100만 번 던졌는데 앞이 499,655번 나왔다면, 누구라도 확률이 50퍼센트라고 믿을 것이다.

앞 장에서 말했듯, 원자가 고에너지 상태에서 저에너지 상태로 뛰면서 광자를 방출하는 현상은 불안정한 입자가 붕괴하는 과정과 이론적으로 조금도 다르지 않다. 양자 도약은, 입자 붕괴처럼, 진정한 소형 폭발 사건이다. '전'에 있던 것들이 사라지고 '후'에 있을 것들로 대체된다. 에너지 같은 몇몇 물리량은 보존되지만(전후가 동일하지만), 그밖에는 보존되는 것이 드물다. 파이온과 뮤온 붕괴를 아래와 같이 표현할 수 있듯,

$$\pi^+ \rightarrow \mu^+ + \nu_\mu \text{ 그리고 } \mu^+ \rightarrow e^+ + \bar{\nu}_\mu + \nu_e$$

원자의 상태 A에서 상태 B로의 전이도 이렇게 표현할 수 있다.

$$A \rightarrow B + \gamma$$

(γ는 광자이다.)

그러니, 불안정한 입자의 붕괴는 들뜬 원자의 붕괴처럼 확률에 지배당한다. 특정 파이온이 붕괴할 시각은 전적으로 불확실하지만, 많은 수의 파이온들을 모으면 평균 수명을 알 수 있다(〈부록 B〉의 〈표 B.3〉에 나와 있듯 2.6×10^{-8}초이다).

확률은 어떤 일이 언제 벌어질지, 또 선택의 여지가 있을 경우에는 어떤 일이 벌어질지를 둘 다 결정한다. 원자가 가질 수 있는 에너지 상태들(이른바 정상 상태들)은 〈그림 19〉처럼 사다리로 표현할 수 있다. 가장 낮은 에너지 상태는 '바닥'이라 적혀 있다. 그보다 높은 에너지 상태들은 사다리의 발판들이다. 한 원자가 세 번째 발판에 있다고 하자. 다시금 전자를 의인화하여 말하면, 전자에게는 선택해야 할 사항이 두 가지 있는 셈이다. 언제 붕괴할 것인가, 그리고 어느 저에너지 상태로 붕괴할 것인가. 각각의 저에너지 상태로 붕괴할 확률은 각각 다르게 정해져 있다. 하지만 전자가 실제 어느 상태로 붕괴할지, 붕괴하기 전에 얼마나 오래 기다릴지는 전적으로 예측 불가능하다.

아무 입자나 예를 들어 보면, 파이온도 선택지를 갖고 있다. 파이온이 위에서 예로 든 공식처럼 뮤온과 중성미자로 붕괴할 가능성은 압도적일 정도로 높다. 99.988퍼센트의 경우에 그런 식으로 붕괴한다. 하지만 때로 파이온은 양성자를 포함한 세 개의 입자들로 붕괴하기도 한다.

$$\pi^+ \longrightarrow \mu^+ + \nu_\mu + \gamma$$

또는 전자(이 사례에서는 양전자)와 중성미자로 붕괴하기도 한다.

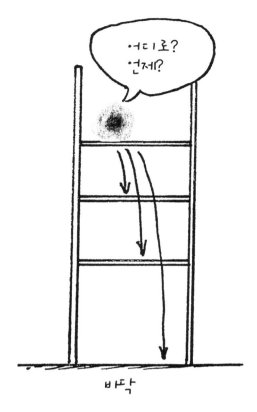

그림 19 에너지 '사다리'.

$$\pi^+ \longrightarrow e^+ + \nu_e$$

세 가지 붕괴 양식 사이의 상대적 확률을 우리는 '갈래비branching ratio'라 부른다.

자연의 기본 과정들을 다스리는 게 확실성의 법칙이 아니라 확률의 법칙이라는 생각은, 과학계에 떨어진 폭탄이나 다름없었다. 그 발상 하나가 근 300년간 공들여 쌓아 온 고전 물리학의 견고한 성채를 뒤흔들어 놓았다. 하지만 알고 보면 고전 구조를 무너뜨린 일은 폭발이라기보다 침식에 가까웠다. 양자역학의 수학 이론이 발전된 1920년대 중반이 되어서야 보른은 확률적 해석론을 똑똑히 주장할 수 있었다.[49]

일찍이 1899년, 막 발견된 방사능 현상을 연구하던 어니스트 러더퍼드 등의 연구자들도 방사성 원자의 붕괴가 확률 법칙을 따르는 것 같다는 사실을 알고 있었다. 들뜬 원자나 파이온의 경우와 마찬가지로, 방사성 원자 몇몇은 수명이 짧고 몇몇은 길었다. 오로지 집단의 평균 수명만이 일정했다. 게다가 하나의 방사성 원자가 택할 수 있는 죽음의 방식에는 선택지가 있었다. 이를테면 알파 입자를 방출할 수도 있고, 베타 입자를 방출할 수도 있었다. 특정 원자가 어떤 선택을 할지 예측하기는 불가능했다. 수많은 붕괴 사건들을 관측하고서 선택지 간의 상태 확률(갈래비)을 측정하는 것이 고작이었다. 하지만 러더퍼드와 동료 물리학자들은 자연의 근본 법칙이 확률 법칙이어야 한다고 소리쳐 외치지는 않았다. 왜일까?

이유는 간단하다. 그들은 자신들이 다루는 것이 근본 법칙임을 깨닫지 못했던 것이다. 과학에서 확률은 낯선 것이 아니었다. 낯선 것은, 그리고 아직 인식되지 못하고 있었던 것은, 최초로 확률이 자연의 단순한 기본 현상 속에 모습을 드러내기 시작했다는 사실이었다.

러더퍼드는 자신이 무지로 인한 확률을 다루고 있다고 믿어 의심치 않았다. 러더퍼드가 아는 한 원자 내부는 복잡한 장소였기에, 붕괴 과

---

49 보른의 작업이 발표되기 2년 전인 1924년, 덴마크인 닐스 보어와 네덜란드인 헨드릭 크라머르스, 미국인 존 슬레이터가 함께 확률이 양자 과정에서 근본적인 역할을 하는지도 모른다고 주장했다. 하지만 그들은 주장의 근거를 제공할 완전한 이론을 갖지 못한 상태였다.

정이 무작위적인 듯 보이는 것은 뭔지 몰라도 원자들의 내적 상태에 차이가 있기 때문이라 생각했다. (러더퍼드는 아직 원자 속에 핵이 있고, 그곳이 방사능의 진원이라는 사실도 모르는 상태였다.) 20세기 첫 사반세기 동안, 확률이 근본 그 자체일지 모른다는 암시가 여기저기 등장했지만, 이처럼 혁신적인 개념은 실험과 이론이 합심하여 강제하지 않는 한 과학에 쉽게 받아들여지지 않는다. 러더퍼드 본인부터가 (1902년에 프레더릭 소디와 함께) 방사능이 점진적 변화가 아니라 원자 속에서 벌어지는 갑작스런 파국적 변화임을 발견했는데, 이 발견은 방사성 변환이[50] 상당히 기본적인 사건일지도 모름을 암시하고 있었다. 빛은 불연속적 꾸러미(광자)로만 흡수될 수 있음을 발견한 아인슈타인의 1905년 연구, 수소 원자의 양자 도약에 관한 보어의 1913년 이론 또한, 확률이 근본적 수준에서 작동하고 있을지 모른다고 경고해 준 사건들이었다. 하지만 아직 물리학계는 경고를 새겨들을 준비가 되어 있지 않았다.

내가 이제까지 설명한 확률은 아원자 사건들의 무작위성 속에 모습을 드러낸다. 무작위성은 여러 형태로 나타난다. 들뜬 원자나 불안정한 입자의 수명에, 상이한 대안적 결과들 사이의 갈래비에, 산란이라 불리는 현상에도 나타난다. 입자가 다른 입자에 너무 가까이 다가가면 편향되는데, 그것이 '산란'이다. 양자역학은 특정 편향의 확률을 계산할 뿐, 확실하게 편향이 일어난다고는 못 말한다. 우리는 산란 실험을 통해 입자들의 상호 작용에 대해 많은 것을 배웠다.

---

50 중세 연금술사들의 꿈이었던 물질의 변환은 한 원소가 다른 원소로 바뀌는 것을 말한다. 핵의 전하량이 바뀌는 방사성 변형에서는 늘 벌어지는 현상이다.

가이거 계수기와 약한 방사능원은 고등학교나 대학 실험실에 흔히 있는 도구들이지만, 일반인이 쉽게 손에 넣을 수 있는 건 아니다. 가이거 계수기의 중앙에는 금속으로 된 관이 하나 있고, 그 속에 희박한 기체가 담겨 있다. 관 속에는 축을 따라 금속선이 하나 놓여 있다. 관과 금속선 사이에 수백 볼트 규모의 고전압을 걸면, 섬광이 튀기에 아주 약간 모자란 상태로 에너지가 충전된다. 이때 고에너지 입자가 관 속으로 날아들면 덕분에 가스 분자들이 이온화하여, 즉 분자에서 전자들이 튀어나와, 전기를 머금은 가스가 섬광을 튀긴다. 그 짧은 순간 관과 금속선 사이에 전류가 흐르고, 전류가 외부 회로에서 증폭되면, 우리는 계수기가 또 한 번 딸깍하고 입자를 확인하는 소리를 들을 수 있다. 회로는 1초도 못 되는 짧은 시간 안에 섬광을 잠재워 다음 번 입자에 대비한다. (러더퍼드 실험실의 박사후 과정 연구원이었던 한스 가이거가 1908년 무렵에 원시적 형태의 계수기를 처음 발명했고, 이후 개량했다.)

방사성 붕괴 사건을 계수기로 세어 보는 것은 근본적 확률을 체험하는 좋은 방법이다. 가이거 계수기를 방사능원에서 일정한 거리에 놓고 고에너지 입자가 계수기에 침투할 때마다 딸깍거리는 소리를 들어 보면, 딸깍 소리가 시계 초침처럼 일정한 간격으로 들리지 않는다는 사실을 금세 깨달을 수 있다. 딸깍 소리는 무작위로 울리는 듯하다. 실제 수학적으로 분석해 봐도 확실히 무작위적이다. 딸깍 소리가 들리는 시각은 앞선 소리가 울린 뒤로 얼마나 지났는지, 다른 소리들은 언제 울리는지 등과 전혀 무관하다. 원자 입장에서 봤을 때 거인만큼 큰 우리 청취자들이 아원자 세계가 보내는 메시지를 하나하나 듣고 있다. 딸깍 소리가 한 번 들릴 때마다 방사능 샘플 속 수십억 개가 넘는 원자들 가운데 하나에서, 갑자기 핵이 고속으로 입자를 방출하기로 결정하고 자신은 다른 종류의 핵으로 변형되는 것이다.[51] 문자 그대로 핵폭발이 일어난 것이며, 그 핵의 은밀한 개인적 세계에서 폭발 시각은 전적으로 확률에 따른다. 이웃 핵들은 진작 폭발한 뒤일 수도 있고, 오래 살아가고 있는 중일 수도 있다.

확률은 다른 방식으로도 모습을 드러낸다. 눈이나 귀에 쏙 들어오게 확연한 모습은 아니지만 수학을 조금 아는 사람이라면 충분히 인정할 모습이다. 확률은 지수적 붕괴 법칙을 통해 드러난다. 러더퍼드도 방사능 문제에 확률이 개입한다는 사실을 이 점을 통해 깨달았다. 당연한 말이지만 1899년의 러더퍼드는 단 하나의 변환 사건을 관찰한 것이 아니라 엄청나게 많은 수의 사건들을 관찰했다. 러더퍼드는 방사능의 세기를 시간 함수로 그려 보면 〈그림 20〉과 같은 곡선이 도출된다는 것을 깨달았다. 이것이 지수 곡선이다. 지수 곡선의 독특한 특징은 어떤 값에서 시작하든 그 값의 절반에 도달하기까지 걸리는 시간이 동일하다는 점이다. 러더퍼드의 실험에서는, 방사능 세기가 절반으로 줄어들기까지 걸리는 시간이 초기 세기에 상관없이 늘 일정하다는 형태로 드러났다. 이 고정된 시간을 물질의 반감기라고 한다.

러더퍼드가 깨달았던 점, 또한 내가 여러분에게 이해시키고 싶은 점은, 개개 방사성 붕괴 사건에 확률 법칙이 작용하기 때문에 지수 곡선이 나온다는 사실이다. 하나의 핵에게 있어 반감기는 확률의 중간점에

---

51 들리는 소리 전부가 방사성 붕괴에 의한 것은 아니다. 우주선 입자들, 대개 뮤온들이 어쩌다 상공에서 계수기로 떨어져 내는 소리도 있다.

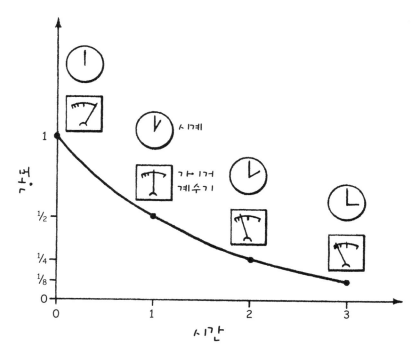

그림 20 방사능 샘플의 지수적 붕괴.

해당한다. 그 핵이 그보다 짧은 시간 안에 붕괴할 가능성이 2분의 1이고, 그보다 오랜 시간 살아남을 가능성도 2분의 1이다. 이런 확률 법칙이 무수히 많은 동일한 핵들에 각기 적용될 때, 집단의 방사성 붕괴는 지수 곡선을 따라 부드럽게 떨어지는 것이다. 입자들도 사정은 같다. 〈표 B.1〉과 〈표 B.3〉에 적힌 입자들의 평균 수명은[52] 입자들의 지수 붕괴 곡선을 연구하여 얻은 것이다. 시간을 직접 잰 것은 아니지만 입자의 속도와 이동 거리를 측정하면 그로부터 유추할 수 있다.

　우리가 아는 최단 반감기와 최장 반감기 사이의 간격은 어마어마하게 크다. 최단은 10^{-22}초보다 짧은데 최장은 10^{10}년보다 길다. 반감기가 얼마든, 모든 불안정한 입자나 핵의 붕괴는 거역할 수 없는 지수 곡선을 따르기 마련이다.

좋은 시계가 있다면, 몇 초에서 몇 년에 이르는 반감기 정도는 당연히 측정할 수 있다. 현대의 시간 측정 도구로는 100만 분의 1초나 10억 분의 1초 정도까지 측정할 수 있지 않을까 생각하는 독자도 있을 것이다. 물리학자들은 시간의 대리인으로 거리를 활용하는 기법을 통해 1조 분의 1초(10^{-12}초) 미만의 수명을 확인할 수 있다. 광속에 가깝게 날아가는 입자는 10^{-12}초 동안 3분의 1밀리미터 정도를 주파한다(시간의 상대적 팽창을 감안하면 더 갈 수도 있다). 하지만 10^{-22}초 같은 반감기는 대체 어떻게 측정할까? 그 동안에는 입자라 해도 겨우 원자 지름도 다 가로지르지 못할 텐데? 또, 빅뱅 이후 현재까지 흐른 시간보다 긴 반감기는 어떻게 측정할까?

몹시 긴 반감기를 어떻게 재느냐는 두 번째 질문이 더 대답하기 쉽다. 그것도 확률의 문제다. 평균 수명이 10억 년인 방사성 원자가 있다고 하자. 원자가 1년 안에 붕괴할 가능성은 10억 분의 1이라는 말이 된다. 그런 원자들이 10억 개 있으면, 평균적으로 그 가운데 하나가 매년 붕괴할 것이다. 원자가 3,650억 개 있으면 평균적으로 그 가운데 하나

---

52 일반적으로 평균 수명은 반감기와 같지 않다. 비유를 들어 보자. 2003년, 미국인의 평균 기대 수명(평균 수명)은 78세였고(남녀를 합한 것이다), 반감기에 해당하는 나이는 81세였다. 미국인은 81세가 되어야 동시대인들 가운데 절반보다 나이가 많게 된다는 뜻이다. 반면 입자 세계에서는 나이에 상관없이 '죽을' 확률이 동일하므로, 반감기는 평균 수명보다 한참 작다(0.693이라는 비율로 두 수가 연결된다). 평균 수명이 15분인 중성자는 10분 이상 살면 동료 중성자들 가운데 절반보다 나이가 많아지는 셈이다.

가 매일 붕괴할 것이다. 그리고 3,650억 개는 원자로서는 많지도 않은 수다. 현실의 방사능 샘플에는 원자가 그보다 훨씬 많이 포함되어 있어서 평균 수명이 10억 년이라 해도 매초 여러 개씩 끊임없이 붕괴하고 있다. 원자들이 매 순간 확률에 짓눌려 산다는 사실 덕택에 몹시 긴 반감기도 쉽게 측정할 수 있는 것이다. 적은 수이긴 하지만 개중 일부는 수명이 얼마 되지도 않아 붕괴할 테니까 말이다.

한편 극도로 짧은 반감기를 측정하려면 이와 전혀 다른 양자역학적 속성을 활용해야 한다. 이번에는 불확정성 원리가 도구이다. 입자의 수명이 짧을수록 입자 에너지의 불확정성은 커진다. 에너지 불확정성은 우리가 측정하는 에너지 값들이 '퍼지게' 한다. 그 측정값 퍼짐으로부터 거꾸로 수명을 유추할 수 있는 것이다.

핵 쓰레기 문제는 양자 이론과는 거리가 먼 주제로 보이지만, 사실 양자 도약 및 확률과 직결된 공중 보건 문제이다. 이른바 사용 후 연료라 하는 것에는 반감기가 몇 초에서 몇 천 년에 이르는 무수한 방사성 동위 원소들이 들어 있다. 원소들은 각각 저만의 지수 붕괴 곡선을 따르고, 혼합물 전체의 방사능은 처음에는 급속한 속도로 줄다가 나중에는 느리게 줄어든다. 한때 안전하지 않았던 물질이 어느 순간을 지나면 안전하게 되는 것이 아니고, 많이 해로운 물질에서 좀 덜 해로운 물질로 서서히 변해갈 뿐이다. 방사능을 일으키는 것은 원자핵이므로 화학적 처리나 물리적 처리는 아무 영향을 끼치지 못한다. 좋든 나쁘든 그것들은 거기 있을 테고, 우리는 어떻게든 처리해야 한다. 방사능 쓰레기를 로켓에 실어 우주 공간으로 날린 뒤 태양에서 태우자는 이들도 있다. 엄청나게 비쌀 뿐 아니라 발사 시 감수해야 할 위험이 너무 크기 때문에 실용적 대안은 아닌 것 같다. 또 다른 미래주의적 제안으로는 유해 물질을 핵융합로에서 '굽자'는 주장이 있는데, 이것은 어쩌면 언젠가 실용화될지도 모른다. 핵융합로는 일종의 소각로로, 화학 반응이 아니라 핵반응을 활용하며 엄청나게 뜨겁기 때문에 물질을 무해한 상태로 분해할 수 있으리라는 것이다. 좌우간 가까운 시일 동안은 방사능 물질을 지구에 저장하는 수밖에 없다. 앞으로도 수백 년간 인간 환경과 격리하여 보관하는 수밖에 없을 것이다.

양자 도약 현상 중에서도 특히나 환상적인 것을 꼽자면 '투과 불가능한' 장벽을 건너뛰는 터널링 현상이 있다. 양자 도약 현상들이 모두 그렇듯, 터널링도 확률 법칙에 좌우된다. 고전 물리학이 절대 투과 불가능하다고 진단한 벽에 갇힌 입자라도 벽을 뚫고 반대쪽으로 나갈 가능성이 아주 적으나마 없는 것은 아니다. 3장에서 말했듯, 핵의 알파 붕괴도 터널링 현상으로 설명된다. 알파 입자를 핵에 붙들어 매는 전기력의 장벽은 고전 이론으로는 꿰뚫을 수 없지만, 아주 적은 확률이나마, 알파 입자가 갑자기 핵 밖으로 자리를 옮겨서 누군가의 입자 검출기에 포착될 가능성이 존재하는 것이다.

터널링 확률은 믿을 수 없을 정도로 적다. 핵 속의 알파 입자는 초당 10^{20}번씩 나가려고 '문을 두드린다'. 그런데도 수백만 년이 지나서야 겨우 성공하곤 한다. 우리가 사는 세상에서 터널링이 일어날 확률은 그보다 더 희박하다. 간수는 감옥 벽에 기댄 죄수가 갑자기 벽 반대편으로 나가지 않을까 걱정할 필요가 전혀 없다. 지루한 수업을 듣는 학생은 강의실 밖 휴게실로 훌쩍 탈출하고 싶겠지만, 그럴 수 있을 리도 없다. 터널링은 입자들이 핵 감옥의 속박을 벗어나게 도와주지만, 우리를 지금 자리에서 벗어나게 도와주지는 않는다.

그렇지만 근래 들어 과학자들은 터널링 현상을 조종하는 방법을 알아냈다. 두 물질에 아주 작은 차이의 전압을 각기 걸어 놓고(보통 1볼트 미만의 차이이다) 서로 매우 가깝게 붙이면, 한쪽 물질의 전자들이 간극을 '터널링' 하여 다른 쪽으로 넘어간다. 고전 물리학으로는 한 물질에서 다른 물질로 전자가 뛰어넘는 현상을 도저히 설명할 수 없는데 말이다. 이 기술을 아름답게 승화시킨 것이 주사 터널링 현미경(STM)이다. 현미경을 완성시킨 취리히 IBM 연구소의 게르트 비니히와 하인리히 로러는 1986년에 노벨상을 받았다.

주사 터널링 현미경은 일반적인 의미의 현미경은 아니다. 하지만 이름이 틀린 것도 아니다. 고체 표면의 영상을 단독 원자 위치까지 세세하게 드러내 주기 때문이다. 연구하고 싶은 물질 표면에 가느다란 금속 탐침을 바싹 갖다 댄다. 탐침은 표면 위를 이리저리 움직일 수 있으며(그래서 '주사scanning'라는 이름이 붙었다), 표면에 멀어졌다 가까워지는 식으로 위아래로도 움직이는데, 상상을 초월할 정도로 정교하다. 탐침과 샘플 표면의 거리는 1나노미터 미만이다(10^{-9}미터, 원자 열 개의 지름이 채 못 된다). 이렇게 가까우면 샘플 표면의 전자들이 탐침으로 터널링해 들어와 약한 전류로 기록될 수 있다. 원자 덩어리들이 울퉁불퉁한 표면은 평평하지 않으므로, 탐침이 표면을 수평으로 훑을 때 표면과의 거리가 조금씩 달라진다. 거리가 살짝 멀어지면 터널링 전류가 약해지고, 거리가 살짝 줄어들면 터널링 전류가 세진다. 기기를 현미경으로 만들기 위해, 과학자들은 피드백 회로를 구축해 수평으로 주사하는 탐침을 부드럽게 위아래로 움직임으로써 터널링 전류가 일정하게 유지되

왼쪽의 하인리히 로러(1933년 출생), 오른쪽의 게르트 비니히(1947년 출생)가 첫 주사 터널링 현미경 (STM)을 보고 있다.
〔취리히 IBM 연구소 제공〕

도록 했다. 즉 탐침에서 표면까지 거리가 늘 일정하도록 했다. 그러므로 탐침이 위아래로 움직이는 모습은 물질 표면의 굴곡을 그대로 반영한 지도를 낳는다. 지도는 원자 한 개의 지름, 약 10분의 1나노미터 (10^{-10}미터) 수준으로 정교하다.

터널링 현상을 적용한 공학 기술로 터널 다이오드도 있다. 다이오드는 전류가 한 방향으로만 쉽게 흐르게 하는 전자 부품이다. 지하철이나 동물원 입구에 설치된 회전문을 상상하면 비슷하다. 정해진 방향과 반대 방향으로 통과할 수는 없는 것이다. 다이오드는 전자 회로에 널리 쓰이는데, 주로 반도체 두 개를 접촉시켜 만든다. 재료를 적절히 선택하고 두 반도체 간에 걸어주는 전압을 적절히 조절하면, 고전 이론의 계산에 따라 전류가 완벽히 멎는 상황이 만들어진다. 하지만 두 재료 간 경계층이 얇다면, 전자들이 터널링하여 옮아갈 수 있다. 터널 다이오드가 널리 쓰이게 된 것은 음의 저항이라는 신기한 속성이 발견된 덕분이다. 어떤 범위의 전압에서는, 통상적인 전류 규칙과 반대로, 전압이 클수록 전류가 적게 흐르는 현상을 말한다.

양자 도약은 언제나 '내리막'으로만 일어난다. 달리 말해 높은 질량 상태에서 낮은 질량 상태로만 일어난다. 입자 붕괴를 보면 확실하다. 람다 입자가 양성자와 음의 파이온으로 붕괴하는 과정을 보자.

$$\Lambda^0 \rightarrow p^+ + \pi^-$$

〈표 B.3〉을 참고하면 다음 사항을 알 수 있다.

붕괴 전 질량=1,116MeV
붕괴 후 질량=938.3MeV+139.6MeV=1,077.9MeV

질량은 38메가전자볼트, 약 3퍼센트 줄어들었다. 심지어 중성 파이온이 광자 두 개로 붕괴할 때는 질량이 100퍼센트 감소된다. 생성물의 질량이 전혀 없기 때문이다. 내리막 규칙은 수소 원자가 고에너지에서 저에너지로 양자 도약을 할 때도 적용된다. 이때는 질량 변화 비율이

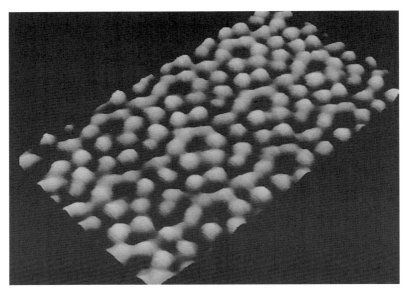

실리콘 원자 하나하나까지 보여 주는 실리콘 표면 주사 터널링 현미경 영상.
〔취리히 IBM 연구소 제공〕

무척 작지만 말이다. 수소 원자 속 전자가 첫 번째 들뜬상태에서 바닥
상태로 양자 도약을 할 때 원자가 잃는 질량은 10전자볼트쯤으로, 수
소 원자 질량의 1억 분의 1(1퍼센트의 100만 분의 1)밖에 안 된다. 보다
시피 몹시 작은 양이므로 한 번도 직접 측정된 바 없고, 상대성 이론과
양자역학이 발전하기 전에는 과학자들이 짐작조차 하지 못했다. 하지
만 과학자들은 이제 방사능 붕괴는 물론이고 양자 도약으로 인한 질량
변화들을 수없이 측정해 보았으므로, 원자에도 내리막 규칙이 적용된
다는 사실을 믿어 의심치 않는다.

　왜 내리막일까? 언덕에서 스키를 타는 일을 상상해 보자. 자연스럽
게(즉 에너지를 더하지 않고) 갈 수 있는 방향은 아래쪽뿐이다. 우리는

'내리막 규칙'을 따른다. 힘을 들이지 않고 슬슬 슬로프 위쪽으로 올라가는 일은 에너지 보존 법칙 때문에 불가능하다. 마찬가지로 방사성 입자가 더 많은 질량을 지닌 생성물들로 변형되는 일은 에너지 보존 법칙에 의해 금지되어 있다. 정지 상태로 혼자 놓인 방사성 입자의 총 에너지는, 붕괴 전이든 후든 질량 에너지와 같다. 이 에너지의 일부가 생성물 입자들의 질량이 되고, 또 일부가 생성물들의 운동 에너지가 된다. 따라서 생성물 입자들은 어미 입자보다 더 큰 질량을 가질 수가 없다. 현실에서도 늘 작은 질량만을 가진다.

방사성 입자가 움직이던 중이라면, 운동 에너지의 일부가 질량으로 변환되어 '오르막' 붕괴를 할 수 있지 않을까? 그러나 상대성 이론에 의하면 이런 일은 불가능하다. 방사성 입자가 움직이는 기준틀에 관찰자도 함께 올라타 보자. 이 기준틀 속에서는 입자가 정지 상태이다. 그리고 내리막 규칙이 성립해야 한다. 이 움직이는 기준틀에서 생성물 입자들의 질량이 어미 입자의 질량보다 작다면, 어떤 다른 기준틀로 봐서도 어미 입자보다 질량이 작을 것이다. 입자의 질량은 기준틀에 따라 변하지 않기 때문이다.[53]

다시 언덕에서 스키를 타는 예로 돌아가자. 사실 오르막으로 갈 수는 있다. 리프트를 타거나, 몸에 축적된 화학 에너지를 위치 에너지로 바꾸며 낑낑 걸어 올라가면 된다. 비슷한 식으로 입자도 에너지를 받으면 '오르막'으로 갈 수 있다. 가속기에서 벌어지는 일들이 바로 그런

---

53 이상의 논의에서 질량은 정지 질량, 즉 불변의 양을 말한다. 기준틀에 무관한 양이란 뜻이다.

상황으로서, 입자가 다른 입자와 충돌할 때 운동 에너지의 일부가 질량 에너지로 변환할 가능성이 있다. 그러니 내리막 규칙이 적용되는 범위는 자발적 붕괴에 국한한다고 해야겠다.

이번 장에서는 양자 도약 현상들과 그들을 지배하는 확률 법칙을 살펴보았다. 그런데 아원자 영역의 모든 일이 불확정적이고 확률적인 것은 아니다. 안정된 계일 경우 확실하게 정의되는 속성들도 많다. 두 가지만 예를 들면 전자의 스핀, 양성자의 질량이 그렇다. 그럼에도 불구하고, 원자, 핵, 입자 들에 벌어지는 현상 대부분이 확률에 종속되는 게 사실이다. 그렇다 보니 궁금증이 생긴다. 미시 세계의 현상이 확률의 지배를 받는다면, 어째서 거시 세계는 그렇지 않은가? 거시 세계도 결국 수많은 미시 세계 조각들로 이루어져 있고, 같은 법칙의 지배를 받는 것 아닌가? (앞서 설명했듯, 거시 세계에서도 확률이 종종 등장하지만 그것은 언제나 완전한 정보의 부족으로 인한 확률이다. 즉 무지로 인한 확률이지, 근본적 확률이 아니다.)

일상에서 근본적 확률을 찾아볼 수 없는 이유는 두 가지 있다. 하나는, 확률적인 개별 사건들을 집단으로 뭉쳐 놓으면 결과가 규칙적이고 예측 가능한 변화로 드러날 수 있기 때문이다. 방사능이 그렇다. 개별 핵의 무작위적 붕괴를 집단으로 모으면 질서 있는 지수적 변화가 드러난다. 두 번째 까닭은 근본적 확률을 거시 세계에 외삽하면 결과가 0에 가깝거나 1에 가까울 때가 많기 때문이다. 양자역학적 터널링 때문에 우리가 벽돌담을 통과할 가능성은 (정확히 0은 아니지만) 사실상 0이다. 야구공이 지그재그가 아니라 매끄러운 포물선으로 날아갈 가능성은 (정확히 1은 아니지만) 사실상 1, 즉 100퍼센트이다.

마지막으로, 제일 심오한 질문 하나가 남았다. 확률적 양자 법칙들은 정말로 근본적인가, 아니면 근본적인 듯 가장한 무지로 인한 확률인가? 솔직히 말하면, 아무도 모른다. 하지만 양자적 확률이 근본적이라는 발상은 벌써 80여 년간 우리와 함께 했고, 현재도 유효하다. 유효성을 지지하는 논거는 단순하고도 직접적이다. 훌륭하게 기능하고 있다는 점이다. 덜 직접적인 논거로 내가 앞 장에서 설명했던 것도 있다. 전자는 볼 베어링보다 단순한 개체이고, 아직 밝혀지지 않은 더 깊은 현실의 층위가 존재하지 않는 것 같다는 판단이다. 만약 전자의 양자 도약 시간을 계산하는 확률이 무지에 의한 확률이라면, 전자는 현재 우리가 아는 것보다 더 많은 속성들을 감추고 있다는 뜻일 테고, 그 속성들이 양자 도약 시간에 영향을 미치기 때문에 과학자들이 시간을 정확히 예측할 수 없다는 말이 된다. 룰렛 바퀴 속의 공과 마찬가지일 것이다. 공이 어느 구멍에 들어갈지 예측할 수 없는 이유는 공과 바퀴에 대해서 우리가 모르는 세부 사항들이 너무 많기 때문이다. 공의 최종 착지점에 영향을 미치는 세부 사항들을 우리가 모르기 때문이다. 그것들을 다 안다면, 그리고 고생스럽게 운동에 대한 계산을 한다면, 착지점을 예측할 수 있을지도 모른다. 하지만 우리는 전자에도 그런 숨겨진 속성들이 있다는 증거를 알지 못하는 한편, 그런 속성이 없으리라는 증거는 갖고 있다. 그러므로 우리는 양자적 확률이 근본적 확률이라고 말할 수 있다.

　그런데도 양자적 확률에 대해 불편한 기분을 품고 있는 과학자들이 많다. 확률에 기반을 둔 양자역학은 기묘해 보인다. 그것은 상식에 위배된다. 몇몇 철학들에도 상충된다. 알베르트 아인슈타인, 20세기 최고의 물리학자로 널리 인정되며, 얄궂게도 양자 이론의 창시자 중 한

"신은 정묘하되 심술궂지 않다 Raffiniert ist der Herr Gott / Aber Boshaft ist Er nicht." 아인슈타인의 말이 프린스턴 대학교 존스홀(예전의 파인홀) 벽난로 위쪽에 새겨져 있다.
〔데니스 애플화이트 제공〕

사람인 그는 한 순간도 양자적 확률을 좋아하지 않았다. 아인슈타인은 신이 주사위 놀이를 하지 않는다는 발언을 자주 했고, 1953년에는 이렇게 썼다. "내가 보기에 그러한 이론적 견해 위에 물리학을 쌓는 것은 몹시 불만족스러운 일이다. 객관적 묘사의 가능성을 포기하는 것은…… 물리적 세계에 대한 우리의 전망을 안개 속에 흩어지게 만드는 일이기 때문이다."[54]

　아인슈타인의 유명한 경구 중 또 다른 것이 그의 연구실이 있던 프린스턴 대학교 건물 안에 새겨져 있다. "신은 정묘하되 심술궂지 않다." 아인슈타인은 신이 정교하고 오묘하다는 사실은 인정했다. 자연의 법칙은 한눈에 알 수 있다시피 확연한 법이 없고, 대단한 노력을 기울여 추구해야만 찾아낼 수 있다. 하지만 우주의 위대한 설계자라면, 기초적 법칙들에 예측 불가능성을 담아둘 정도로 심술궂지는 않을 것이다.[55] 이것이 아인슈타인이 한 말의 뜻이다.

정말 언젠가 양자적 예측 불가능성에 대한 이유가 밝혀지는 날이 온다면, 그때야말로 마지막 안개가 걷힐 것이다.

<hr>

[54] A. 아인슈타인, 〈양자역학의 기반 해석에 관한 기초적 고찰들〉[독일어 원본], *Scientific Papers Presented to Max Born*(New York: Hafner, 1953), p. 40.

[55] 아인슈타인이 '주님'이나 '하느님' 같은 표현을 종종 쓰긴 했지만, 통상적 의미의 신을 믿었는지는 의문의 여지가 있다.

•• 복습 문제

1. 전자가 들뜬상태에서 낮은 에너지 상태로 뛰는 시각을 물리학자는 어떻게 계산하는가?

2. 들뜬상태 전자가 어느 낮은 에너지 상태로 뛸지 물리학자는 어떻게 아는가?

3. 물리학자는, 이론적으로, 던져 올린 동전이 앞면을 위로 하고 떨어질지 뒷면을 위로 하고 떨어질지 알 수 있는가?

4. 무지로 인한 확률과 근본적 확률의 차이는 무엇인가?

5. 길거리에 내놓은 전자레인지를 누군가가 가져갈 확률은 분당 1퍼센트이다. 전자레인지가 길거리에 머무는 시간의 평균인 '평균 수명'은 얼마인가?

6. 길거리에 내놓은 오래된 컴퓨터의 '평균 수명'이 6시간이라면, 어떤 컴퓨터의 경우 1시간 만에 사라질 수도 있는가? 12시간 뒤에 사라질 수도 있는가?

7. 어니스트 러더퍼드와 동료들은 방사능이 확률 법칙을 따른다는 걸 발견한 뒤 왜 신나게 세상에 소리쳐 알리지 않았는가?

8. '산란'이란 무엇인가? 확률은 산란에서 어떤 역할을 하는가?

9. 어떤 의미에서 방사성 붕괴는 '핵폭발'과 다름없는가?

10. 누군가가 아래로 미끄러지는 듯한 곡선 그래프를 주면서 감소하는 지수 곡선이라고 주장하면, 어떻게 참인지 확인할 수 있는가?

11. 평균 수명과 반감기 중 어느 쪽이 더 짧은가? (a) 방사성 핵의 경우? (b) 불안정한 입자의 경우?

12. 게르트 비니히와 하인리히 로러가 발명한 주사 터널링 현미경(STM)은 어떤 양자 현상을 활용하는가?

13. 입자의 자발적 붕괴가 '오르막'으로 일어난다면 어떤 원칙이 깨어지는 것인가?

14. 가속기에서는 '오르막' 변환이 일어난다. 이유를 설명하라.

15. 입자의 자발적 붕괴에서, 생성물들의 질량을 다 더하면 언제나 붕괴한 입자의 질량보다 작은가?

16. 우리가 근본적 확률이라 생각했던 것이 사실은 무지로 인한 확률이라면, 입자들에 대해 어떤 결론을 이끌어 낼 수 있겠는가?

•• 도전 문제

1. 뮤온의 붕괴와 들뜬상태 원자의 광자 방출은 어떤 면에서는 상당히 다른 사건들이지만, 한 가지 점에서는 비슷하다. 어떤 점이 다르고, 어떤 점이 비슷한가?

2. 가속기에서 생성되는 양의 파이온 100만 개 가운데 평균적으로 999,677개는 뮤온과 중성미자로 붕괴한다. 200개는 뮤온, 중성미자, 광자로 붕괴하고, 123개는 전자와 중성미자로 붕괴한다. 덜 흔하게 일어나는 두 붕괴 양식들 간의 갈래비는 얼마인가? (가장 흔한 붕괴 양식은 논외로 한다.)

3. 193쪽의 〈그림 20〉에서 반감기는 얼마인가? 평균 수명이 반감기보다 1.44배 크다는 것을 감안할 때, 평균 수명만큼 시간이 흐르면 강도는 몇 퍼센트 줄어드는지 계산하라.

4. (a) 2×10^8m/s의 속도로 움직이는 뮤온은 평균 수명인 2×10^{-6}s 동안 얼마나 갈 수 있는가? 현미경 없이 맨눈으로 볼 수 있는 거리인가? (b) 평균 수명이 3×10^{-13}s인 타우라면 어떤가?

5. 물리학자는 어떻게 140억 년이나 되는 토륨 핵의 반감기를 몇 분 만에 계산해 내는지 설명해 보라.

6. 입자가 붕괴하기 전에 움직이고 있었다 해도 입자 붕괴의 내리막 규칙이 유지되어야만 하는 이유를 설명해 보라.

7

사고적 입자들과 비사고적 입자들

※

SOCIAL AND ANTISOCIAL PARTICLES

길버트와 설리번(빅토리아 시대에 활약했던 영국 작사가, 작곡가 콤비로 십여 편의 희가극을 함께 창작했다—옮긴이)의 오페라 〈이올란테〉에 병사 윌리스가 야간 보초를 서며 부르는 노래가 있다.

가끔 생각해 보면 참 우스워
어째서 자연은 늘 그렇게 만드는 건지,
세상에 태어나는
모든 소년과 모든 소녀들이
꼬마 자유당원이나 꼬마 보수당원,
둘 중 하나가 되도록 하니 말이야!

자연은 입자들에게도 별다른 선택지를 주지 않았다.

가끔 생각해 보면 참 이상해

(내가 추태를 보일 지경이 되면 말려 주세요)

원자든, 쿼크든, 커다란 게온이든,

세상의 모든 물리적 개체들은

사교적인 보손이나 비사교적인 페르미온,

둘 중 하나가 되니 말이야![56]

　

모든 입자는, 그리고 원자나 분자 등 입자로 이루어진 모든 개체는, 보손 아니면 페르미온 둘 중 한 가지이다.[57] 각각에 해당하는 입자들 중 몇 가지는 이미 소개하였다. 쿼크와 렙톤은 (가장 흔한 렙톤인 전자 역시) 페르미온에 속한다. 광자와 글루온과 기타 힘 운반자들은 보손이다. 합성 입자들도 어느 한쪽에 속한다. 가령 양성자와 중성자는 페르미온이다. 파이온과 케이온은 보손이다. 규칙을 짐작하겠는가? 쿼크 홀수 개로 이루어진 개체는 페르미온이고, 쿼크 짝수 개로 (또는 쿼크-반쿼크 쌍으로) 이루어진 개체는 보손이다. 더 일반적인 규칙을 말하면 이렇다. 페르미온 홀수 개로 이루어진 물질은 페르미온이고, 페르미온 짝수 개로 이루어졌거나 수에 상관없이 보손으로 이루어진 물질은 보손이다.[58] 복잡하게 들리겠지만 간단히 계산하는 방법이 있다. 페르미

---

56 내게 시적 영감을 일으켜 준 애덤 포드에게 감사한다.

57 앞의 시에서 언급한 게온geon은 엄청난 수의 광자들이 뭉쳐 만들어진 가상의 개체이다. 광자들이 서로 너무 가깝게 뭉쳐 있어 자신들의 강력한 중력 때문에 하나의 점을 중심으로 뱅글뱅글 회전하는 것이다. 실제로 광자들은 서로 끌어당긴다. 질량이 있든 없든 모든 집중된 에너지는 중력을 발휘하고 또한 느낀다.

온에는 음의 부호를, 보손에는 양의 부호를 붙이고 개수만큼 곱한다고 생각하자. 음수를 홀수 번 곱한 결과는 음수, 음수를 짝수 번 곱한 결과는 양수이다. 양수는 몇 번을 곱하든 무조건 양수이다.

자, 퀴즈를 풀어 보자. 양성자 11개와 중성자 12개를 포함한 나트륨 23 원자는 보손일까 페르미온일까? 핵 속에 페르미온 23개, 즉 홀수 개가 들었으니 페르미온이라고 생각할지 모르겠다. 쿼크를 세어도 마찬가지다. 양성자 하나마다 3개씩, 중성자 하나마다 3개씩 쿼크가 있으니 핵 속에는 총 69개의 페르미온 쿼크들이 있고, 역시 홀수 개이다. 하지만 끝이 아니다. 핵 주위를 도는 전자 11개가 있지 않은가. 쿼크들에 전자들을 더하면 80, 짝수이다. (양성자, 중성자, 전자를 더해도 34개로 역시 짝수이다.) 따라서 나트륨 23 원자는 보손이다.

보손과 페르미온의 속성들 중에는 서로 구별되지 않는 것들이 많다. 가령 둘 다 기본 입자일 수도 있고, 합성 입자일 수도 있다. 둘 다 (양이든 음이든) 전하를 띠거나 중성일 수 있다. 둘 다 강한 상호 작용을 하거나 약한 상호 작용을 할 수 있다. 0의 질량을 포함하여(최소한 광자는 그렇다) 넓은 범위의 질량 값을 취한다. 하지만 결정적으로 스핀이 다르다. 보손은 정수의 스핀(0, 1, 2 등등)을 갖지만 페르미온은 반정수의 스핀(1/2, 3/2, 5/2 등등)을 갖는다.

둘 사이의 최대 차이점은 같은 종류끼리 모였을 때 어떤 행동을 보이는가 하는 점이다. 페르미온은 '비사교적'이다. 페르미온은 베타 원

---

[58] 기본 보손 입자들로만 이루어진 합성물 구조는 발견된 바 없다. 서로 '얽힌' 광자 한 쌍은 하나의 개체로 볼 수도 있겠지만 말이다(10장을 참고하라). 합성물로 이루어진 합성물의 사례라면 보손 원자들로만 이루어진 분자를 들 수 있다. 그러면 그 분자는 보손이다.

리를 따르므로, 두 개의 동일한 페르미온은(가령 두 개의 전자는) 동시에 같은 운동 상태를 취할 수 없다. 보손은 '사교적'이다. 두 개의 동일한 보손은 동시에 같은 운동 상태를 취할 수 있을뿐더러 그렇게 하는 편을 선호한다(사실은 순전히 수학적인 개념이지만 의인화해 보았다).

어째서 입자들이 사교적이거나 비사교적인 '본능'에 따라 두 집단으로 나뉠까? 답은 미묘하지만 비교적 단순한 양자역학적 속성 때문인데, 이 장 끝에서 설명할 것이다. 이는 양자역학 고유의 속성으로서 고전 물리학에는 해당하는 이론이 없다. 비슷한 것도 없다. 그런데도 우리가 사는 거시 세계에까지 커다란 영향을 미치는 속성이다.

페르미온

볼프강 파울리는 스물다섯 살이던 1925년에 배타 원리를 구상했다. 오스트리아인인 파울리는 독일에서 교육을 받고 스위스에 정착했으며, 후에 미국에서도 상당한 세월을 보냈다. 파울리의 초기 경력은 기상학으로 시작되었다. 1921년, 파울리는 뮌헨 대학교에서 박사 학위를 받고 상대성 이론에 대한 결정적인 연구를 발표하였다. 주제에 대한 이해도가 어찌나 뛰어난지 알베르트 아인슈타인마저 깜짝 놀란 연구였다. 배타 원리를 도입한 다음 해인 1926년에는 베르너 하이젠베르크의 최첨단 양자 이론을 원자에 적용하는 시도를 했다. 1930년에는 중성미자를 제안하는데, 그때는 딱 서른 살이 된 해로 취리히에서 교수로 있었다. 이후 파울리는 연구 결과를 발표하는 물리학자들을 겁주는 능력으로 악명을 떨쳤다. 그는 강의실 맨 앞줄에 앉아 고개를 마구 저으며 얼굴을 찌푸리곤 했다. 나는 1955년부터 1956년까지 일군의 젊은 독일 과학자들과 함께 일한 적이 있는데, 그들을 통해 간접적으로 파울리를 알았다. 그들은 자주 파울리에게 편지를 보내 입자 이론에 대한 최근의 생각들을 털어놓았다. 파울리의 첫 반응은 항상 같았다. "알레스 크바치"("말도 안 돼"). 두 번째 편지가 오갈 때는 그들의 생각에 일리가 있을지도 모르겠다는 반응을 보였고, 세 번째 편지에서는 그들의 통찰을 칭찬하고 있었다.

파울리가 배타 원리를 고안한 시점은 물리학자들이 12년간 겪은 혼란과 절망의 세월 끝자락이었다. 1913년에 스물일곱 살의 닐스 보어가 수소 원자의 양자 이론을 제안한 이래, 물리학자들은 플랑크 상수 h가 원자에서 핵심적 역할을 해야 한다는 사실을 깨달았고, 보어가 제안한 이론, 즉 전자는 정상 상태들만 취할 수 있고 상태 사이를 양자 도약하는 동안 광자를 방출하고 흡수한다는 이론이 모든 원자에 적용될 것이라 믿기 시작했다. 하지만 진정한 양자 이론은 당시 스물셋이던 베르너 하이젠베르크의 1925년 연구와, 서른여덟이라는 적잖은 나이였던 에르빈 슈뢰딩거의 1926년 연구가 등장하기까지 구축되지 못한 것이나 다름없었다. 느슨한 부분들을 메워 오늘날까지 건재한 진짜 양자 이론을 세운 것은 두 사람이었다. 그리고 파울리의 배타 원리는 혁명의 개시에 도움을 준 연구였다.

배타 원리의 의미를 논하기에 앞서, 운동 상태와 양자 수라는 개념을 정의해야겠다. 전자가 특정 운동 상태에 있다는 것, 전자가 특정 양자 수를 가진다는 말은 무슨 뜻일까?

직선 도로 위를 서쪽을 향해 일정 속도로 달리는 자동차는 특정 운동 상태에 있다고 할 수 있다. '상태'는 차가 어디에 있느냐에 관한 게 아니라 차가 어떻게 움직이느냐, 속도는 어떻고 방향은 어떠냐에 관한 문제이다. 같은 고속도로 위를 같은 속도, 같은 방향으로 달리는 다른 자동차는 설령 한참 떨어져 달리고 있어도 이 차와 같은 운동 상태를 지닌 것이다. 자동차의 예를 하나 더 들자. 인디애나폴리스 자동차 경주장에서 매 서킷마다 동일한 속도와 가속을 보이며 트랙을 도는 자동차가 있다고 하자. 이 차는 특정 운동 상태에 있다. 이와 떨어져 달리는 차라도 동일한 속도와 가속 패턴을 보이는 차가 있으면, 둘은 같은 운동 상태에 있다. 지구를 도는 인공위성의 운동 상태는 특정 시각에 어느 지점에 있느냐에 상관없이 순수하게 에너지와 각운동량에 의해 결정된다. 홀쭉하게 기름한 타원 궤도를 도는 인공위성이 있다면, 앞의 위성과 에너지가 동일하다 해도 각운동량이 작을 것이다. 그러면 운동 상태가 서로 다르다. 이렇듯, 물체의 운동 상태는 운동 전반에 관한 '전역적global' 속성이지, 특정 지점에서의 움직임과는 무관하다.

원자 속 전자를 보자. 물리학자는 운동의 궤적을 정확하게 추적하지 못한다. 자연이 그것을 허락하지 않는다. 물리학자가 얻을 수 있는 정보는 전역적 정보뿐이다. 인디애나폴리스 경주차로 따지면, 차의 속도가 너무 빨라서 대강 어디 있는지 흐릿하게만 보이는 셈이다. 경주로 안에 있다는 건 알겠고, 평균 속도가 얼마인지도 알겠지만, 이 시각에 어디에 있는지는 모르겠다. 특정 운동 상태를 띠는 전자도 마찬가지로 뿌옇게 보인다. 이 장소에 있을 확률도 있고, 저 장소에 있을 확률도 있다.

하지만 전자에 대한 정보가 하나같이 모호한 것은 아니다. 전자의 에너지, 각운동량, 궤도 운동의 축 방향은 확실한 값이다. 그래서 이 각각에 수를 부여하여 특정 상태를 규정할 수가 있다. 에너지 상태에 수를 부여하고, 각운동량에 수를 부여하고, 각운동량의 방향에 수를 부여하는 것이다. 세 가지 속성은 모두 양자화되어 있기 때문에 반드시 특정한 이산적 값들만 갖게 되고, 따라서 상태를 규정하는 수들도 양자화되어 있다. 그래서 이들을 양자 수라고 부른다. 예를 들어 보자. 주$\pm$양자 수 n은 가장 낮은 에너지 상태에서는 1, 다음으로 낮은 상태에서는 2, 이런 식이다. 허용된 에너지 값들을 사다리라고 할 때 어느 발판에 있는지 말해 주는 수이다. 각운동량 양자 수 l은 $\hbar$단위로 각운동량을 측정하는데, 0 또는 양의 정수를 취할 수 있다. 마지막으로 궤도 양자수 m은 $-l$에서 $+l$ 사이에서 양수 또는 음수 값을 자유롭게 취할 수 있다.

보어는 주양자 수 n 하나로 그럭저럭 설명을 구축했다. 그리고 이후의 물리학자들은 전자의 운동 상태를 충분히 묘사하려면 n, l, m의 세 가지 양자 수가 필요하다는 사실을 알아냈다. 전자들이 원자에서 제각기 특정 '껍질'을 차지하고 있으며, 모두 최저 에너지 상태에 몰려 있는 게 아니라는 사실도 알아냈다. 주기율표를 설명하려면 이런 결론이 나올 수밖에 없었다. 첫 번째 껍질은 전자 두 개를, 다음 껍질은 전자 여덟 개를, 그 다음 껍질 역시 전자 여덟 개를 수용할 수 있는 듯 보였다. 하지만 이 수들에 어떤 논리적 의미가 있는지 알 수 없었는데, 이 시점에 파울리가 등장한 것이다. 파울리는 두 가지 이야기를 했다. 첫째, 특정 운동 상태를 취할 수 있는 전자의 수는 딱 하나로 제한되며, 이것이 배타 원리라고 했다. 둘째, 전자에는 알려진 것 외에도 추가의 자유도가 존재하는데, 이를 네 번째 양자 수라 할 수 있으며, 오직 두 가지 값(편

의상 +1/2이나 −1/2 중 하나로 표기한다)만 가질 수 있다고 했다.

특정 운동 상태는 특정 양자 수들의 집합으로 표현할 수 있으므로, 배타 원리를 다르게 설명하면 원자 속 모든 전자들은 서로 다른 양자 수 집합을 가진다고 할 수 있다. (파울리도 이런 식으로 설명했다.) 파울리는 이 공식에 따라 왜 첫 번째 껍질에는 전자 두 개가, 두 번째 껍질에는 전자 여덟 개가 들어가는지 설명할 수 있었다. 최저 에너지 껍질의 두 전자는 $n=1$, $l=0$, $m=0$인 것까지는 같지만, 네 번째 양자 수가 하나는 +1/2, 다른 하나는 −1/2로 다르다. 두 번째 껍질은 $n=2$이므로, 두 개와 여섯 개라는 두 집단으로 나뉘어 총 여덟 개의 전자가 들어간다. 개중 두 전자들은 $l=0$, $m=0$으로 같고 파울리의 새 양자 수만 서로 다른 녀석들이다. 나머지 여섯 전자들은 $l=1$로 같지만 m의 값이 세 가지이고(−1, 0, +1), 새 양자 수도 두 가지 값으로 나뉘어 있다. 네 번째 양자 수를 도입하지 않은 채 배타 원리만 적용하면, 첫 두 껍질에 들어가는 전자의 수는 2와 8이 아니라 1과 4가 될 것이다. 파울리의 새 양자 수가 전자 수를 2배로 불려 준 것이다. 드디어 물리학과 화학이 통합을 이루는 것 같았다. 개별 전자의 양자 수로 주기율표를 설명할 수 있으니, 정녕 흥분되는 발전이 아닐 수 없었다.[59]

파울리의 입에서 배타 원리가 나오고 얼마 지나지도 않았는데, 네덜

---

59 전자에 스핀을 부여한 배타 원리를 단순하게 적용해 버리면, 첫 세 껍질의 전자 수가 실제 관찰 결과인 2, 8, 8과 달리 2, 8, 18이 되어야 한다(실제로는 네 번째 껍질부터 18개가 된다). 과학자들은 이 문제를 즉시 알아차리고, 파울리의 발상에는 손대지 않은 채 해결했다. 원인은 전자들이 움직이는 환경의 차이였다. 어떤 녀석은 핵에 가까이 있어 핵의 인력을 정면으로 느끼는데, 다른 녀석들은 안쪽 껍질의 전자들에 부분적으로 '가려' 있다. 그 결과 에너지 준위 형태가 '찌그러진다.' 이렇게 보면 주기율표가 완벽히 설명된다.

란드의 두 젊은이 사뮈얼 하우드스미트(당시 스물두 살)와 조지 윌렌버크(스물네 살)가 네 번째 양자 수의 의미를 해독해 냈다.[60] 그들에 따르면, 네 번째 양자 수는 전자가 회전하고 있다는 뜻이며, 스핀 값은 $(1/2)\hbar$였다. 파울리의 양자 수는 이 값을 지닌 스핀이 두 가지 방향을 취할 수 있다는 것을 의미했다. '위'를 가리키거나, 아니면 '아래'를 가리키거나였다. 과학자들은 즉시 스핀 개념을 받아들였다. 왜 네 번째 양자 수 값이 두 가지뿐인지 설명한 데다, 왜 원자의 에너지 상태가 네 번째 양자 수 값에 좌우되지 않는지도 설명해 주었기 때문이다. 전자의 스핀 방향이 바뀐다고 전자의 에너지가 달라지는 것은 아니었다. 물론 이것은 '보통' 상태 원자의 경우이다. 자기장 속의 원자라면 상황이 다르다. 그때는 전자의 에너지가 스핀 방향에 따라 실제로 달라진다. 자기장 속 원자들이 방출하는 스펙트럼을 분석하면, 전자의 스핀이 '위'에서 '아래'로 뒤집힐 때 전자의 에너지가 조금씩 달라진다는 사실을 확인할 수 있다.

1926년, 배타 원리, 전자 스핀의 발견, 새로운 양자역학 이론이 등장한 지 얼마 지나지 않아, 이탈리아의 엔리코 페르미와 영국의 폴 디랙이 (둘 다 당시 이십 대 중반이었다) 독자적으로 파울리의 원리를 일반화했다. 그들은 전자든 다른 종류의 입자든 상관없이 배타 원리를 따르는 모든 입자들의 '통계'를 분석했다. 이 말인즉 그런 입자들이 원자 속에

---

[60] 하우드스미트와 윌렌버크 둘 다 후에 미국으로 건너갔다. 윌렌버크는 록펠러 대학교와 미시건 대학교에서 교수로 지냈다. 하우드스미트는 미국에서 가장 훌륭한 물리학 저널인 《물리학 리뷰》의 편집자가 되었다. 유럽에서 제2차 세계 대전이 끝나갈 무렵, 하우드스미트는 독일 과학자들이 원자 폭탄 제조에 얼마나 진척을 이루었는지 알아내기 위한 알소스 작전을 책임 지휘했다.

왼쪽의 조지 월렌버크(1900~1988), 오른쪽의 사뮈얼 하우드스미트(1902~1978)가 지도 교수 헨드릭 크라머르스(1894~1952) 옆에 서 있다. 아마도 1928년에 미시건 주 앤아버에서 열린 여름 강좌에서인 듯 하다.
〔AIP 에밀리오 세그레 영상 자료원 제공〕

서건 다른 환경에서건 둘 이상 모여 있을 때 어떤 행동을 보이는지 연구했다는 뜻이다. 두 사람의 발견은 오늘날 페르미-디랙 통계라고 불린다. 그들이 연구한 입자는 오늘날 페르미온이라 불리는 입자들이었다. 후에 파울리는 반정수 스핀(1/2, 3/2, 5/2 등등)을 갖는 입자는 페르미온이라는 수학적 정의를 내렸다.

전자가 배타 원리를 따르지 않는 세상을 상상해 보자. 그저 상상일 뿐이지만, 어쨌든 생명체는 존재하지 않고 지루한 몇 가지 화학만 존재하는 세상일 것이다. 주기율표의 첫 두 원소인 수소와 헬륨은 현실과 거의 다르지 않을 것이다. 하지만 세 번째 원소 리튬은 헬륨보다 훨씬 안정하여, 화학적으로 활발하지 않을 것이다. 리튬 속 전자 세 개가 모두 최저 에너지 상태($n=1$)를 취할 것이기 때문이다. 현실에서는 리튬 원자의 세 번째 전자가 한 단계 높은 준위를 취하므로, 리튬이 활발한 화학적 활성을 보이게 된다. 주기율표의 다음 원소들로 넘어가도 모든 원소의 모든 전자들이 첫 번째 껍질에 들어차 있을 테니 뒤로 갈수록 원소들은 더욱 활성도가 떨어질 것이다.

　다른 상상도 해 보자. 전자가 배타 원리를 따르지만 스핀이 없는 세상이다. 한결 재미있고 다채로운 세상이겠지만, 오늘날 우리가 사는 세상과는 역시 다를 것이다. 원소의 첫 세 껍질에 들어가는 전자의 수는 1, 4, 4개일 것이다. 원자 번호 2인 헬륨의 경우, 첫 번째 껍질에 전자가 하나만 들어가므로 다른 전자 하나는 높은 준위에 있어야 한다. 헬륨은 현실처럼 비활성 기체(다른 원소들과 결합하지 않는 기체)가 아니라 화학적으로 몹시 활발한 원소일 것이다. 주기율표 상 처음 등장하는 비활성 기체는 원자 번호 5의 붕소가 된다. 가상 세계의 주기율표는 현실의 주기율표보다 주기가 두 배 많을 것이다. 얼마나 재미난 화학이 가능할지, 누가 알겠는가?

　내가 환상의 세계들을 소개한 까닭은, 전자가 배타 원리를 따르고 또한 스핀을 가진다는 사실이 얼마나 중요한지(또한 놀라운지) 강조하기 위해서다. 원자 속 운동 상태를 규정하는 몇 가지 양자 수들, 그리고 주기율표에서 샘솟는 모든 화학 현상과 생명 현상 사이에 직접적인 연관이 있다니, 나는 물리학 전체를 통틀어 이보다 경이로운 연결 고리는

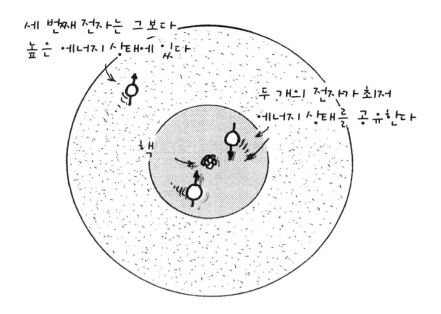

세 번째 전자는 그보다 높은 에너지 상태에 있다

두 개의 전자가 최저 에너지 상태를 공유한다

핵

그림 21 리튬 원자.

없다고 생각한다. 생명을 불어넣는 산소가 그런 식으로 행동하는 것은, 산소 원자의 여덟 개 전자들이 서로 같은 운동 상태를 취하지 않도록 주의하면서 각기 궤도 및 스핀 각운동량을 지니기 때문이다. 생물체의 뼈대인 탄소 원자가 전자 공유 결합을 통해 다른 원자들과 손을 잡는 것은, 원래 전자 여덟 개가 들어갈 수 있는 탄소의 두 번째 껍질이 정확히 절반만 차 있기 때문이다. 8이란 숫자는 0이나 1의 궤도 각운동량과 1/2의 스핀 각운동량을 지닌 전자들이(정확히 말하면 페르미온들이) 서로 양자 수를 겹치지 않은 채 함께 정렬할 수 있는 최대의 규모를 뜻한다. 주기율표라는 경이로운 현상은 스핀을 가진 전자들이 배타 원리를 따른다는 경이로운 현상으로 설명해 낼 수 있었다.

배타 원리가 현실적 결과를 일으키는 공간은 원자만이 아니다. 중성자와 양성자도 페르미온이므로 그들 역시 원자핵 속에서 겹치는 운동 상태를 가질 수 없다. 금속도 그렇다. 금속의 수많은 전자들은 먼 거리에 널리 퍼져 있지만, 그래도 특정 에너지 상태를 중복으로 차지하지 않으려 한다.

• 핵

핵 속에서 양성자끼리는 같은 양자 수 집합을 가질 수 없고, 중성자끼리도 그렇다. 하지만 양성자와 중성자가 같은 운동 상태를 갖는 것은 괜찮다. 배타 원리는 종류가 동일한 페르미온들에게 적용되는 것이다. 핵을 남녀 공용 기숙사라 하면, 남자 아이들은 자기들끼리 있기 싫어하지만 여자 아이들과는 좋아하고, 여자 아이들도 그러한 것과 비슷하다. 배타 원리를 이해하면 태양 및 여타 항성들에서 벌어지는 핵융합 과정이 어째서 그토록 큰 에너지를 내는지 알 수 있다. 수소들이 융합하여 생겨나는 헬륨 4 핵은 특히 안정하다. 헬륨 4의 두 중성자와 두 양성자는 모두 첫 번째 껍질에 있어서 최저 에너지 상태이다. 수소 속 네 입자들이 한데 모여 헬륨 핵에서 최저 에너지 상태로 떨어지면서, 막대한 양의 에너지를 내보내는 것이다. 태양이 이토록 밝게 빛나는 것은 그 때문이다.

1948년까지만 해도 물리학자들은 핵 속에도 원자 속처럼 껍질 구조가 있다는 사실을 몰랐다. 물리학자들은 핵 속 양성자와 중성자 들은 행성처럼 궤도를 돌기보다는 액체 속 분자들처럼 어깨를 맞대고 몰려

다닐 것으로 생각했다. 이런 물방울 모형으로도 충분히 핵분열 이론을 구축할 수 있었다는 것이 재미있다. 아직 발견되지 않은 플루토늄 239가 우라늄 235처럼 느린 중성자들로 인한 분열을 일으키리라는 사실까지 예측할 수 있었으니 말이다. 하지만 곧 물리학자들은 꽉 찬 껍질 모형이 옳다는 증거들을 발견하기 시작했다. 특정 에너지 준위에 일정한 수의 중성자나 양성자가 차 있으면, 다음 번 핵자들은 더 높은 에너지 상태를 찾아가야 한다는 것이다. 처음에는 꽉 찬 껍질 수가 얼마인지 알지 못했기 때문에, 마법수라고 불렀다(프린스턴의 물리학자 유진 위그너가 지은 이름일 것이라고 한다). 시카고의 마리아 마이어,[61] 하이델베르크의 한스 옌젠이 각각 독자적으로 핵 껍질 모형을 개발했는데, 핵이 물방울과 비슷한 속성들을 갖고 있긴 하지만, 그 속 페르미온들은 세심하게 배타 원리를 따르며 궤도 운동을 한다는 증거를 끌어안은 모형들이었다.

알고 보니 (꽉 찬 껍질의) 마법수 중 두 개는 82와 126이었다. 공교롭게도 납 208의 핵에는 양성자가 82개, 중성자가 126개 들어 있다. 마법수를 이중으로 가진 셈이기 때문에 납은 특히나 안정한 물질이 되었다. 납은 (방사성 물질이 아닌) 안정한 핵들 중 제일 무거운 입자보다 딱 한 단위 가볍다. 제일 무거운 안정된 입자의 영예는 양성자 83개와 중

---

61 마리아 마이어는 화학자인 남편 조지프 마이어가 교수 자리에 있는 동안 자신은 수년간 낮은 수준의 강의와 연구에 만족해야 했다. 나는 1950년대에 그녀를 만나 핵 연구에 대해 토론한 적 있는데, 당시 그녀는 아르곤 국립 연구소와 시카고 대학교 두 군데에서 시간제 근무를 하고 있었다. 결국에는 그녀와 남편 둘 다 샌디에이고의 캘리포니아 대학교에서 교편을 잡게 됐다. 마리아 마이어는 1963년에 노벨상을 받았다.

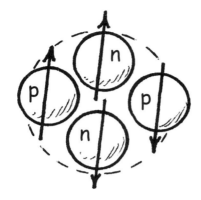

그림 22 헬륨 원자핵.

성자 126개를 지닌 비스무트 209에게 돌아간다. 그보다 무거운 핵들은 모두 방사성 핵이다. 중원소들을 찾고 있는 물리학자들은 양성자 114개를 지닌 입자들 가운데 '안정한 섬'이 존재한다는 가설을 확인하려고 한다. 하필 114개인 이유는 핵 속 에너지 준위 이론으로부터 예측한 결과이기 때문이다. 실제로 몹시 무거운 원소들 가운데 원자 번호 114(아직 이름이 없다)의 수명이 약 30초 정도로 제일 길다. 배타 원리가 실제로 작용하여 양성자 수 114개에 특별한 안정성을 부여한다는 암시이다. (비교를 위해 말하면, 원자 번호 112는 약 1/3밀리초밖에 살지 못한다.) 세계에서 세 군데, 러시아의 두브나, 독일의 다름슈타트, 캘리포니아의 버클리가 모든 중원소들을 발견해 냈다.[62] 현재까지 확인된 가장 무거운 원소는 원자 번호 118번이고, 탐색은 계속되고 있다.[63]

'껍질shell'은 거의 같은 에너지를 갖는 특정 운동 상태 집합을 묘사하는 용어로 썩 좋은 표현은 아니다. 특정 에너지 상태의 전자나 양성자나 중성자가 실제로 얇은 껍질을 따라 퍼져 있는 건 아니기 때문이다. 입자의 확률 구름은 3차원 공간에 퍼져 있고, 서로 다른 껍질들이 한 공간에 겹치기도 한다. 특정 운동 상태의 에너지와 각운동량은 확실하게 결정되지만, 입자의 위치는 그렇지 않다. 핵 속에서 붐비는 핵자들의 경우 특히 그렇다.

여러 겹의 껍질보다는 여러 층의 아파트로 상상하는 편이 시각화 모형으로는 더 나을 것이다. 각 층의 입주자 수가 제한된 아파트를 상상해 보자(식당이나 여타 공공장소처럼 최대 입장객 수가 한정되어 있다고 하자). 아파트 주민들은 착한 페르미온들이라 입주자 제한 원칙을 확실히 지킨다. 게다가, 역시 페르미온들이기 때문에, 여름과 겨울의 행동이 조금 다르다. 추운 겨울에 입주자들은 필요 이상 높이 가려 하지 않는다. 대다수가 가능한 한 가장 낮은 층에 몰려 있으려 한다. 아래층이 꽉 차서 하는 수 없을 때에만 위층을 차지한다. 반면 더운 여름에는, 여전히 아래층을 선호하긴 하지만, 낮은 층이 다 차지 않았는데도 자진하여 높은 층으로 가는 입주자들이 있다. 아파트 주민들이 페르미-디랙 통계를 따르기로 한다면, 물리학자들은 계절마다 각 층에 몇 명씩 머무는지 정확히 예측할 수 있다.

---

62 두브나와 다름슈타트라는 지명은 두브늄(105), 다름슈타튬(110), 하슘(108)이라는 세 중원소들의 이름에 남아 있다. (다름슈타트는 독일 헤센 주에 있는데, 헤센 주를 라틴 식으로 부르면 하시우스이다.) 캘리포니아 버클리의 연구자들이 초기의 중원소 탐색에 기여한 바도 최소한 네 개의 원소 이름으로 남아 있다. 버클륨(97), 캘리포늄(98), 로렌슘(103), 시보귬(106)이다. 마지막 두 개는 어니스트 O. 로렌스와 글렌 T. 시보그를 기리는 이름이다.

63 2002년에 한 연구팀이 116번 원소와 118번 원소를 발견했다고 보고했다. 하지만 몇몇 데이터들이 조작된 것이 밝혀지자 그들은 주장을 철회했다. 참으로 개탄스러운 사건이다. 이런 사건은 물리학에서 극히 드물게 벌어지지만, 아예 없었다고도 할 수 없다. 후에 두브나의 연구자들이 버클리 동료들의 도움을 받아 116번 원소와 118번 원소에 대한 믿을 만한 증거를 발표하였다.

- 금속

겉보기엔 아파트 모형이 좀 실없는 소리로 들리겠지만, 우리는 이 모형으로 금속 속 전자들도 완벽하게 묘사할 수 있다. 절대 온도 0도('한겨울')에서는 전자들이 최저 에너지 상태부터 차례로 채워 가며, 꼭 필요한 높이만 올라간다. 높은 온도('여름')에서는 에너지 상태들 중 몇몇에 빈자리가 생기며, 어떤 전자들은 더 높은 에너지 상태까지 올라간다. (아파트 모형과 금속 사이에는 차이점이 하나 있다. 금속에서는 에너지 준위 패턴에 따라 층간에 간격이 존재할 수 있다. 아파트 가운데 몇 층인가 존재하지 않는 것이다. 낮은 층과 높은 층 사이에 공기만, 어쩌면 뼈대 정도만 남은 층이 있는 셈이다. 사람은 아무도 없고 공간만 있다.)

금속과 달리 원자와 핵에 대해서는 아파트 모형이 개략적으로 적용된다. 금속은 에너지 상태들 사이 간격이 매우 좁지만, 원자의 허용 에너지 상태들 사이에는 큰 간격이 있고, 핵의 에너지 상태들 사이에는 그보다 훨씬 큰 간격이 있다. 그래서 이런 구조들에서는 낮은 온도와 높은 온도라는 것이 금속과는 차원이 다르다. 원자에게는 통상의 실내 온도도 절대 온도 0도에 가까울 지경이다. 원자 속 전자들이 자발적으로 높은 에너지 상태로 뛰려면 수천 도가 넘어야 하고, 핵 속에서 들뜬 상태가 일어나려면 수백만 도가 넘어야 한다.

보손

1924년, 서른 살 된 다카[64] 대학교의 물리학 교수 사티엔드라 나스 보스는 베를린의 알베르트 아인슈타인에게 편지를 보냈다. 편지에는 〈플랑크 법칙과 빛 양자 가설〉이라는 제목의 논문을 한 부 동봉했는데, 영국 유명 저널인 《필로소피컬 매거진》에서 퇴짜를 맞은 논문이었다. 보스는 퇴짜에도 굴하지 않고 세계에서 최고로 일컬어지는 물리학자를 직접 접촉하기로 결심한 것인데, 아인슈타인의 상대성 이론 원고를 인도인들을 위해 자신이 직접 독일어에서 영어로 번역한 사실에 용기를 얻었거나, 아니면 자신의 논문이 중요한 것이라 확신해서였을 것이다.

논문 제목 속의 '플랑크 법칙'은 막스 플랑크가 일정 온도의 상자 속 복사에 나타나는 여러 진동수들 간 에너지 분포를 설명하기 위해 1900년에 도입한 수학 법칙으로, 이 상황을 흑체 복사, 또는 공동 복사라고 한다는 것을 5장에서 이야기했다. 다시 한 번 설명하면, 플랑크의 의도에서 공식 $E=hf$는 진동수 f의 광자 에너지를 가리키는 게 아니라, 물체가 복사 형태로 내놓고 받을 수 있는 최소 에너지를 가리켰다. 플랑크는 복사로 전달되는 에너지양이 양자화되어 있지, 복사 자체가 양자화된 것은 아니라고 가정했다. 플랑크 이후 사반세기 동안 대부분의 물리학자들이 그렇게 믿었다. 아인슈타인이 1905년에 광자를 제안했음에도 불구하고(광자라는 이름 자체는 한참 뒤에 등장했다),[65] 또한 아서 콤프턴이 1923년에 광자−전자 산란의 증거를 발견했음에도 불구하고, 플랑크식 해석에는 변함이 없었다. 보스 역시 1924년에 논문을 쓸때 '빛 양자'(광자)를 가설적 개체라고 언급했다. 얄궂게도 보스의 논

---

64 현재 방글라데시의 수도인 다카는 당시는 인도에 속했다.
65 '광자'라는 이름을 지은 것은 1926년의 길버트 루이스였다.

문은 광자를 가설적 개체에서 확실한 실재로 변모시키는 데 주요한 역할을 할 것이었다.

아인슈타인에게 보낸 논문에서, 보스는 복사가 '빛 양자'의 '기체'로 이루어져 있다고 가정하면 그로부터 플랑크 법칙을 도출할 수 있음을 보였다. 단, '빛 양자'는 서로 상호 작용하지 않고, 다른 '빛 양자'들과 에너지 상태가 중복되더라도 상관없이 자유롭게 에너지 상태를 취해야 했다.[66] 아인슈타인은 보스의 유도식이 플랑크의 원래 유도식에서 한 걸음 나아간 진전임을 대번 눈치 챘다. 빛 양자의 존재에 간접적이지만 강력한 근거가 되는 이론 전개였다. 아인슈타인은 보스의 논문을 손수 독일어로 번역한 뒤, 유명 독일 저널인 《물리학 저널》에 추천의 변을 딸려 보냈다. 물론 저널은 즉시 논문을 실었다.

보스의 작업에 호기심을 느낀 아인슈타인은, 전자기력과 중력을 통합하는 기존의 연구를 잠시 밀어 두고, 광자와 똑같은 법칙을 따르는 원자들이 있다면 어떻게 행동할 것인지 고민했다. 아인슈타인의 논문은 보스의 논문이 발표된 지 얼마 지나지 않은 같은 해에 발표되었다. 오늘날 우리는 둘을 뭉쳐 보스-아인슈타인 통계라 부른다. 몇 년 뒤, 폴 디랙은 이 통계 규칙을 따르는 입자들을 보손이라 부르자고 제안한다.[67]

아인슈타인이 고민한 문제 중 하나는 그런 원자들로 된 기체가 극저

---

66 '보스는 다음 해에 파울리가 광자 아닌 전자를 대상으로 발전시킬 배타 원리에 대해서는 전혀 모르고 있었다.
67 겸손하기가 이를 데 없었던 디랙은 페르미온이라는 이름도 지었는데, 페르미온의 성질은 디랙 자신과 페르미가 공동으로 발견한 것이었다.

온에서 어떻게 행동할까 하는 것이었다. (아인슈타인은 논의의 대상인 원자가 보스-아인슈타인 통계를 따른다고 가정했는데, 알고 보면 전체 원자들 중 절반 정도가 그렇다.) 아파트 모형을 다시 끄집어내자. 보손 주민들에게는, 1층이든 높은 층이든 입주자 수에 제약이 없다. 그러면 보손들은 최저 에너지 상태에 북적북적 모여 있지 않을까? 보손은 확실히 그런 경향을 지니고 있지만, 경향성은 극저온에서만 충분히 발휘된다. '따뜻한 날씨'일 때는 1층에 모인 보손들 못지않게 높은 층으로 올라가는 보손들도 많다. 온도가 남극 수준으로 추락할 때에만(실제로는 절대 온도에서 100만 분의 1도 정도 높은 수준) 모든 보손들이 최저 에너지 상태인 1층에 모인다. 아인슈타인은 이 상황에서 (아파트 모형을 적용하여 설명하면) 보손들이 그냥 같은 에너지로 같은 층을 점유하기만 하는 게 아니라, 서로 구분할 수 없는 지경이 되어 한 층에 퍼져 있으리라고 보았다. 집단 속 모든 보손들이 같은 운동 상태를 지닐 테고, 서로 완벽히 겹쳐져 상호 침투한 상태가 될 것이다. 하나하나가 층 전체를 차지할 것이다. 각 원자의 확률 분포는 다른 원자들의 확률 분포와 동일할 것이다(오늘날은 이것을 보스-아인슈타인 응축이라 부른다). 실험물리학자들이 이론을 따라잡아 실험실에서 진짜로 보스-아인슈타인 응축을 만들어 내는 데는 70년 이상 걸렸다. 확인이 늦어진 주된 이유는 온도를 극저온으로 떨어뜨리기가 무척 어렵기 때문이다. 보스도, 아인슈타인도 놀라운 보손들의 행태가 실험으로 확인되는 것을 보지는 못했다.

페르미온과 보손의 차이점은 전체 수에도 있다. 여러 증거에 따르면, 우주 전체의 페르미온 수는 일정하게 유지된다(반페르미온들에 음의 부호를 주어 계산한다는 전제이다).[68] 반면 보손의 총수는 변할 수 있다.

페르미온 규칙은 모든 입자 반응에 적용된다. 예를 들어 음의 뮤온이 전자, 중성미자, 반중성미자로 붕괴하는 과정을 보자.

$$\mu^- \longrightarrow e^- + \nu_\mu + \bar{\nu}_e$$

붕괴 전과 후에 페르미온의 수는, 아래 계산에서 보듯 하나이다(반중성미자에는 음의 입자 수를 적용해야 한다).

$$1 \longrightarrow 1 + 1 + (-1)$$

아래 중성자의 붕괴도 마찬가지다.

$$n \longrightarrow p + e^- + \bar{\nu}_e$$

아래 계산처럼, 붕괴 전과 후의 순 페르미온 수는 1이다.

$$1 \longrightarrow 1 + 1 + (-1)$$

전자와 양전자가 만나 소멸되고 광자 한 쌍이 생길 때는 페르미온의 수가 전후 모두 0이다.

---

68 블랙홀은 이 규칙에 예외일지 모른다. 이론에 따르면, 블랙홀이 페르미온 한 뭉치를 집어 삼킬 경우, 페르미온의 수는 보존되지 않는다. 실제로 블랙홀 속에서 페르미온 수는 의미가 없는 개념이다.

$$e^- + e^+ \longrightarrow 2\gamma$$
$$1 + (-1) \longrightarrow 0$$

그런데 바로 위의 예에서 보손을 세어 보면, 보손의 수는 변하였다. 과정 전에 0이던 것이 2가 되었다. 이처럼, 가속기에서 양성자가 다른 양성자와 충돌을 일으킬 때는 여러 보손들이 생겨날 수 있다. 예를 보자.

$$p + p \longrightarrow p + n + \pi^+ + \pi^+ + \pi^-$$

원래 보손이 하나도 없었으나, 반응 뒤에는 3개가 등장했다. (페르미온의 수는 2로 유지되었음을 확인하자.) 예를 하나 더 들면, 음의 파이온이 뮤온과 반중성미자로 붕괴하는 과정이 있다.

$$\pi^- \longrightarrow \mu^- + \bar{\nu}_\mu$$

보손 수는 1이던 것이 0이 되었고, 페르미온 수는 0으로 유지되었다 (반중성미자는 음수로 헤아려야 한다). 아직 아무도 심오한 질문들에는 대답하지 못한다. 왜 페르미온의 수는 보존되는가?[69] 왜 보손은 아무 개수로나 멋대로 생겨났다가 사라지는가? 왜 블랙홀은 규칙을 저버리는가?

---

69 적절한 이론이 질문에 답을 해 준다는 사실 자체를 의심해서는 안 된다. 가령, 왜 반입자는 입자 수를 헤아릴 때 음수로 간주되는가? 이런 문제는 설명이 되므로 미스터리가 아니다.

• 보스-아인슈타인 응축

　1995년, 콜로라도 주 볼더의 천체물리학 공동연구소에서 일하던 에릭 코넬과 칼 위먼은 세계 최초로 보스-아인슈타인 응축을 만들어 냈다.[70] 그들이 첫 실험에 성공한 대상은 루비듐 원자 수천 개였다. 이들을 절대 온도보다 2,000억 분의 1도 높은 온도까지 냉각한 것이다. 이 온도에서 루비듐 원자들은 초속 약 8밀리미터, 곧 시속 약 27미터의 속도로 느릿해진다(실내 온도에서는 초속 약 300미터, 곧 시속 약 1000킬로미터인 것과 비교해 보라). 원자의 평균 속도가 원자의 온도를 말하기 때문에, 냉각시키는 것과 느리게 하는 것은 같은 말이다. 당시로는 최고 기록인 200나노켈빈 온도를 얻기 위해 위먼과 코넬은 레이저 냉각 기법과 자기 덫치기 기법magnetic trapping을 썼다. 우선 레이저로 원자들의 속도를 느리게 한 뒤, 자기장을 걸어 원자들을 좁은 영역에 몰아넣고 증발 냉각을 시킨다. 차가운 수영복을 입었을 때 오한이 드는 원리인 증발 냉각으로 한층 원자들을 얼리는 것이다.

　루비듐은 원자 번호 37인 원소로, 핵 속에 양성자 37개를 갖고 있다. 주변에는 전자 37개가 있다. 합하면 페르미온 수는 74이다. 핵 속 중성자 수가 짝수 개라면 총 페르미온 수는 짝수일 것이고, 루비듐 원자는 보손일 것이다. 루비듐의 두 동위 원소인 루비듐 85(중성자 48개)와 루비듐 87(중성자 50개)은 그 조건을 충족한다. (쿼크들과 전자들을 헤아려도 마찬가지다. 루비듐의 두 동위 원소들은 보손들이다.) 매사추세츠 공

---

[70] 이 업적으로 이들은 2001년에 노벨상을 받았다. 역시 이 분야의 개척자인 매사추세츠 공과대학(MIT)의 볼프강 케테를레와 공동 수상이었다.

왼쪽이 칼 위먼(1951년 출생), 오른쪽이 에릭 코넬(1961년 출생). 1996년 콜로라도 볼더이다.
〔콜로라도 볼더 대학교 제공〕

과대학의 볼프강 케테를레는 더 많은 수의 나트륨 원자들을 대상으로 보스-아인슈타인 응축을 만들어 냈다. 앞서 말했듯, 나트륨 원자에는 양성자 11개, 중성자 12개, 전자 11개가 들어 있으므로, 역시 보손이다.

보스-아인슈타인 응축을 시각화하기 위해, 다시 아파트 모형을 떠올려 보자. 때는 2126년, 아파트 1층에는 유전적으로 동일한 클론들 85명이 모여 있다. 아파트가 무척 넓기 때문에 서로 부딪칠 일은 없다. 아파트 밖에서 보면 누가 누군지는 구별할 수 없어도 몇 명인지 헤아릴 수는 있다. 그런데 극저온 온도 장치가 200나노켈빈 아래로 내려가면, 클론들이 뿌연 구름처럼 변해 아파트 한 층 전체로 퍼진다(할리우드 특수 효과 담당자에게는 어려운 일도 아니다). 구름끼리 서로 완벽하게 겹치므로, 아파트는 하나의 짙은 구름에 뒤덮인다. 이제 밖에서 보면 개개인을 가려낼 수가 없다. 아파트에 커다란 물방울 하나가 세를 든 것처럼 보인다. 하지만 클론들 개개인의 정체성이 사라진 건 아니다. 온도가 다시 100만 분의 1도 정도만 높아져도 구름은 85명의 개인들로 흩어진다. 그들의 존재에는 아무 이상이 없다.

물리학자들은 벌써 실용적인 호기심을 품고 있다. 보스-아인슈타인 응축을 유용하게 활용할 수 있을까? 역사를 참고로 한다면 그렇다고 대답해야 할 것이다. 과학자들은 새로운 형태의 물질을 이해하고 통제하는 법을 알아낼 때마다, 유용한 곳에 사용하는 법도 더불어 개발했다. 응축 현상도 이를테면 기본 상수를 정교하게 측정하거나, 양자 컴퓨터를 만들거나, 광선 대신 원자 빔을 사용하는 새로운 형태의 레이저를 만드는 일에 쓰일지 모른다.

왜 페르미온과 보손인가?

왜 자연은 모든 입자를 사교적인 입자 혹은 비사교적인 입자로 갈라 놓았을까? 같은 운동 상태로 뭉치기 좋아하는 입자 또는 뭉치기 거부하는 입자로? 고전 이론은 질문에 답을 주지 못한다. 대강의 답조차 내지 못한다. 이 질문이 흥미로운 것은 그 때문이다. 자, 이제 양자 이론에 기대어 답을 해 보자. 수학적인 내용이지만 (바라건대) 이해할 만할 것이다. 답은 세상에는 동일한 입자들이 존재한다는 사실에 기인한다.

배타 원리는 두 페르미온이 같은 운동 상태를 지닐 수 없다고 말하

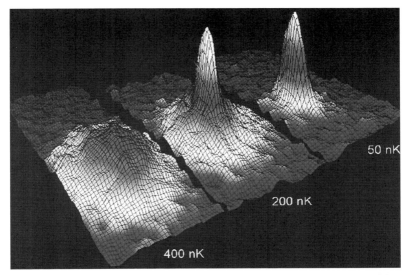

위먼과 코넬의 데이터 지도이다. 400나노켈빈에서 200나노켈빈, 다시 50나노켈빈(절대 온도 0도에서 수십억 분의 1도쯤 높은 수준이다)까지 낮아졌을 때 루비듐 원자구름의 속도 분포가 어떻게 되는지 보여 준다. 200나노켈빈 아래일 때 등장하는 뾰족한 봉우리는 원자들이 0에 가까운 속도가 되면서 보스-아인슈타인 응축을 일으킨 모습이다.

[콜로라도 볼더 대학교 M. 매튜스, C. 위먼, E. 코넬 제공]

는 것이 아니다. 배타 원리는 같은 종류의 두 페르미온(두 전자들, 두 양성자들, 두 빨강 위 쿼크들)이 같은 운동 상태를 지닐 수 없다고 말한다. 마찬가지로, 같은 운동 상태를 선호하는 보손은 같은 종류의 두 보손들이다(두 광자들, 두 양의 파이온들, 두 음의 케이온들). 만약 우주의 모든 입자가 낱낱이 서로 다르다면, 아무리 작은 차이라도 항상 존재한다면 어떨까? 그러면 입자가 페르미온이든 보손이든 아무 상관없을 것이다. 페르미온끼리 같은 운동 상태를 취하는 걸 막는 규칙도 없고, 보손들끼리 같은 운동 상태를 취하는 걸 선호할 이유도 없을 것이기 때문이다.

입자들은 야구공들 같아서 저마다 조금씩 다르고, 뭉치거나 뭉치지 않을 이유가 없을 것이다. 그러므로 아원자 영역에서 진정으로 동일한 개체들이 존재한다는 사실은, 말 그대로, 우주적 결과를 낳는다. 만약 전자들이 모두 정확히 동일하지 않다면, 전자들은 원자 속에서 차례로 껍질을 채우지 않을 테고, 세상에는 주기율표가 없을 테고, 독자 여러분도, 나도 없을 것이다.

양자 이론을 과거의 이론들과 구별하는 특징 중 하나는 관측 불가능량을 다룬다는 점이다. 관측 불가능량의 예로서 파동 함수, 또는 파동 진폭이란 것이 있다. 한 입자가 특정 위치에 머물거나 특정 방식으로 움직이고 있을 확률은 파동 함수의 제곱에 비례한다. 따라서 파동 함수를 제곱한 값은 관측 가능량이지만, 파동 함수 자체는 관측 불가능량이다. 그 말인즉 파동 함수가 양이냐 음이냐는 관측 가능한 결과에 아무 영향이 없다는 뜻이다. 양의 값이든 음의 값이든 제곱하면 양이 되는 건 마찬가지이기 때문이다.[71] 간혹 독자 여러분께 안전벨트를 단단히 매고 마음의 준비를 하라고 요청할 때가 있는데(싫다면 발을 빼고 다음 이야기로 질러가도 좋다), 지금이 그런 때다.

입자 1이 상태 A에 있고 입자 2가 상태 B에 있다면, 두 입자의 파동 함수를 결합한 결과는 A(1)B(2)로 표기할 수 있다. 거꾸로 입자 2가 상태 A에, 입자 1이 상태 B에 있으면 A(2)B(1)이다. 여기에 구별 불가능의 문제가 들어온다. 입자 1과 2가 전적으로 동일하다면, 어느 것이

---

[71] 정확하게 말하면 이것보다는 좀 복잡하다. 관측 불가능한 파동 함수는 복소수일 수 있다. 복소수는 실수와 허수가 결합된 수이다. 그냥 음의 값인 것보다 훨씬 관측 불가능한 상태의 수인 셈이다. 복소수의 절대값 제곱이라 불리는 값이 양수이므로, 그것이 관측 가능하다.

상태 A에 있고 어느 것이 상태 B에 있는지 구별할 도리가 없다. 따라서 위의 두 결합 상태는 물리적으로 동일한 상황이다. 그냥 입자 하나가 상태 A에, 다른 하나가 상태 B에 있는 것이다. 초기의 양자 이론가들은 어느 입자가 어디에 있는지 '결정 불가능' 하다는 문제를 풀기 위해 두 결합 상태 파동 함수를 더하는 방법을 떠올렸다.

$$A(1)B(2)+A(2)B(1)$$

그러면 딜레마에서 만족스럽게 벗어날 수 있다. 위의 공식은 입자 각각이 두 상태 모두를 차지하고 있으며 한쪽 상태에 있을 가능성이 50퍼센트씩임을 뜻한다. 위의 식을 수학적으로 풀어 1과 2의 자리를 바꿔 보면, 결과는 바꾸기 전과 같다. 우리가 보는 물리적 상황과도 일치하는 결론이다. 두 입자를 교환해도 관측 가능한 결과에는 차이가 없다. 두 입자는 동일하기 때문이다.

양자 이론은 딜레마(입자들이 서로 동일하여 자리를 바꿔도 관측 가능 결과에 차이가 없다는 딜레마)를 색다른 방법으로 풀어 준다. 결합 상태의 두 파동 함수 사이에 더하기 대신 빼기를 넣어 보자.

$$A(1)B(2)-A(2)B(1)$$

1과 2의 자리를 바꾸면 아래와 같이 된다.

$$A(2)B(1)-A(1)B(2)$$

처음 값에 대한 음수 값이 되었다. 하지만 괜찮다. 왜냐하면 관측 가능한 의미를 지니는 것은 이 값의 제곱이고, 제곱값은 변함없기 때문이다.

앞서 소개했던 더하기 부호를 지닌 결합 함수를 대칭 파동 함수라고 한다. 뒤에 소개한 빼기 부호의 결합 함수를 반대칭 파동 함수라고 한다. 확인 결과, 대칭 파동 함수는 두 개의 동일한 보손들을 다루고, 반대칭 파동 함수는 두 개의 동일한 페르미온들을 다룬다. 이론물리학자들은 더하기나 빼기 이외의 결합이 없는지도 궁리해 보았지만, 아마 자연은 두 가지로 만족한 모양이다. 알려진 모든 입자는 보손이거나 페르미온이거나, 둘 중 하나이다.

보손과 페르미온의 큰 차이는 동일한 두 입자가 같은 운동 상태에 있을 때 잘 드러난다. 두 입자가 모두 상태 A에 있다면, 대칭 결합은 이렇다.

$$A(1)A(2)+A(2)A(1)$$

이것은 2A(1)A(2)와 같다. 아무 문제없다. 이 결합은 같은 상태에 있는 두 보손을 설명한다. 하지만 두 페르미온이 같은 상태 A에 있으면, 아니, 있으려 한다면 어떻게 될까? 같은 상태에 있는 두 입자들의 반대칭 파동 함수는 아래와 같다.

$$A(1)A(2)-A(2)A(1)$$

이것은 0이다! 두 값이 상쇄되어 버렸다. 두 페르미온이 같은 상태에 있는 일은 불가능하다. 이것이 배타 원리에 대한 충격적일 정도로 간단한 (틀림없이 미묘하긴 하지만) 수학적 증명이다.

단지 더하기 부호냐 빼기 부호냐의 문제에서 이토록 놀라운 결과들이 빚어진다는 것을 생각하면 오싹하기까지 하다. 보스-아인슈타인 응축부터 원소들의 주기율표까지, 모든 것이 여기에 달렸다. 한편 두 가지 선택밖에 존재할 수 없는 까닭은, 또한 두 가지 사실에 달려 있다. 양자 이론이 관측 불가능한 파동 함수들을 다룬다는 사실, 그리고 한 종류의 입자들은 서로 완벽히 동일한 복제품들이라는 사실이다. 물리학자들이 자연을 묘사하는 수학의 힘에 찬탄을 감추지 못하는 것도 무리가 아니다.

•• 복습 문제

1. 다음 입자는 페르미온인가 보손인가?
   (a) 전자.
   (b) 광자.
   (c) 쿼크.
   (d) 양성자.
   (e) 파이온. 양성자와 파이온에 대해서는 쿼크 조성을 생각해 보라(〈표 B.3〉 참고).

2. (a) 핵 속에 양성자 두 개와 중성자 두 개를 지닌 헬륨 4 원자는 페르미온인가 보손인가?
   (b) 핵 속에 양성자 세 개와 중성자 네 개를 지닌 리튬 7 원자는 무엇인가? (답을 구할 때는 전자들도 고려하라.)

3. 보손들이 '사교적'이라는 것은 무슨 뜻인가?

페르미온

4. 몇 천 킬로미터 떨어진 적도 상공에서 같은 원형 궤도를 따르는 두 통신 위성이 있다. 둘은 같은 운동 상태에 있는가? 이유는 무엇인가?

5. (a) 원자 속 전자의 속성 중 값이 확실한 것 한 가지를 들라.
   (b) '모호한' 속성 한 가지를 들라.

6. 배타 원리를 양자 수로 설명하라.

7. 배타 원리는 '사교적' 원리인가 '비사교적' 원리인가?

8. 볼프강 파울리는 전자에 대해 새로운 '자유도'를 도입하였다. 사뮈얼 하우드스미트와 조지 윌렌버크의 해석에 따르면 이것은 어떤 자유도인가?

9. 가상이지만, 배타 원리가 없다면 주기율표에 '주기'들이 있겠는가?

10. 가상이지만, 전자에 스핀이 없다면, 실제 화학적으로 불활성한 헬륨은 무척 활성이 클 것이다. 왜 그런가?

11. (a) 두 개의 양성자가 같은 운동 상태를 취할 수 있는가?

    (b) 두 개의 중성자는 어떤가?

    (c) 양성자 하나와 중성자 하나는 어떤가?

12. 핵은 최저 에너지 상태의 입자들을 두 개가 아니라 네 개까지 가질 수 있다. 왜 그런가?

보손

13. 사티엔드라 보스가 1924년에 '빛 양자'라 불렀던 입자의 현재 이름은 무엇인가?

14. 종류가 같은 두 보손이 같은 운동 상태를 취할 수 있는가?

15. 〈표 B.3〉의 입자 붕괴식들 가운데 페르미온 수는 보존되지만 보손의 수는 변하는 반응을 골라 보라.

16. 235쪽의 그림을 볼 때, 에릭 코넬과 칼 위먼은 루비듐 원자들로 보스–아인슈타인 응축을 만들기 위해서 온도를 몇 도까지 낮춰야 했는가?

왜 페르미온과 보손인가?

17. 전자들이 모두 동일하지 않다면,

    (a) 모두 같은 상태를 지닐 수 없다는 배타 원리를 따르겠는가?

    (b) 원자에 껍질 구조가 있겠는가?

18. (a) 물리학자들이 연구하는 관찰 불가능한 물리량에는 무엇이 있는가?

    (b) 관찰 가능한 물리량의 예는 무엇인가?

°° 도전 문제

1. 전자와 뮤온은 둘 다 페르미온이다. 그렇다면 전자와 뮤온은 배타 원리에 따라 같은 운동 상태를 취할 수 없는가? 이유는 무엇인가?

2. 수소 원자 속 전자의 양자 수는 $n=2$, $l=1$, $ml=1$, $ms=1/2$이다.
   (a) 이것은 들뜬상태인가 바닥상태인가?
   (b) 광자를 방출하거나 흡수하여 다른 상태로 뛸 수 있는가?

3. 왜 원자의 두 번째 껍질에는 전자가 여덟 개 들어가는지 설명해 보라. (양자 수와 배타 원리를 활용하여 설명하라.)

4. 이 책의 출간 이래 새로운 원소가 발견되거나 명명된 것이 없는지 조사해 보자.

5. 20세기 전반에 대부분의 물리학자들은 $E=hf$라는 공식은 받아들였지만 광자의 존재는 믿지 않았다. 이유를 설명하라.

항구성에 대한 집착

✷

CLINGING TO CONSTANCY

"모든 것은 변한다." 기원전 5세기의 에우리피데스(고대 그리스의 3대 비극 시인 중 한 명―옮긴이)가 말했다. 동의하는 사람이 많을 것이다. 우리가 주변에서 마주치는 것들 중 변함없고 항구적인 것은 하나도 없다. 에우리피데스보다 앞서 헤라클레이토스(기원전 6세기의 그리스 철학자로 보통 "만물은 유전流轉한다"는 말로 알려져 있다―옮긴이)도 말했다. "세상에서 변하지 않는 한 가지는 모든 것이 변한다는 사실이다." 물리학자들도 우리 주위 삼라만상이 끝없이 변해 간다는 사실에 토를 달고 싶은 건 아니다. 하지만 물리학자들은 자연의 몇몇 성질은 영원히 일정하게 남는다는 사실을 밝혀냈다. 그런 속성들을 일러 '보존된다'고 한다. 다른 양들이 변해도 특정 양만은 변하면 안 된다고 말하는 법칙이 보존 법칙이다.

책에서도 이미 여러 보존 법칙들이 등장했다. 우리는 에너지(질량을 포함하여)가 보존된다는 것을 안다. 운동량, 전하, 쿼크와 렙톤의 맛깔,

바리온 수도 보존된다. 이 짧은 목록 속에 중요한 보존 법칙들이 얼추 다 들어갔다. 이 장에서는 추가로 몇 가지 법칙을 소개할 것이고, (우리가 아는 한) 절대적인 보존 법칙과 부분적인 보존 법칙이 있다는 사실을 보여 줄 것이다. 또 흥미로운 질문을 하나 던질 것이다. 물리학자들이 쓰는 자연의 대본에서 한때 단역이었던 보존 법칙들이 왜 지금은 주역이 되었을까?

보존 법칙은 물리학의 역사에서 비교적 최근의 발명품이다. 아리스토텔레스는 선대의 에우리피데스나 헤라클레이토스와 마찬가지로 주로 변화에 초점을 맞췄다. 현대까지 대부분의 과학자들이 그랬다. 최초의 보존 법칙을 도입한 사람은 아마 17세기 초의 요하네스 케플러일 것이다. 케플러가 발표한 행성 운동 제2법칙은 태양에서 행성까지 그은 가상의 선이 일정 시간 동안 훑고 지나는 영역의 넓이가 늘 일정하다는 내용이다. 행성은 태양 가까이 있을 때는 빨리 움직이고, 태양에서 멀리 있을 때는 느리게 움직인다. 궤도의 반지름 선이 훑는 넓이가 일정하게 유지되도록 속도가 달라지는 것이다. 이제 우리는 케플러의 제2법칙이 각운동량 보존 법칙의 결과임을 알고 있다. 행성이 궤도를 돌 때 속도나 운동 방향, 태양과의 거리 같은 속성들은 줄곧 바뀌지만, 궤도 각운동량은 늘 일정하다. 지구가 제 축을 중심으로 24시간에 한 번씩 회전하는 것도 각운동량 보존 법칙의 결과이다. 이 경우는 스핀 각운동량이 보존된다.

케플러의 연구로부터 오래 지나지 않아, 갈릴레오 갈릴레이는 외부 영향을 받지 않는 물체는 영원히 등속을 유지한다는 사실을 깨달았다. 일종의 보존 법칙이다. 이후 17세기, 크리스티안 하위헌스와 아이작

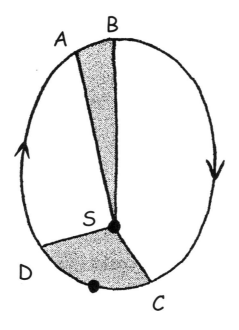

그림 23 케플러의 제2법칙. 행성이 일정 시간에 훑고 지나는 넓이는 늘 일정하다.

뉴턴은 운동량 보존 법칙을 도입했다. 뉴턴의 위대한 운동 이론은 여전히 주로 변화에 초점을 맞추고 있었지만 말이다. 18세기에는 벤저민 프랭클린이 전하 보존 법칙을 제안했다. 그리고 보존 법칙에 방점을 찍은 가장 극적인 발전은 19세기 중반에 이뤄졌는데, 역학 에너지와 열에너지를 포괄하는 보존 법칙이었다. 한편 당시의 화학자들은 질량 보존 법칙에 의존해 연구하고 있었는데, 이 법칙이 아인슈타인의 손에서 산산이 부서지는 사건이 일어났다. 아인슈타인은 그 유명한 공식 $E=mc^2$을 통해 질량은 응결된 에너지이므로, 더 큰 에너지 보존 법칙을 따라야 한다는 것을 보여 주었다. (그러나 화학 반응에서의 질량 변화는 감지가 어려울 정도로 작으므로, 여전히 화학자들에게는 질량 보존 법칙이 유효한 도구이다. 반면 아원자 입자들의 반응에서는 질량 변화가 엄청나게 클 수 있다. 양성자와 반양성자가 충돌 후 소멸하는 반응 같은 경우 질량이 모조리 사라진다.) 마지막으로 20세기 중후반 맛깔, 색, 입자 종류의 보존 법칙이 더해졌다.

자연에 대한 묘사에서 보존 법칙들이 핵심 사항으로 부각된 까닭은 무엇일까? 한 가지 이유는 우리가 단순함 속에서 아름다움을 느끼기 때문이다. 그칠 줄 모르고 변화하는 세상 속에 항구성이 존재한다니, 그보다 더 단순하고 강력한 발상이 어디 있겠는가? 또 다른 이유는 보존 법칙이 대칭 원리와 연결되어 있기 때문이다. 이 환상적인 연관 관계에 대해서는 잠시 후 설명할 것이다. 한편 매우 실용적인 이유도 있다. 혼란스럽기 그지없는 입자 반응 과정에서 순간순간 무슨 일이 벌어지는지 알아낼 방법은 (이론적으로도) 없다. 우리는 반응의 전후를 관찰하는 데 만족해야 한다. 물리학자는 반응 전에 무엇이 있었는지 알고, 반응 후에 무엇이 생겼는지 측정할 수 있을 뿐, 그 사이의 세부 사항들은 물리학자의 시야에서 차단되어 있다. 이론에 따르면 수많은 일들이 동시에 뒤죽박죽 마구 엉켜 일어나는데, 그 가운데 질서 있게 유지되는 것은 보존 법칙들뿐이다. 어떤 속성들은 반응 전과 다름없이 무사히 간직되는 것이다.

고전적인 물리학 법칙, 곧 변화의 법칙은 강제의 법칙이라 할 수 있다. 강제의 법칙은 특정 환경에서 어떤 일이 벌어지는지, 아니, 어떤 일이 벌어져야만 하는지 설명한다. 제우스 신이 행성을 태양에서 일정 거리에 놓고 특정 방향으로 슬쩍 찔러 움직이면(즉 초기 조건들을 부여하면), 뉴턴의 운동 법칙이 뒤를 이어받아 태양과 다른 행성들이 가하는 힘을 분석함으로써 행성이 이후 어느 위치에 있을지, 아니 어느 위치에 있어야만 하는지 설명할 것이다. 이런 강제의 법칙은 보통 수학 방정식으로 표현된다. 가령 가만히 쥐고 있던 구슬을 떨어뜨린다고 하자. 시간에 따라 구슬이 떨어지는 모습은 $d = (1/2)gt^2$이라는 방정식으로 표현된다. 이 방정식은 일종의 요리법으로, 다음과 같은 것들을 지시한다. '낙하 시간을 초 단위로 재라. 그것을 제곱하라. 중력 가속도 $g(9.8\mathrm{m/s^2})$로 곱하라. 다시 1/2을 곱하면 낙하 거리가 미터 단위로 나온다.' 방정식은 구슬이 바닥에 떨어지기까지의 순간순간 상태 정보를 알려 주는 것이다. 하지만 우리는 입자 반응에 대해서는 이 정도로 상세한 정보를 얻을 수 없다.

보존 법칙은, 이와 대조적으로, 금지의 법칙이다. 수많은 사건들을 허락하지만, 법칙을 깨뜨리는 사건이라면 엄격하게 금지한다. 예를 들어 가속기 속의 고에너지 양성자가 다른 양성자와 충돌하면 갖가지 결과가 빚어질 수 있다. 몇 가지 가능한 반응들을 소개하면 아래와 같다.

$$p + p \rightarrow p + p + \pi^+ + \pi^- + \pi^\circ$$
$$p + p \rightarrow p + n + \pi^+ + \pi^\circ$$
$$p + p \rightarrow p + \varLambda^\circ + K^\circ + \pi^+$$

'뭐든 괜찮다'는 게 절대 아니다. 보존 법칙은 충돌로부터 뿜어져 나오는 입자들의 총 운동량이 초기 양성자 운동량과 같을 것을 지시한다. 생성물의 총 전하가 +2일 것을, 생성물의 바리온 수가 다 합쳐 2

일 것을, 생성물의 순 페르미온 입자 수는 2개일 것을, 생성물의 질량 에너지 더하기 운동 에너지는 원래의 에너지(질량 + 운동)와 동일할 것을 지시한다. 이 마지막 제약 때문에 생성 가능한 거대 입자의 수에는 한계가 있다. 새로 생기는 입자 하나하나가 에너지의 일부를 요구할 것이기 때문이다.

보존 법칙의 금지에 연관된 개념으로 양자적 허용성이 있다. 보존 법칙은 이론적으로 가능한 여러 반응들(가령 위의 세 반응들) 가운데 어느 것이 실제로 벌어질지에 대해서는 해줄 말이 없다. 하지만 물리학자들은 모든 가능한 반응들이 실제로 일어난다고 믿는다. 확률이 다 다르고 시기도 다 다르겠지만 말이다. (그래서 양자적 허용성이라고 했다. 양자적 확률이 모든 가능성의 문들을 죄다 열어 주는 것이다.) 에너지를 지닌 양성자를 과녁 양성자들에 충돌시키면, 결국에는 보존 법칙에 따라 허용된 모든 결과들이 벌어지게 될 것이다. 어떤 반응은 자주, 어떤 반응은 덜 흔하게, 또 어떤 반응은 몹시 드물게 벌어지겠지만 한 번쯤은 다 일어날 것이다. 이러한 허용성은 보존 법칙의 금지 조항에 딸린 충격적인 부속 조항이다. 보존 법칙에 의해 금지되지 않은 사건은 모두 허용된다고 소극적으로 말하는 게 아니라(인간사에서의 금지 조항은 이 정도로 규제하지만), 보존 법칙에 의해 금지되지 않은 사건은 모두 의무적으로 일어나야 한다고 적극적으로 말하기 때문이다. 도로 공사 때문에 평소 걷던 출근길을 걸을 수 없게 되었는데, 그 때문에, 다른 가능한 경로들을 매일매일 차례대로 모두 밟아야 한다고 상상해 보자![72]

불변 원리들

보존 법칙 덕분에 우리는 물리계에 존재하는 항구성을 알게 되었다. 특정 물리량들(에너지, 운동량 등)은 항구적이라는 사실이다. 그런데 그만큼 충격적이고 중요한 항구성이 한 가지 더 있으니, 물리 법칙들 자체의 항구성이다. '불변 원리'는 그런 항구성을 규정하는 원칙을 말한다. 이 불변 원리에 따르면, 실험 조건들이 어떤 식으로 바뀌어도 물리 법칙들은 바뀌지 않는다. 좋은 예로 장소 불변성이 있다. 물리 법칙은 장소에 관계없이 일정하다는 불변성이다. 일리노이 주 버테이비아에서 벌어졌던 실험을 스위스 제네바에서 해봐도 결과는 같다. 지극히 당연한 말처럼 들리는 이유는 우리가 이미 장소에 무관한 자연법칙에 너무 익숙하기 때문인데, 사실 이것은 자연의 심오한 진리를 드러낸다. 공간의 균질성, 즉 공간상의 한 점은 다른 점과 동등하다는 사실 말이다. (이것은 대칭 원리의 한 예인데, 그 내용은 뒤에서 설명하겠다.) 실험 결과가 실험 장소에 따라 달라진다 해도 물리학이 성립할까? 아마 그렇겠지만 훨씬 복잡해질 것이다. 물리학자들은 물리 법칙들을 찾아내는 데 그치지 않고 법칙들이 장소에 따라 어떻게 변하는지도 알아내야 할 것이다. 공간을 균질하게 만들어 장소 불변성을 제공해 준 점에서, 자연은 인류에게 참으로 친절했다.

우리가 당연히 여기는 또 다른 불변 원리로 방향 불변성이 있다. 실

---

72 물리학적 상황과 좀 더 비슷한 예로 다듬어 볼 수 있다. 일터에 지각하는 일도 금지되어 있다고 하자. 그러면 우리가 택할 수 있는 출근길 경로의 수도 한층 제한된다. 주어진 시간 안에 걸을 수 있는 경로들만 택할 수 있을 것이다.

험 결과는 실험 기구의 방향을 돌려놓아도 달라지지 않는다는 것이다. 가령 양성자–양성자 충돌 결과는 발사체 양성자가 충돌 전에 동쪽으로 날아가든, 북쪽으로 날아가든 변함이 없다. 뭐 이렇게 당연한 얘길 하나 싶지만 위에서 지적했듯 우리가 익숙해서 그렇게 보일 뿐이다. 우리는 일상에서의 체험 때문에 의심 없이 이 사실을 믿어버리지만, 사실 '꼭 그래야 하는' 일은 아니다. 우리가 사는 우주의 성격이 우연히 그럴 뿐이다. 특정 방향을 선호하는 가상 우주, 자연법칙들이 방향에 따라 달라지는 우주도 상상해 볼 수 있는 것이다. 어쨌든 우리 우주는 딱히 선호하는 방향이 없기에, 공간은 등방성을 지닌다. 어느 방향이든 같다는 뜻이다.

알베르트 아인슈타인은 1905년의 특수 상대성 이론에서 또 한 가지 불변성을 도입하였다. 이른바 로렌츠 불변성이다(네덜란드의 저명 물리학자 헨드릭 로렌츠의 이름을 딴 것으로, 아인슈타인이 로렌츠의 수학 공식들을 활용했다). 로렌츠 불변성은 특정 관성 기준틀에서 유효한 자연법칙은 그 기준틀에 대해 등속으로 움직이는 다른 기준틀에서도 유효해야 한다고 말한다. 이 뜻을 이해하려면 우선 관성 기준틀이 무엇인지 알아야겠다. 이것은 외부 영향으로부터 자유로운 물체들이 가속되지 않는 기준틀을 말한다. 가령 궤도 운동하는 우주선 속의 우주 비행사는 가속되지 않고 조종실을 둥둥 떠다니므로, 관성 틀 안에 있다. 우리가 가만히 서 있거나, 직선 도로를 등속으로 달릴 때도 관성 틀 안에 있다고 할 수 있다. 차가 커브를 도느라 몸이 한쪽으로 '쏠릴' 때는 비관성 기준틀에 있는 것이다.

미처 의식하지 못할지라도, 우리는 하루에도 여러 번 로렌츠 불변성을 시험하고 있다. 달리는 차 안에서 음료를 홀짝이거나 과자를 우적우적 씹으면서 한 방울도 흘리지 않고 한 조각도 떨어뜨리지 않았다면, 그건 자연의 법칙이 주차된 차에서나 달리는 차에서나 같기 때문이다. 날아가는 비행기 안에서 (대기가 고요해야겠지만) 동전을 떨어뜨리면, 공항에 정지한 비행기 안에서 떨어뜨렸을 때와 같은 위치에 떨어진다. 정밀한 측정 기구를 가지고 타서 재 본다면, 날아가는 비행기 안의 동전 낙하가 정지한 비행기 안의 동전 낙하와 모든 면에서 정확하게 일치한다는 사실을 확인할 수 있을 것이다. 아인슈타인의 연구가 등장하기 300년도 전에 갈릴레오는 이미 등속 운동계의 역학 법칙은 정지계의 역학 법칙과 같다는 사실을 깨달았다. 아인슈타인이 천재인 까닭은(용감한 것이라 말해도 좋겠다) 비단 역학 법칙뿐 아니라 모든 법칙들이 서로 등속 운동하는 기준틀에서는 같다는 사실을 제안한 데 있다. 로렌츠 불변 원칙을 전자기 법칙들에까지 확장하자, 비로소 시간 팽창이나 공간 수축 같은 상대성 이론의 충격적 결론들이 밝혀졌던 것이다.

이제 보존 법칙들과 불변 원리들이 서로 다른 개념이지만 비슷한 데가 있다는 사실을 깨달았을 것이다. 둘 다 환경이 변하는 와중에 변하지 않는 무언가를 말하는 개념이다. 둘 다 물리학자들의 자연 묘사에 단순미를 부여한다. 불변 원리에 의하면, 변하지 않는 것은 자연의 법칙들이다. 보존 법칙에 의하면, 변하지 않는 것은 특정 물리량들이다. 불변 원리가 말하는 변화는 실험 수행 조건에 벌어지는 변화이다. 보존 법칙이 말하는 변화는 과정 속에 펼쳐지는 물리적 변화이다. 무엇이 일반적이고 무엇이 특수한 것인지도 가려서 이해하자. 불변 원리에 따르면, 한 가지 조건이 변해도 모든 법칙들이 변함없이 유지된다. 보존 법칙에 따르면, 모든 물리적 과정들 속에서도 한 가지 속성이 변하지 않는다.

절대적 보존 법칙과 불변 원리

거시 세계에서 보존되는 '4인방', 즉 에너지, 운동량, 각운동량, 전하는 아원자 세계에서도 보존된다. 거시 세계 자체가 아원자 단위들로 이루어진 것이니 놀랄 일은 아니다. 미시 세계에서 거시 세계로 인과 관계가 이어진다고 생각해도 좋다. 에너지, 운동량, 각운동량, 전하는 아원자 세계에서 보존되기 때문에 거시 세계에서도 보존되는 것이다. 이들을 다스리는 보존 법칙들은 절대적이다. 절대적 보존 법칙이라 하면, 위반 사례가 하나도 발견되지 않았고, 어떤 상황에서도 유효하다고 믿을 수 있는 법칙을 말한다. 이 네 가지 법칙들이 절대적일 수밖에 없는 이론적 근거도 있다. 상대성 이론과 양자 이론을 결합하면 이들이 늘 유효할 수밖에 없다는 예측이 도출된다. 하지만 언제나 그렇듯 최종 심판권자는 실험이다. 아무리 많은 아름다운 이론들도 실험을 누를 수는 없다. 이 보존 법칙들에 절대성을 부여하는 것은 자연에 대한 여타의 단호한 선언들과 마찬가지로 어디까지나 임시적인 표현일 것이다.

• 에너지

6장에서 양자 도약에 '내리막 규칙'이 적용된다고 했다. 자발적 변이는 높은 에너지 상태에서 낮은 에너지 상태로만 이루어진다. 입자 붕괴는 생성된 입자들의 총 질량이 붕괴한 입자의 질량보다 작은 방식으로만 이루어진다. 이 장 앞에서 말했듯, 에너지 보존 법칙은 양성자-양성자 충돌로 인한 새 입자 탄생 같은 '오르막' 사건에서도 핵심적인 역할을 한다. 반응 후의 에너지가 반응 전 에너지와 같다는 증거가 수없이 많다. 덕분에 에너지 보존 법칙은 입자 충돌로 생겨난 어수선한 파편들을 분석하는 좋은 실용적 도구가 된다.

• 운동량

운동량 보존 법칙도 에너지 보존만큼 잘 확립되어 있어서 입자 과정들을 분석하는 도구로 쓰인다. 물리학자는 이 법칙들의 도움을 받아 생성된 신생 입자들의 질량을 역으로 추리해 낼 수 있다.

에너지 보존과 운동량 보존이 동시에 작용하기 때문에 금지되는 사건들이 참 많은데, 개중 단독 입자로의 붕괴 금지도 있다. 불안정한 입자가 오로지 하나의 입자로만 붕괴하는 과정은 금지된다는 것인데, 설령 내리막 규칙을 지키더라도 그렇다. 가령 람다 입자가 중성자로만 붕괴하는 가상적 과정을 상상해 보자.

$$\Lambda° \not\to n$$

화살표 위의 사선은 이런 식의 붕괴는 일어나지 않는다는 뜻이다. 실제로 일어난다면, 전자, 바리온 수, 에너지(질량으로 따져 내리막이다)는 보존될 테지만, 운동량이 보존되지 않는다. 람다 입자가 처음에 정지해 있었다고 하자. 람다의 질량 에너지 가운데 일부는 중성자의 질량

에너지가, 나머지는 중성자의 운동 에너지가 될 것이다. 총 에너지를 보존하기 위해 중성자는 운동 에너지를 갖고 날아가야만 한다. 그런데 그러면 운동량이 보존되지 않는다. 붕괴 전의 운동량은 0인데 붕괴 후는 0이 아니기 때문이다. 탄생한 중성자가 날아가지 않으면 어떨까? 운동량은 보존되겠지만(전후 모두 0이다), 이번엔 에너지가 보존되지 않는다(후가 전보다 작다). 따라서 두 보존 법칙을 함께 고려하면 입자 하나로의 붕괴는 금지된다.

람다 입자가 붕괴 전에 정지해 있었다고 가정했다. 람다 입자가 움직이고 있어서 운동 에너지를 갖고 있었다면 어떨까? 그러면 입자 하나로의 붕괴가 가능하지 않을까? 아니다. 6장에서 말했던 내리막 규칙과 비슷한 식으로 설명할 수 있다. 초기 입자와 나란히 움직이는 기준틀에서 붕괴가 일어나지 못한다면, 어떤 기준틀에서도 그 붕괴는 일어날 수 없다.

• 각운동량

각운동량의 양자 이론은 좀 묘하다. 정수인 ($\hbar$ 단위로) 각운동량끼리는 합쳐서 정수인 각운동량을 만들지만, 반정수인 각운동량은 짝수 개냐 홀수 개냐에 따라 결합 결과가 다르다. 홀수 개라면 합쳐서 반정수의 총 각운동량이 되고, 짝수 개라면 합쳐서 정수의 총 각운동량이 된다. 머리가 어질어질할지도 모르겠다. 예를 들어 보자. 중성 파이온은 광자 두 개로 붕괴하면서 각운동량을 보존한다.

$$\pi^\circ \rightarrow 2\gamma$$

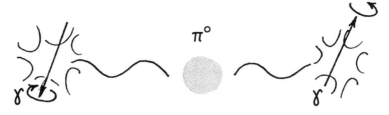

그림 24 중성 파이온의 붕괴.

파이온의 각운동량은 0이다. 광자는 한 단위의 각운동량을 지닌다. 각운동량 보존을 확인하려면(전후 모두 0이다), 광자 두 개의 스핀이 서로 반대 방향이어서 각운동량을 벡터 값으로 더했을 때 0이 된다고 계산하면 된다.

이번에는 전자와 양전자가 소멸하여 광자 두 개를 내는 과정을 보자.

$$e^- + e^+ \rightarrow 2\gamma$$

반응 전의 페르미온 수가 짝수 개이므로, 생성물의 각운동량은 정수여야 한다. 이번에는 두 전자들의 스핀이 반대 방향이라고 생각하면 총각운동량이 0이다. 생성된 광자 두 개도 반대 스핀을 가지면 역시 각운동량이 0이다.

중성자가 양성자, 전자, 반중성미자로 붕괴하는 과정도 여러 보존 법칙들과 더불어 각운동량 보존 법칙의 제약을 받는다. 붕괴 과정을 보자.

$$n \rightarrow p + e^- + \bar{\nu}_e$$

페르미온 하나가 세 개가 되었다(정확히 말하면 페르미온 두 개와 반페르미온 한 개이다). 초기 입자의 스핀은 1/2이고 생성 입자들의 스핀도 각기 1/2이다. 언뜻 각운동량 1/2이 각운동량 3/2으로 되는 것 같지만, 사실 별문제가 아님은 이제 여러분도 알 것이다. 각운동량이 벡터이기 때문이다. 예를 들어 중성자의 스핀이 '위' 방향이라면 최종 입자 세 개의 스핀은 위-위-아래여서 다 더해 1/2만큼 위이면 된다. 붕괴 과정에서 에너지, 운동량, 전하, 바리온 수, 렙톤 수도 다 보존된다.

각운동량 보존에 대해 마지막으로 덧붙일 말이 있다. 입자 붕괴뿐 아니라 원자 속의 양자 도약도 궤도 각운동량과 스핀 각운동량에 영향을 미칠 수 있다. 궤도 각운동량은 늘 정수이기 때문에 홀짝 규칙을 무너뜨리지 않는다. 가령 방금 예로 든 중성자 붕괴라면, 최종 입자 세 개가 아래 방향으로 한 단위의 궤도 각운동량만큼 떨어져 있고, 셋의 스핀이 모두 위이면 된다. 다 합치면 각운동량이 다시 1/2 단위만큼 위가 되어 중성자의 원래 스핀과 같아진다.

• 전하

전하 보존 법칙은 에너지, 운동량, 각운동량 보존보다는 조금 단순하다. 전하 보존을 확인하려면 그냥 수를 헤아리면 된다. 전하는 형태가 다양하지 않고 값이 연속적이지도 않기 때문에 에너지보다 단순하다. 또한 벡터양이 아니라 스칼라양이기 때문에(즉 규모만 있지 방향은 없다) 운동량이나 각운동량보다 단순하다. 이 장에서든 앞 장에서든 전하 보존의 사례는 많이 보았을 것이다.

전하 보존 법칙이 선사한 가장 반가운 결과는, 누가 보더라도, 전자의 안정성이다. 전하 보존 법칙이 아니라면 전자는 중성미자와 광자로 붕괴할 것이다.

$$e^- \not\to \nu_e + \gamma$$

앞서 말했듯, 화살표 위의 사선은 이런 붕괴가 일어나지 않는다는 뜻이다. 전자는 더 가벼운 대전 입자들로 붕괴하지 못한다. 그런 입자들이 존재하지 않기 때문이다(적어도 현재까지 우리가 알기로는 그렇다). 전자가 꼭 붕괴하려면 중성 입자들로 붕괴해야 하는데, 그러면 전하 보존 법칙에 어긋난다. 위에 적은 과정은 전하 보존 외에는 모든 보존 법칙들을 만족시킨다. 과학자들은 이제까지 전자 붕괴 사례를 하나도 발견하지 못했고, 붕괴를 볼 수 없다는 사실은 전자의 최소 수명에서도 드러난다. 현재까지 알려진 바로는 최소 한계 수명이 5×10^{26}년으로서, 우주의 수명보다도 10억 배 길다. 그러니 전자가 붕괴할까 봐 염려할 필요는 전혀 없다. 만에 하나, 전자가 붕괴할 확률이 아무리 작게라도 존재한다는 사실을 물리학자들이 발견한다면, 참으로 충격적이고 놀라운 일이 될 것이다. 그렇게 되면 이론물리학자들은 허둥지둥 칠판과 컴퓨터로 달려가야 할 것이다.

• 바리온 수

전하 보존 법칙이 절대적이라는 근거는 있지만, 바리온 수 보존이 절대적이라는 근거는 없다. 그렇지만 바리온 수가 변한 사례가 관찰된 바도 없다. 현재까지의 실험 결과들은 바리온 수 보존이 절대적이라는 가정에 합치한다. 양성자 붕괴를 찾아 나선(지금까지는 소득이 없다) 물리학자들에 따르면 양성자의 최소 한계 수명이 10^{29}년이라고 하는데, 이는 전자의 최소 한계 수명보다도 길다. 양성자는 알려진 바리온들 가운데 가장 질량이 작으므로, 양성자가 붕괴한다는 것은 바리온 수 보존이 깨어진다는 뜻이다. 양성자의 붕괴가 발견되지 않는다는 사실이야말로 바리온 수 보존에 대한 강력한 근거이다. 실험물리학자들은 계속 양성자 붕괴를 추적하는 중이고, 실제로 발견되면 굉장히 흥미로운 사건이겠지만, 전자의 불안정성이 발견되는 것보다는 충격적이지 않을 것이다.

• 렙톤 수

우선 용어들을 상기해 보자. 렙톤은 여섯 가지가 있다. 전자와 전자 중성미자, 뮤온과 뮤온 중성미자, 타우와 타우 중성미자이다. 두 개씩 묶어 맛깔을 부여한다. 각각 전자 맛깔, 뮤온 맛깔, 타우 맛깔이다. 렙톤의 스핀은 모두 1/2이므로, 모두 페르미온들이다.

오랫동안 물리학자들은 렙톤 맛깔이 각기 보존된다고 생각했다. (맛깔 보존이란 특정 맛깔의 입자 수에서 같은 맛깔의 반입자 수를 뺀 값이 일정하다는 뜻이다.) 아래의 뮤온 붕괴 과정이라면 그 생각이 옳다.

$$\mu^- \longrightarrow \bar{\nu}_\mu + e^- + \bar{\nu}_e$$

뮤온 맛깔 입자 하나가 사라지고(뮤온), 다른 뮤온 맛깔 입자 하나가 생겼다(뮤온 중성미자). 전자 맛깔의 경우 입자와 반입자 쌍이 함께 생겼다. 맛깔이 보존되어야 한다는 것은, 뮤온이 전자와 광자로 붕괴하는 일은 없다는 사실로도 짐작할 수 있다.

$$\mu \not\rightarrow e^- + \gamma$$

이런 사건은 관찰된 바 없다. 실험물리학자들은 이런 식의 뮤온 붕괴 확률은 10^{11}(1,000억)번 가운데 한 번 꼴도 못 되리라고 본다. 실제로 일어난다면 뮤온 맛깔과 전자 맛깔이 모두 바뀌는 과정이 된다.

사실, 현재까지는 대전된 렙톤들이 관여한 과정에서 렙톤 맛깔이 변한 사례는 하나도 관찰되지 않았다. 하지만 3장에서 설명했던 중성미자 진동 현상을 보면, 분명히 렙톤 맛깔이 다른 맛깔로 바뀔 수 있고, 그래서 렙톤 맛깔 보존은 절대적 보존 법칙은 아니다. 그러나 총 렙톤 수(모든 맛깔을 통틀어)가 일정해야 한다는 것은 절대적 보존 법칙으로 유효하다. 가령 중성미자 진동에서도 중성미자의 맛깔은 변하지만 중성미자의 총수는 변함이 없다.

물리학자들이 렙톤 수 보존을 대하는 태도는 바리온 수 보존을 대하는 태도와 비슷하다. 실험 결과들을 보면 이들이 절대적 보존 법칙인 것 같지만, 만약 어느 하나가, 아니면 둘 모두 위반 가능성이 있는(가능성은 분명 극도로 작겠지만) 부분적 보존 법칙으로 판명되더라도 물리학자들은 놀라지 않을 것이다.

• 색
쿼크와 글루온의 중요하고 비밀스러운 속성인 색 또한 절대적으로 보존되는 것 같다. 렙톤과 보손은 색이 없다. 실험실에서 관찰되는 모든 합성 입자들, 양성자, 중성자, 파이온, 람다 입자 등등도 무색이다. 색을 직접 관찰할 방법은 전혀 없다. 색이 보존된다는 근거는 모두 간접적인 것으로, 쿼크들의 강한 상호 작용 이론이 성공적이라는 데 바탕을 두고 있다.

색은 전하처럼 양자화된 속성이다. 그리고 한 입자에서 다른 입자로, 마치 이어달리기에서 바통이 넘어가듯 옮아간다. 전하보다는 조금 복잡한데, 전하는 양과 음 두 가지인 반면 색은 세 가지이고(임의로 빨강, 파랑, 초록으로 정해졌다) 반색反色도 세 가지이기 때문이다. 양성자나 중성자 속에는 늘 색이 소용돌이치고 있다. 쿼크들이 빨강, 파랑, 초록으로 왔다 갔다 바뀌면서 춤을 추고, 글루온들이 빨강-반초록, 파랑-반빨강 등을 띠고 나타났다가 사라지기를 반복한다. 4장의 〈그림 12〉를 보면 그런 색들의 춤이 어떤 식으로 이뤄지는지 조금이나마 알 수 있다. 모든 꼭짓점에서 색이 보존되고 있다.

• TCP

절대적 보존 법칙의 목록 중 마지막 주자는 TCP라는 이름의 대칭 원리이다. 조금 복잡하지만 빼놓을 수 없으니 설명을 시작하겠다(자, 다시 안전벨트를 매시라). TCP 불변 원리에 따르면, 물리적으로 가능한 어떤 과정에 아래의 세 가지 조건 변화를 동시에 가하면, 똑같이 물리적으로 가능한 또 다른 과정이 생긴다. 이 과정은 원래 과정과 다름없이 자연법칙을 만족시킨다. 세 가지 변화 또는 조건은 다음과 같다.

T, 시간 역전: 실험을 거꾸로 수행한다, 즉 과정의 전과 후를 바꾼다.

C, 전하 켤레: 실험의 모든 입자들을 짝이 되는 반입자들로 바꾸고, 반입자들은 입자들로 바꾼다.

P, 반전성 또는 거울상 역전: 원래 실험의 거울상이 되도록 실험을 수행한다.

1950년대까지만 해도 물리학자들은 세 가지 조건 변화 각각에 대해 자연법칙이 보존될 것이라고 믿었다. 그런데 그 가정을 뒤흔들어 놓은 발견이 이루어졌고, 현재는 TCP를 모두 합친 것이 불변이라는 수준으로 축소되었다. 예를 통해 이해해 보자. 정지해 있던 양의 파이온이 양의 뮤온과 뮤온 중성미자로 붕괴하는 과정이다.

$$\pi^+ \longrightarrow \mu_L^+ + \nu_{\mu L}$$

아래첨자 L이 중요하다. 확인 결과 모든 중성미자는 '왼손잡이'였는데, 무슨 말인가 하면, 왼손 엄지로 중성미자가 움직이는 방향을 가리킬 때, 왼손의 나머지 굽은 손가락들이 가리키는 방향이 중성미자의 스핀 방향이라는 것이다. L은 왼손 스핀을 뜻한다. 자, 뮤온과 중성미자는 서로 반대 방향으로 날아가고, 그들의 총 스핀은 파이온의 스핀 0과 일치하도록 0이어야 하므로, 뮤온 역시 왼손 스핀을 가져야 한다. 이제 세 가지 조건을 변화시켜 보자. 시간 역전(T)을 시키면 뮤온과 중성미자가 충돌하여 파이온을 낳을 것이다. 전하 켤레 변화(C)를 적용하면 양의 뮤온이 반입자인 음의 뮤온으로, 양의 파이온이 반입자인 음의 파

그림 25 중성미자들은 모두 왼손 스핀이다.

이온으로, 중성미자가 반중성미자로 바뀔 것이다. 거울상 역전(P)을 시키면 왼손 스핀이 오른손 스핀으로 바뀔 것이다. TCP 불변 원칙의 예측에 따르면, 셋을 종합한 아래의 과정은 물리적으로 가능해야 한다.

$$\bar{\nu}_{\mu}R + \mu_R^- \longrightarrow \pi^-$$

현실적인 과정이라고는 할 수 없지만, 물리적으로 가능한 과정이라는 증거는 많다. 이런 과정을 일으키려면 동일한 운동량, 적절한 에너지의 음의 뮤온 빔과 반중성미자 빔을 서로 반대 방향으로 발사해 충돌시켜야 한다. 기적적으로 그런 작업을 해낸다면 정말 간간이 음의 파이온이 생겨날 것이다(이 확률을 정확히 계산할 수도 있다).

예로 든 과정은 TCP 정리를 실험적으로 확인하게 해 주진 못하지만, 모든 반중성미자가 오른손 스핀이라는 사실은 알려 준다. 사실 TCP 불변에 대한 최고의 증거는, TCP 불변에 따르면 모든 반입자의 질량이 짝 입자와 정확히 같아야 하고, 모든 불안정한 반입자의 수명이 짝 입자와 같아야 하는데, 몹시 정교한 실험들을 통해 이 예측이 사실로 확인되어 왔다는 점이다. TCP 불변 원리는 강력한 이론 근거도 갖고 있다. 아무리 사소한 정도라도 이 법칙이 절대적이지 않다는 게 발견된다면, 양자 이론 전체가 모래 위에 지어진 성으로 돌변할 것이다.

부분적 보존 법칙과 불변 원리

물리량은 보존되거나 보존되지 않거나이지, 부분적 보존이라니, 부분 임신이 가능하다는 말만큼이나 터무니없게 들릴지 모르겠다. 이해할 만하지만, 물리학자들은 몇몇 물리량의 경우 특정 상호 작용 과정에서는 보존되지만 다른 상호 작용 과정에서는 보존되지 않는다는 사실을 실제로 발견했다. 그래서 부분적 보존 법칙이라고 한 것이다. 예를 들어 보자. 쿼크 맛깔은 강한 상호 작용과 전자기 상호 작용에서는 보존되지만 약한 상호 작용에서는 보존되지 않는다. 아이소스핀이라는 물리량(잠시 후에 설명하겠다)은 강한 상호 작용에서는 보존되지만 전자기 상호 작용이나 약한 상호 작용에서는 보존되지 않는다.

비슷한 식으로, 어떤 불변 원리는 특정 상호 작용에서만 존중된다.

가령 전하 켤레 불변(입자-반입자 교환 불변)은 강한 상호 작용과 전자기 상호 작용에서는 유효하지만, 약한 상호 작용에서는 사실이 아니다.

여기에는 규칙이 있다. 상호 작용이 강할수록 제약이 늘어난다. 강한 상호 작용은 대부분의 보존 법칙과 대부분의 불변 원리의 제약을 받는다. 전자기 상호 작용이 받는 제약은 그보다 적고, 약한 상호 작용이 받는 제약은 그보다도 더 적다. 그렇다면 상호 작용들 중 가장 약한 중력은 보존 법칙과 불변 원리들을 마구 깨뜨리는 무법자일까? 몹시 흥미로운 질문이지만 아직 답은 모른다. 현재로서는 중력 효과를 입자 반응 차원에서 포착한 바가 없기 때문이다.

아직 실험으로 확인되지 않은 먼 나라 얘기지만, 이론물리학자들의 마음에 확실히 자리 잡은 존재로서 힉스 보손 입자라는 것이 있다(입자의 발명가들 중 한 명인 스코틀랜드 물리학자 피터 힉스의 이름을 땄다). 모든 공간에 침투해 있는 가상의 장에 대한 양자적 형태가 힉스 입자인데, 그들과의 상호 작용으로 모든 입자들의 질량을 설명할 수 있으리라 예상된다. 힉스 입자의 어깨에는 어마어마한 임무가 걸린 셈이다. 그리고 힉스 입자는 시간 역전 불변과 렙톤 맛깔 보존이 극히 사소하게 위반되는 것을 설명하는 데도 관여할지 모른다. 오늘날의 입자물리학에서 힉스 입자를 쫓는 추적보다 재미난 작업은 없다. 힉스 입자가 실제 발견된다면, 그리고 위와 같은 임무들을 수행하는 것으로 밝혀진다면, 보기 좋지만 깊이가 얕은 단순성을 조금 바꾸면 더욱 심오한 단순성이 따라 나오는 또 한 사례가 될 것이다. 이 경우, 모든 공간에 침투해 있는 기본 힉스 장이 시간 역전 불변에 존재하는 작은 불완전성을 설명할 것이다.

• 쿼크 맛깔

쿼크는 렙톤보다 맛깔스럽다. 렙톤은 둘씩 세 집단으로 나뉘어 집단마다 맛깔이 있는데(전자, 뮤온, 타우), 쿼크는 여섯 개 각각이 저만의 맛깔을 갖고 있다. 그래서, 참 적절하다고는 말할 수 없는 표현법이지만, 우리에게는 위, 아래, 맵시, 야릇함, 꼭대기, 바닥이라는 쿼크 맛깔이 있다. 쿼크 맛깔은 전자기 상호 작용과 강한 상호 작용에서 보존된다. 강한 상호 작용의 예를 들어 보자. 양성자끼리 충돌하여 양성자, 중성자, 양의 파이온을 내는 과정이다.

$$p + p \rightarrow p + n + \pi^+$$

여기에는 위 쿼크와 아래 쿼크만 있다. 쿼크 구성 요소들로 표현하자면, 이렇게 쓸 수 있다.

$$uud + uud \rightarrow uud + udd + u\bar{d}$$

처음에는 위 쿼크 4개, 아래 쿼크 2개가 있었다. 최종적으로는 위 쿼크 4개, 아래 쿼크 3개, 아래 반쿼크 1개이므로, 맛깔 균형이 유지되었다(반쿼크는 음의 맛깔 수로 헤아린다). 예를 하나 더 보자. 양성자−중성자 충돌로 야릇한 입자들이 생기는 과정이다.

$$p + n \rightarrow n + \varLambda^\circ + K^+$$

퀴크 구성 요소로 표현하면, 아래와 같은 반응이 된다(s는 야릇한 퀴크이다).

$$uud + udd \rightarrow udd + uds + u\bar{s}$$

위 퀴크 3개, 아래 퀴크 3개가 결국 위 퀴크 3개, 아래 퀴크 3개, 야릇한 퀴크 1개, 야릇한 반퀴크 1개가 되었다. 여전히 맛깔은 균형을 유지했다.

위의 두 사례는 강한 상호 작용이었다. 강한 상호 작용이 일어나는 것은 반응의 발생 확률이 높기 때문이라는 것을 우리는 알고 있다. 그렇다면 이번에는 람다 입자의 붕괴를 살펴보자. 약한 상호 작용에 의해 벌어지는 느린 과정이다.

$$\Lambda^{\circ} \rightarrow p + \pi^{-}$$

퀴크 구성 요소로 표현하면 이렇게 적을 수 있다.

$$uds \rightarrow uud + \bar{u}d$$

야릇한 퀴크가 사라지고, 아래 퀴크가 등장했다. 따라서 약한 상호 작용은 퀴크 맛깔 보존 법칙을 깨뜨린다. 그러므로 이것은 부분적 보존 법칙인 셈이다.

• 아이소스핀

아이소스핀 개념의 등장은 1930년대로 거슬러 올라간다. 1932년에 중성자가 발견된 직후, 이 새로운 입자가 양성자와 전하가 다름에도 불구하고 닮은 데가 굉장히 많다는 사실이 알려졌다. 둘은 질량이 거의 같았고, 동일한 강한 상호 작용을 하는 듯 보였다. 양성자와 중성자는 핵자라는 더 기본적인 입자의 두 가지 상태로 여겨지게 되었고, 핵자는 1/2 스핀의 입자로서 스핀 방향은 두 가지가 가능하다고 수학적으로 정의되었다(그래서 스핀과는 별로 상관없는데도 아이소스핀이라는 이름이 탄생했다). 이런 입자 '다중항'들은 이후에도 여럿 발견되었다. 파이온 삼중항, 크사이 이중항 같은 것들이다(람다 입자 같은 단일항도 있다). 아이소스핀 보존 법칙에 따르면, 입자 집단 전체에 대한 아이소스핀 값은 강한 상호 작용 중에는 변하지 않지만, 전자기 상호 작용이나 약한 상호 작용 중에는 변할 수 있다. 불변 원리로 바꿔서 말하면 더 쉽다. 불변 원리로 표현하면, 다중항의 한 구성원을 다른 구성원으로 바꾸어도 강한 상호 작용은 변치 않고 유지된다. 때문에, 가령 양성자와 중성자는 동일한 강한 상호 작용을 보이고, 양의 파이온, 중성 파이온, 음의 파이온도 마찬가지인 것이다. 이런 결론은 쿼크 맛깔 보존 법칙으로 풀어도 얻을 수 있다. 굳이 아이소스핀을 별개의 항목으로 다룬 까닭은 역사가 다르기 때문이고, 관찰 불가능한 쿼크와 달리 관찰 가능한 입자들을 대상으로 하기 때문이다. 아이소스핀 불변 법칙은 전자기 상호 작용에서는 분명히 깨어진다. 한 다중항 속의 입자들이라도 전하는 서로 다르기 때문이다(질량도 조금씩 다르다).

• P와 C

1950년대 중반까지만 해도 물리학자들은 T, C, P 불변 원리 각각이 당연히 절대적으로 유효하다고 믿었다. 보통은 조심성이 대단한 물리학자들이 이때는 방심한 셈이었다. 물리학자들은 강한 상호 작용과 전자기 상호 작용에 대해서는 각각의 원리들을 확인하였는데, 이토록 사랑스러운 원리들이니, 약한 상호 작용에서도 유효할 것으로 믿은 것이다.

1956년, 물리학자들은 단체로 크게 창피를 당했다. 젊은 중국계 미국 이론물리학자들, 리정다오(당시 스물아홉 살로 컬럼비아 대학교에 있었다)와 양전닝(서른세 살로 프린스턴 고등연구소에 있었다)이 약한 상호 작용에서는 반전성 보존이 유효하다는 실험적 증거가 없음을 지적했기 때문이다. 그들은 P가 위반된다고 가정하면 입자 실험에 나타나는 이상 현상들을 해석할 수 있으리라 보았고,[73] 실험물리학자들에게 원리의 유효성을 확인해 달라고 요청했다. 같은 해, 리의 동료 우젠슝[74]이 수행한 실험이 있었는데, 다음 해에 발표된 그 실험 결과는 '자명'한 것으로 여겨졌던 P 보존이 사실이 아님을 극적으로 밝혀냈다. 거의 동시

---

[73] 질량 및 여타 성질들이 비슷한 두 입자가 서로 다른 반전성을 보이는 사례가 있었다. 이제 우리는 그 '입자들'이 실은 케이온이라는 하나의 입자임을 알고 있다. 나는 1955년부터 1956년까지 인디애나 대학교에서 안식년을 얻어 독일에 체류하는 동안, 세계 여러 이론물리학자들과 더불어 이 기이한 현상을 궁리했다. 다른 대부분의 과학자들처럼, 나 역시 반전성이 보존되지 않으리라는 생각은 꿈에도 하지 않았다.

[74] 양전닝은 동료들 사이에서는 '프랭크'라고 불린다. 리정다오는 'T. D.'라는 이름으로 불린다. 우젠슝(1997년에 여든네 살의 나이로 사망했다)은 '마담 우'라고 불렸다(가까운 친구들은 '젠슝'이라고도 불렀다).

에 다른 연구진들도 다른 기법들을 활용하여 우젠슝의 발견을 확인해 주었다.

반전성 보존, 다른 말로 공간 반전 불변은 이렇게 설명할 수 있다. 가능한 과정의 거울상 역시 가능한 과정이다. 이 책을 거울에 비추면 글씨가 뒤집혀 보일 것이다. 정상적인 모습은 아니지만 그렇다고 불가능한 모습도 아니다. 뒤집힌 활자를 제작해서 뒤집힌 글자를 인쇄하는 것도 가능하다(그것을 거울에 비추면 정상적으로 보일 것이다). 구급차의 'AMBULANCE'라는 글씨는 다음과 같이 좌우가 바뀌어 있다. (앞 차의 백미러로 보면 정상적인 글씨가 된다—옮긴이).

ƎƆИA⅃UᙠMA

이 공간 반전 불변은 일상생활에서는 늘 참이다. 거울(평면거울) 속 광경은 그냥 보는 광경과 달라서 꽤 기묘하긴 하지만, 불가능하지는 않다. 물리 법칙들을 깨뜨리지는 않는다. 공간 반전을 이해하는 또 다른 방법은 좌우가 바뀐 영화를 본다고 상상하는 것이다. 우리는 그렇게 영화를 봐도 필름이 뒤집혔다는 사실을 눈치 채지 못할 가능성이 높다. 배우들이 열에 아홉은 왼손잡이라는 사실에서, 남자들이 셔츠 단추를 오른쪽부터 채운다는 사실에서, 미국인데 자동차 운전석이 오른쪽이라는 사실에서, 그도 아니면 뒤집힌 글자를 보고 깨닫게 될지 모르지만, 반전된 영상에서 특별히 불가능한 장면은 없다는 결론을 내릴 것이다.

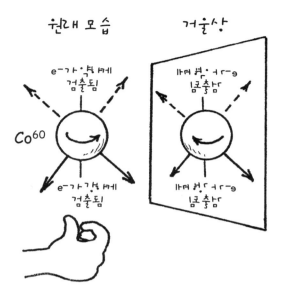

그림 26 코발트 60의 베타 붕괴.

반면, '마담 우'가 수행했던 실험의 거울상은 불가능한 과정이었다. 우젠슝과 연구진은 코발트 60 핵[75]들을 극저온 자기장 속에서 일정한 스핀 방향으로 정렬시켰다. 〈그림 26〉의 왼쪽이 정렬된 코발트 핵이다. 오른손 네 손가락을 핵의 회전 방향을 가리키는 화살표를 따라 감으면, 오른손 엄지는 스핀 축 방향인 위쪽을 가리키게 된다. 핵의 '북극'이 위쪽이라고 할 수 있다. 마담 우와 연구진이 관찰한 것은, 코발트 핵(이런 핵이 많다고 상상하자)의 베타 붕괴에서 방출되는 전자들 대부분이 핵

---

75 코발트 60은 의료계에서 널리 쓰이는 동위 원소이다. 그러나 전시의 핵폭발 잔여물이라면 건강에 위협이 될 수도 있다.

의 '남극' 쪽, 즉 아래쪽으로 발사된다는 사실이었다. 자, 〈그림 26〉의 오른편은 이 과정의 거울상이다. 여기서는 핵의 북극이 아래쪽인데(다시 오른손을 써서 스핀 축 방향을 잡아 보라), 전자들은 여전히 아래쪽으로 많이 방출되므로 핵의 북극 방향으로 발사되는 셈이 되었다. 하지만 이것은 실험실에서 관찰한 내용과 다르다(애초에 전자가 남북 방향으로 동일하게 방출되었다면 반전상에서도 아무 문제가 없었을 것이다. 그러므로 전자가 코발트의 남극 방향으로 더 많이 나온다는 사실 자체가 반전성 보존 위반의 증거가 된다 ─ 옮긴이). 거울상은 불가능한 과정인 것이다. 약한 상호작용 과정에서 반전성은 보존되지 않았다.

단순하면서도 직관적인 실험이다. 왜 더 일찍 해보지 않았을까? 누구도 이 실험이 필요하다고 생각하지 않았기 때문이다. 또한 내가 간단히 설명한 것처럼 그리 쉬운 일이 아니기 때문이다. 자기장이 아주 강하고 온도가 극도로 낮아야만(절대 온도 0도보다 100분의 1도 가량 높은 정도였다) 핵들이 정렬된 채로 가만히 있다.[76] 조건이 조금만 틀어져도 핵들이 마구 펄럭거리며 위쪽 스핀과 아래쪽 스핀으로 뒤섞인다. 그러면 설령 각 핵이 방출하는 전자가 스핀에 대해 일정 방향만 취하더라도, 관찰할 때는 전자들이 위아래에서 똑같이 나오는 것처럼 보였을 것이다.

1957년 1월 4일, 컬럼비아 대학교 물리학자들이 학교 근처 중국 식당에서 매주 정기적으로 갖는 점심 모임을 열고 있었다. 이 자리에서

---

[76] 우젠슝과 연구진은 컬럼비아 대학교가 아니라 워싱턴의 미국 국립표준국에서 실험했다. 원하는 수준의 극저온을 거기서만 얻을 수 있었기 때문이다.

T. D. 리는 얼마 전에 마담 우한테서 들은 이야기를 꺼냈다. 정렬된 코발트 60 핵들을 갖고 한 실험에서 전자들의 발사 방향이 비대칭적이었다는 것이다. 덕분에 리언 레더만(후에 다른 연구로 노벨상을 받는다)은 리와 양이 반전성 보존을 확인하는 용도로 제안했던 다른 실험 하나를 컬럼비아 대학교 사이클로트론에서 수행할 수 있을 것 같다는 생각을 하게 되었다. 그날 저녁, 레더만은 대학원생 마르셀 웨인리히와 함께 뉴욕 시 북쪽에 위치한 사이클로트론 연구소로 가 실험을 준비했다. 그들은 여행 중이라 점심 모임에 불참했던 젊은 동료 교수 리처드 가윈을 전화로 불렀고, 그는 다음날 합류했다. 불과 사흘 만에 그들은 뮤온 중성미자의 스핀이 늘 한쪽 손 방향이며(왼손 회전이거나 오른손 회전이거나), 중성미자의 약한 상호 작용은 공간 반전 불변과 전하 켤레 불변을 깨뜨린다는 사실을 알아냈다.[77]

레더만과 동료들은 컬럼비아 대학교 사이클로트론을 써서 양의 파이온들을 만든 뒤, 파이온들이 뮤온들과 중성미자들로 붕괴되고, 뮤온들이 전자들과 중성미자들로 붕괴되는 과정을 연구했다. 〈그림 27〉 중앙에 양의 파이온 붕괴가 그려져 있다. 색이 칠해진 동그라미는 붕괴 전에 파이온이 있던 자리다. 그로부터 위로 발사된 것이 양의 뮤온으로, 실험자는 (실험적 오차 범위 내에서) 이 뮤온이 언제나 한쪽 손 방향임을 확인할 수 있었다.[78] 왼손의 네 손가락을 뮤온 회전 방향을 가리

---

77 이 실험 당시에는 뮤온 중성미자와 전자 중성미자의 실체가 서로 다른 것으로 확인되지 않은 상태였다. 레더만은 5년 뒤에 뮤온 중성미자의 독특함을 밝혀낸 연구로 노벨상을 공동 수상한다.
78 컬럼비아 연구진은 뮤온의 이후 붕괴 과정에 대한 속성들을 측정함으로써 뮤온의 스핀 방향을 확인했다. 실험의 세부 사항을 여기에 소개하지는 않겠다.

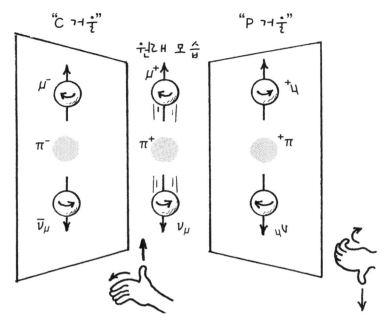

그림 27 양의 파이온 붕괴를 'C 거울'과 'P 거울'에 비춰 본 모습.

키는 화살표에 따라 감아 보자. 그러면 왼손 엄지가 뮤온의 이동 방향을 가리킨다. 이제 잘 알려진 두 보존 법칙, 운동량 보존과 각운동량 보존이 개입한다. 운동량 보존 때문에, 중성미자는 우리 눈에 보이진 않지만 뮤온과 반대인 아래쪽으로 날아가야 한다. 그리고 각운동량 보존때문에(원래의 파이온은 스핀이 없었다) 중성미자의 스핀은 뮤온의 스핀과 반대여야 한다. 따라서 중성미자는 뮤온과 손 감는 방향이 같다. (다시 왼손을 써서 중성미자의 스핀과 날아가는 방향을 확인해 보라.) 만약 반전성이 보존된다면, 중성미자들 중 절반은 왼손 감기여야 하고 절반은 오른손 감기여야 했는데, 실험에 따르면 모두 한 방향이었다. 반전성 보존이 와장창 깨진 것이다!

〈그림 27〉의 오른쪽에 보이는 것은 보통의 거울, 즉 'P 거울'이다. 그 속에서는 오른손 감기 중성미자가 아래로 날아간다. 하지만 중성미 자들은 왼손 감기여야 하므로, 이것은 불가능한 광경이다. 따라서 P 불 변은 거짓이다. 왼쪽은 'C 거울'이다. 원래 과정에 전하 켤레 교환(입 자-반입자 반전)을 적용한 결과이다. C 거울에서, 음의 파이온(양의 파 이온의 반입자)은 음의 뮤온(양의 뮤온의 반입자)과 왼손 감기 반중성미 자로 붕괴한다. 하지만 중성미자들이 왼손 감기라면, 반중성미자들은 오른손 감기여야 한다. C 거울도 불가능한 과정을 보여 주고 있다. 따 라서 C 불변은 거짓이다.

요점을 다시 정리하자. 이 실험들에서 P 불변과 C 불변이 극단적으 로 깨지는 것은 대전된 파이온의 붕괴, 뮤온의 붕괴, 베타 붕괴를 통제 하는 약한 상호 작용에 대해서이다. 전자기 상호 작용과 강한 상호 작 용에 대해서 P 불변과 C 불변은 여전히 굳건하게 유효한 원리들이다.

• T와 PC

〈그림 28〉에 'CP 거울'이 있다. 왼쪽 오른쪽을 바꾸고, 또 입자와 반입자를 바꾼 거울이다. 양의 파이온이 양의 뮤온과 왼손 감기 중성미 자로 바뀌는 과정은 아래와 같다.

$$\pi^+ \longrightarrow \mu^+ + \nu_{\mu L}$$

이것이 CP 거울에서는 아래처럼 바뀐다.

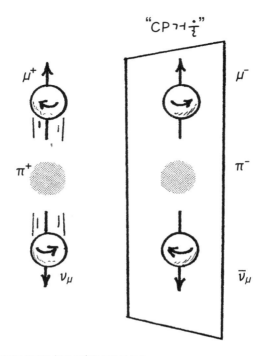

그림 28 양의 파이온 붕괴를 'CP 거울'을 통해 본 모습.

$$\pi^- \longrightarrow \mu^- + \bar{\nu}_{\mu R}$$

　음의 파이온이 음의 뮤온과 오른손 감기 반중성미자로 붕괴하는 과
정이다. 그런데 이것은 과학자들이 관찰한 음의 파이온 붕괴 과정과 일
치한다. 그러므로 PC를 결합한 불변 원리는 약한 상호 작용에서도 유
효한 것으로 보이고, 그렇다면 모든 상호 작용에 대해서도 유효한 것이
된다. 그러면 시간 역전 불변, 곧 T 불변도 절대적으로 유효해야 한다.
세 불변 원리를 모두 결합한 TCP 불변이 절대적으로 유효하다는 강력

한 증거가 있기 때문이다.

1957년의 놀라운 발견들이 있고 나서, 물리학자들은 설령 약한 상호 작용에서 P 불변과 C 불변이 각각 깨어진다 해도 PC 조합, 그리고 T와 TCP는 절대적으로 유효하리라는 생각에 익숙해졌다. 그러나 단순함을 살짝 교정한 것에 불과했던 이 신념도 1964년까지만 살아남았다. 프린스턴의 두 물리학자들, 밸 피치와 제임스 크로닌이 롱아일랜드 브룩헤이븐 가속기에서 다시 한 번 물리학계를 뒤흔드는 발견을 해냈기 때문이다. 그들은 비교적 수명이 긴 중성 케이온(5×10^{-8}초이다)이 파이온 세 개로 곧잘 붕괴하는데, 500번 중 한 번꼴로 가끔은 파이온 두 개로도 붕괴한다는 것을 알아냈다. 이론에 따르면 이것은 CP 불변이 깨어져야만 일어나는 현상이었다. 또 하나의 충격적인 결론이었다. 이로써 시간 역전 불변 역시 절대적으로 유효한 원칙이 아니라는 암시가 제기된 셈이었다.

피치와 크로닌이 발견한 위반은(그들은 이 발견으로 1980년에 노벨상을 받았다) '약한 상호 작용보다도 약한' 과정이다. 하지만 후에 B 입자라는, 바닥(또는 반바닥) 쿼크를 포함하는 보다 무거운(질량이 5,279메가전자볼트이다) 메존의 붕괴에서도 마찬가지 현상이 확인되었는데, 이는 훨씬 세기가 큰 상호 작용이다. CP 위반의 의미는 실로 엄청나다. 밸 피치가 즐겨 하는 말에 따르면 "그 덕분에 우리가 여기 존재한다". 물리학자들에게는 C와 P 불변이 각기 위반된다는 것을 알아낸 과거 발견들보다 훨씬 심란한 사건이었다. 물질과 반물질 사이에 기본적인 차이가 있음을 암시하기 때문이다. 물질로 이루어진 세상과 반물질로 이루어진 세상은 완전히 똑같이 행동하지 않는다. 그래서 지구에서 먼 은하들을 관측하면, 이론적으로는, 물질로 이루어진 은하인지 반물질로 이루어진 은하인지 알 수 있다. 아직 반물질 은하의 증거는 없고, 우리 우주가 전적으로 보통 물질로 만들어져 있으리라는 증거는 꽤 있다.

현재의 이론에 따르면, 빅뱅 이후 아주 잠시 동안은 양성자와 반양성자의 수가 정확히 같지는 않아도 거의 비슷했다. 이 입자들은 뜨겁고 밀도가 높은 원시 수프 속에서 차례로 충돌하며 서로 소멸되었는데, 이때 물질이 반물질보다 조금 많이 살아남았다. 10억 개 중 하나 정도의 작은 차이로 말이다. 이 살아남은 것들이 현재 우리가 사는 우주를 구성하게 되었다. 과학자들이 이론적으로 예측하는 바, 만약 CP 위반이 없었다면, 바리온의 수와 반바리온의 수는 정확히 같았을 것이다(달리 말하면 쿼크의 수와 반쿼크의 수가 같았을 것이다). 그러면 모두가 서로 소멸되고, 우주에 남은 것이라곤 광자들, 그리고 아마 중성미자들뿐이었을 것이다. 그런 우주에는 은하도, 별도, 우리도 없을 것이다.

대칭

'대칭'은 일상에서 자주 쓰는 말이다. '균형'이나 '조화'를 뜻하는 말로, 가끔은 '아름다움'을 뜻하는 표현으로 쓰인다. 수학자나 물리학자도 대칭에서 이런 분위기를 느끼지만, 정의는 다르게 한다. 다른 속성이 변해도 따라 변하지 않는 물질의 속성이 있을 때, 그 물질은 그 속성에 대해 대칭성을 띤다고 한다.

직선으로 길게 뻗은 철로는 병진 대칭을 띤다. 침목 하나 거리만큼

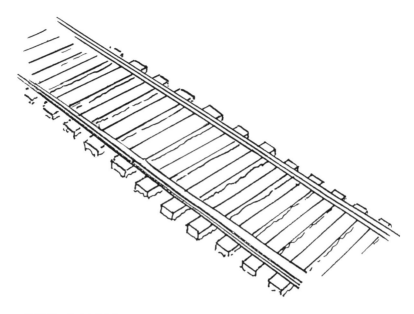

그림 29 철로의 병진 대칭성.

철로를 이동시켜도 철로에는 변한 것이 없다(내가 자리를 옮겨서 봐도 마찬가지이다). 사각형은 회전 대칭을 띤다. 사각형을 90도(또는 90도의 배수만큼) 회전시켜도 원래 모습 그대로이다. 원은 훨씬 완전한 형태의 회전 대칭을 띤다. 어떤 각도만큼 회전시켜도 원래 모습 그대로이다. 아리스토텔레스 등의 고대인들이 원을 가장 완벽한 도형으로 본 데는 이 대칭성도 한몫 했을 것이다. 한편 좌우 균형이 완벽한 가면은 공간 반전 대칭을 띤다. 지금 보고 있는 가면이 원래 모습인지 거울상인지 구별할 수 없는데, 양쪽이 동일하기 때문이다.

내가 눈을 감고 있는 동안 친구가 앞에서 대상을 조작한다고 하자. 아니, 조작할지도 모른다고 하자. 조금 있다 내가 눈을 뜬다. 원래 사각

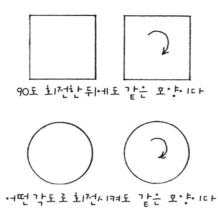

90도 회전한 뒤에도 같은 모양이다

어떤 각도로 회전시켜도 같은 모양이다

공간 반전 대칭성

그림 30 여러 종류의 대칭성.

형을 보고 있었는데 눈을 뜬 뒤에도 그대로 사각형이 있으면, 나는 친구가 사각형을 회전시켰는지 아닌지 알 수 없다. 원래 완벽하게 대칭적인 얼굴 사진을 보고 있었는데 눈을 뜬 뒤에도 그 모습이라면, 나는 친구가 원래 사진을 거울상으로 바꿨는지 아닌지 알 수 없다. 열차 맨 뒤 칸에 타서 철로를 바라보고 있었는데 눈을 뜬 뒤에도 그 모습이라면, 나는 친구가 기차를 조금 이동시켰는지 아닌지 알 수 없다.

이제 친구와 텅 빈 공간 속에 있다가, 눈을 감는다고 상상하자. 다시 눈을 뜨니 주변 풍경이 그대로이다. 나는 원래 있던 자리에 있을까, 다른 데로 옮겨졌을까? 알 수 없다. 이것이 공간의 균질성이라 불리는 대칭성이다(이에 대해서는 충분한 근거들이 있다). 공간은 어디나 똑같다. 특정 장소가 더 선호되는 법은 없다. 하지만 모든 것이 똑같아 '보인다'는 건 무슨 뜻일까? 내가 각종 실험 기기들을 지참하고 우주선에 올라 예전에 했던 실험들을 다시 수행하면서 혹시라도 다른 결과가 나오는지 확인한다고 하자. 아니다, 모든 결과가 예전과 같다. 그때 친구가 고백하기를 우주선이 위치를 이동했다고 한다. 나는 자연법칙들은 여기에서나 저기에서나 같다고 결론 내린다. 잠시 수고한 덕분에 중요한 연결 고리가 밝혀진 것이다.

불변성 ↔ 대칭성

우리가 공간의 균질성이라 부르는 대칭성과 자연법칙의 불변성은 서로 연결되어 있다. 물리학자들은 이것이 보편적인 연결 고리라고 믿는다. 모든 불변 원리는 대칭 원리와 연결되어 있다는 것이다. 대개의 경우에는 고리를 찾기가 쉽다. 예를 들어, 거울 속 세상이 실제 세상과 동일한 성질들을 지닌다면(공간 반전 대칭성), 자연법칙은 공간 반전 불변성을 지닌다고 할 수 있다. (우리는 사실 모든 자연법칙이 아니라 몇몇 법칙들만 불변성을 지닌다는 것을 알고 있다.) 대개 대칭성과 불변성은 거의 같은 개념이다. 대칭에서 변하지 않는 '속성'이 바로 자연법칙일 때는 항상 그렇다.

아래 연결 고리는 좀 미묘하다.

대칭성 ↔ 보존성

1915년, 괴팅겐 대학교의 초빙 연구자이자 강사였던 에미 뇌터는 이후 수리물리학의 기둥이 될 중대한 정리를 발표했다.[79] 뇌터는 모든 연속 대칭에 대해, 연관된 보존 법칙이 존재함을 보였다. (연속 대칭이란 조건 변화를 어떤 규모로 해도 상관이 없는 대칭을 말한다. 한편 철로나 사각형, 대칭적 얼굴 같은 사례는 '이산 대칭'이다.) 대칭성은 불변 원리와 보존 법칙을 잇는 '고리'가 된 것이다.

불변성 ↔ 대칭성 ↔ 보존성

이 점을 설명하기 위해 예를 들어 보자. 운동량 보존 법칙이 어떻게 공간 균질성(연속 대칭이다)과 연결되는지 보자.

책상 위에 책이 한 권 있다. 아무 책이나 괜찮지만, 책상은 특별해야 한다. 완벽하게 평평하고, 완벽하게 마찰이 없어야 한다. 그러면 중력에 대해서는 싹 잊어버릴 수 있다. 중력이 책의 수평 운동에 대해서는 아무 영향도 못 미칠 것이기 때문이다. 나는 그 책상 위에 가만히, 움직이지 않도록 조심스레 책을 놓는다. 책은 가만히 있다. 합리적인 결과이고, '당연'하게까지 보인다. 하지만 나는 이런 질문을 떠올린다. 책

---

79 위대한 수학자 다비트 힐베르트는 괴팅겐 대학교 행정부와 4년이나 씨름한 끝에 에미 뇌터에게 적절한 학문적 위치를 마련해 줄 수 있었다. 하지만 그녀는 유대인이었기 때문에 1933년에 그 자리를 잃었다. 뇌터는 미국 펜실베이니아 주 브린모 대학교로 옮겨서 1935년에 사망할 때까지 교수로 지냈다.

속에 원자들이 수조 개 들어 있고, 원자들 몇몇은 이 방향으로 몇몇은 저 방향으로, 몇몇은 강하게 몇몇은 약하게, 서로 끌어당기며 활발히 움직이고 있는데, 어째서 책 속 원자들의 상호 작용이 기적처럼 책에는 아무 영향을 못 미치는가?

300년 전에 아이작 뉴턴은 이른바 뉴턴의 제3법칙이라 불리는 강제의 법칙을 통해 질문에 답했다. 뉴턴은 자연의 모든 힘들은 균형 잡힌 쌍으로 존재한다고 했다. 아마 이런 식의 설명을 들어 봤을 것이다. 모든 작용에 대해 크기가 동일한 반작용이 존재한다고 말이다. 원자 A가 원자 B에 힘을 가하면, 원자 B도 그만큼의 힘을 반대 방향으로 원자 A에게 가한다. 그런 힘의 쌍은 (벡터로) 더하면 0이 된다. 원자 A는 움직인다. 원자 B도 움직인다. 하지만 원자들의 집합인 책은, 움직이지 않는다.

이제 정지한 책 '문제'를 현대적으로 풀어 보자. 대칭 원리에 입각해서, 왜 뉴턴의 제3법칙이 사실인지 더 심오한 근거를 찾아 보자. 이때의 대칭은 공간의 균질성이다. 연관된 불변 원리에 따르면, 자연법칙들은 장소 불문하고 동일하다. 그러므로 고립된 물체의 운동은 물체가 어디 있느냐에 상관이 없다는 결론이 나온다. 책상 위의 책은 수평 방향으로 떠미는 외부적 영향이 전혀 없다는 점에서 고립되어 있다. 그런데 점 X에 가만히 있던 책이 움직이기로 '결정했다'고 상상해 보자. 움직이는 책은 잠시 후 점 Y를 통과할 것이다. 이동하며 Y를 지난 책의 운동 상태는, 정지했던 X에서의 운동 상태와 다르다. 이것은 원래의 대칭 원리에 어긋난다. 책이 움직이기 시작하면서, 운동 상태가 장소에 구애 받게 된 것이다. 따라서 책의 움직이고자 하는 '욕구'는 좌절된다. 책은 가만히 있는다.

위의 논의를 수학으로도 풀 수 있다. 그러면, 공간이 균질할 때, 자발적으로 바뀔 수 없는 운동 속성은 운동량이라는 결론이 나온다. 외부 영향으로부터 자유로운 책이 한 장소에서는 가만히 있다가 다른 장소에서는 움직인다면, 책은 운동량을 변화시킨 것이다. 책의 운동량은 보존되지 않았다. 따라서 운동량 보존 법칙 때문에 처음에 정지해 있던 책의 운동은 금지된다. 반면, 처음 책상에 놓일 때 운동하도록 힘을 받았다면, 책은 그 운동량을 고스란히 지니고 계속 움직일 것이다. 그때에도 장소에 따라 운동의 속성이 변하는 일은 없다.

텅 빈 공간의 단조로운 통일성이 운동량 보존을 설명하다니, 참으로 놀라 마땅한 전개이지만, 사실이 그렇다. 뉴턴의 제3법칙을 사실로 만들어 주는 것은 바로 공간의 특징 없음이다. 대칭성이라는 더 심오한 접근법으로 문제를 풀었을 때 또 한 가지 알게 되는 점은, 운동량 보존은 고전 물리학에서뿐 아니라 현대 상대성 이론과 양자역학에서도 유효한 법칙이지만, 작용과 반작용 힘으로 표현된 뉴턴의 제3법칙은 변해야 한다는 사실이다. 뉴턴의 법칙은 고전 물리학에서는 직접 적용 가능하지만 현대 이론에서는 그렇지 않다.

각운동량 보존은 또 다른 공간 대칭성과 연결된다. 공간의 등방성, 즉 선호되는 방향이 없다는 대칭성이다. 저 멀리 어딘가, 자기장도 없고 여타 외부적 영향도 전혀 없는 장소에 나침반이 하나 있다. 나침반 바늘이 갑자기 자발적으로 회전하기 시작한다면, 각운동량이 변한 것이고, 그 운동으로 볼 때 공간의 방향들은 동일하지 않을 것이다. 하지만 그런 일은 없다. 보다 놀라운 것은 에너지 보존이다. 에너지 보존은 시간의 대칭성, 그리고 시간 변화에 대한 물리 법칙의 불변성에 기반을 두고 있다. 운동량, 각운동량, 에너지 보존 법칙이라는 세 가지가 모두 시공간은 완벽하게 균일하여 어디나 같다는 사실에 바탕을 두고 있는 것이다.[80]

오늘날 물리학자들은 모든 보존 법칙이 궁극에는 대칭 원리에 기반을 두고 있다고 믿는다. 전하 보존 법칙도 그런 것으로 확인되었다. 전하 보존은, 대전 입자의 파동 함수에 어떤 관측 불가능한 변화가 일어날 경우에도 물리적 결과는 동일하다는 대칭성과 연결되어 있다. 하지만 몇몇 입자 보존 법칙들에 대해서는 아직 기저의 대칭성이 발견되지 않았다.

빈 공간의 속성과 기타 대칭성들에 바탕을 둔 보존 법칙들이야말로 가장 심오한 형태의 물리 법칙이라 말해도 좋을 것이다. 한편, 저명한 수학자이자 철학자 버트란드 러셀의 주장대로, 이들은 그저 '트루이즘'(truism, 스스로 자명한 공리라 동어 반복에 가까운 것—옮긴이)일 뿐인지도 모른다.[81] 러셀은 보존되는 물리량들은 보존되도록 정의되었기 때문에 보존될 뿐이라고 했다. 나는 두 견해 모두 옳을 수 있다고 생각한다. 만약 과학의 목표가 단순한 기초 가정들을 동원하여 자연을 정합하게 묘사하는 일이라면, 너무 기본적이라서 '자명'하게끔 보이고 심지어 그로부터 도출된 법칙들을 트루이즘이라 부를 수 있을 만큼 단순한 가정을(가령 공간과 시간의 균일성) 갖는다는 건 매우 만족스러운 일

---

80 상대성 이론은 세 가지 법칙들을 종합하여 4차원에서 하나의 보존 법칙으로 바꾸었다.
81 Bertrand Russell, *The ABC of Relativity*(New York: New American Library, 1959).

아닐까? 가장 단순하고 보편적인 것을 가장 심오한 것으로 여기는 과학자라면, 트루이즘을 심오한 것으로 보는 일을 부끄럽게 여기지 않는다. 그리고 뭇 변화의 과정들 가운데 일정하게 남는 것을 하나라도 발견했다는 사실은 대단한 성취가 아닌가? 아무리 임의적인 정의들을 동원했다 하더라도 말이다.

　여전히 우리의 대답을 구하는 질문은 이것이다. 자연을 묘사하는 데 보존 법칙들만으로 충분할 것인가? 자연에서 벌어지는 모든 일, 모든 변화의 법칙들과 강제의 법칙들이 결국 보존 법칙들에 기반을 두고 있는 것으로, 그리하여 대칭에 기반을 두고 있는 것으로 밝혀질까?

•• 복습 문제

1. 지구가 제 축을 기준으로 한번 자전하는 시간이 늘 일정하다는 것은 어떤 보존 법칙으로 설명되는가?

2. 질량 보존 법칙은 19세기 과학의 핵심 원리였다. 왜 오늘날은 정확한 법칙이라기보다 거의 법칙에 가까운 것으로 인정되고 있는가?

3. 어떤 의미에서 보존 법칙은 '전-후' 법칙인가?

4. 어떤 의미에서 보존 법칙은 '허용적' 인가?

불변 원리들

5. 불변 원리에 따라 변하지 않고 일정한 것은 무엇인가?

6. 위치 불변의 뜻은 무엇인가?

7. 공간이 균질하다는 것은 무슨 뜻인가?

8. (a) 공간이 균질하지 않아도 물리학은 성립할까?
   (b) 공간이 균질하지 않다면 물리학은 더 단순할까?

절대적 보존 법칙과 불변 원리

9. (a) 절대적 보존 법칙이란 무엇인가?
   (b) 절대적으로 보존되는 듯 보이는 물리량을 네 개만 들어 보라.

10. 입자 붕괴의 '내리막 규칙'은 무엇인가?

11. 정지해 있던 람다 입자가 하나의 중성자로 붕괴한 것을 관찰했다고 주장하는 물리학자가 있다. 그 중성자는 붕괴 지점으로부터 날아갔다고 한다. 이 붕괴는 '내리막' 규칙과 전하 보존 법칙을 만족시킨다. 그런데도 왜 의심해 보아야 하는가?

12. 어떻게 각운동량이 없는 입자(가령 중성 파이온)가 각운동량을 지니는 두 개의 입자(가령 두 개의 광자)로 붕괴할 수 있는가?

13. (a) 전하는 스칼라양인가 벡터양인가(즉 크기만 가지는가, 크기와 방향을 모두 가지는가)?

    (b) 전하는 일정 범위에서 연속적인 값을 지닐 수 있는가, 특정 이산적 값들만 지닐 수 있는가(즉 양자화되어 있는가)?

14. 뮤온이 중성미자와 광자로 붕괴하는 과정 $\mu^- \rightarrow \nu_\mu + \gamma$ 은 가능한 과정인가 불가능한 과정인가? 이유는 무엇인가?

15. (a) 중성자 붕괴는 바리온 수 보존을 위반하는가?

    (b) 양성자 붕괴는 바리온 수 보존을 위반하는가?

16. 어떤 의미에서 쿼크와 글루온의 색이 '비밀스러운' 속성인가?

17. 입자가 '왼손 스핀' 이라는 것은 무슨 뜻인가?

18. 중성미자는 왼손 스핀이다. 반중성미자는 어떤가?

19. 시간 역전은 문자 그대로 시간의 흐름을 거꾸로 되돌린다는 뜻이 아니다. 어떤 뜻인가?

부분적 보존 법칙과 불변 원리

20. 부분적 보존 법칙이란 정확히 무슨 말인가?

21. 강한 상호 작용과 약한 상호 작용 중 보존 법칙들의 제약을 더 많이 받는 것은 어느 쪽인가?

22. 람다 붕괴 과정 $\Lambda^0 \rightarrow p + \pi^-$ 에서 붕괴 전의 야릇한 맛깔 수는 얼마인가? 붕괴 후에는? 야릇한 맛깔 수는 보존되는가?

23. (a) 양성자와 중성자의 공통점을(또는 비슷한 점을) 두 가지만 들어 보라.

    (b) 둘 사이의 가장 큰 차이점은 무엇인가?

24. 얼마나 많은 수의 구성원이

    (a) 파이온 다중항에 포함되는가?

    (b) 핵자 다중항에 포함되는가?

25. 반전성 보존, 즉 공간 반전 불변은 무슨 뜻인가?

26. 빅뱅 직후에 대부분의 양성자와 반양성자들이 서로 소멸하여 사라졌다. 이 가운데 살 아남아 우주를 형성하게 된 입자들의 비율은 얼마나 되었는가?

대칭

27. 각각은 어떤 대칭을 지니고 있는가? (a) 철로. (b) 원. (c) 인간의 얼굴(대략).

28. 공간의 균질성은 대칭 원리이다. 여기에 연관된 불변 원리는 무엇인가?

•• 도전 문제

1. '강제의 법칙' 이 무엇인지를 설명해 보라.

2. '금지의 법칙' 이 무엇인지를 설명해 보라.

3. (a) 보존 법칙과 불변 원리의 공통점을 한 가지만 들라.
   (b) 다른 점을 한 가지만 들라.

4. 반응 $p+n \rightarrow n+\Lambda^\circ+K^+$(266쪽에 나왔다)은 이른바 '연합 생성' 의 예이다. 두 개의 야릇한 입자 Λ°와 K^+가 연합하여 생성되기 때문이다. 이런 연합 생성을 쿼크 맛깔 보존 으로 설명할 수 있겠는가?

5. 약한 상호 작용에서 생성되는 중성미자들은 모두 왼손 감기이다.
   (a) 이것이 어떻게 반전성 비보존을 설명하는가?
   (b) 이것이 어떻게 전하 켤레 변화 비보존을 설명하는가?

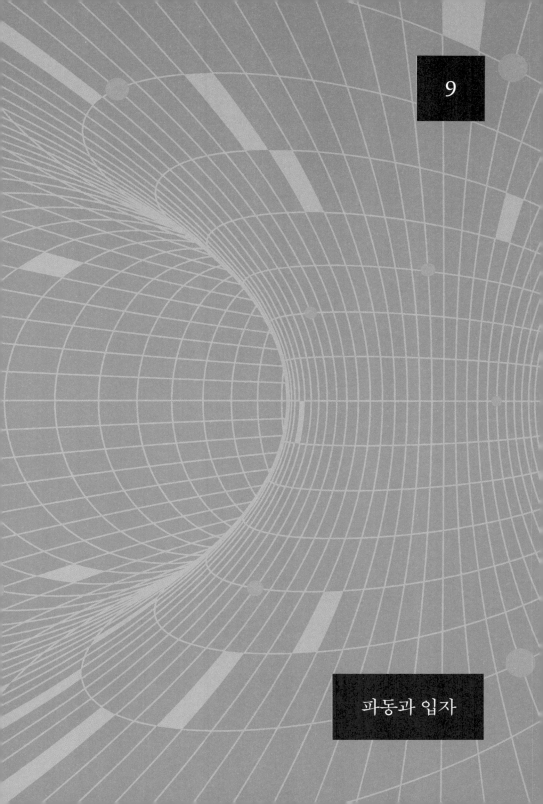

9

파동과 입자

WAVES AND PARTICLES

제1차 세계대전 전에 프랑스의 대학생이었던 루이빅토르 드 브로이 공작(귀족 브로이 가문의 7대 공작이지만 공작이 된 것은 예순여덟이 되어서였다—옮긴이)은 원래 역사를 공부했다. 외교관이 되려는 생각이었다. 하지만 이론물리학과 사랑에 빠졌고, 할당 받았던 역사 연구 프로젝트를 포기했으며, 1913년에는 스무 살의 나이에 물리학 학사 학위를 받았다. 닐스 보어가 수소 원자의 양자 이론을 발표한 해였다. 드 브로이는 1929년에 노벨상 수상 강연을 하면서, 자신이 "양자라는 이상한 개념, 물리학의 전 영역을 잠식해 나가는 듯한 개념"에 매력을 느꼈노라고 말했다.

군을 제대한 드 브로이는 파리 대학교에서 대학원 연구를 시작했다. 그리고 1924년, 혁명적 발상을 담은 박사 논문을 제출했다. 양자 세계에서는 파동이 입자이고, 입자가 파동이라는 발상이었다. 이것은 오래 살아남을 탁월한 발상이었다. 이 파동-입자 이중성은 여전히 양자물리학의 핵심 개념이다. 드 브로이는 후에 설명하기를 두 가지 생각의 줄기 끝에 이 발상에 이르렀다고 했는데, 하나는, 당시 과학자들이 점차 인정해 나가던 사실로서 엑스선이 파동과 입자의 속성을 모두 보인다는 점이었다. 아서 콤프턴이 1923년에 원자 속 전자들로 인한 엑스선 산란을 발표하기 전만 해도 대부분의 물리학자들은 아인슈타인의 광자를 현실로 받아들이기 주저하고 있었다. (1924년에도 사티엔드라 보스는 광자를 가설로 취급했다.) 엑스선은 회절이나 간섭 같은 전형적인 파동 성격을 드러내므로, 의심의 여지없이 전자기 파동이었다. 그런데 콤프턴의 연구, 그리고 단독 광자들이 금속 표면에서 전자들을 내보내는 광전 효과는, 전자기 파동에도 '소체적corpuscular'(당시의 용어를 쓰면 이렇다) 속성이 있음을 극명하게 보여 준 사례들이었다. 드 브로이는 궁리했다. 만약 (엑스선 같은) 파동이 입자 속성을 보일 수 있다면, (전자 같은) 입자가 파동 속성을 보이지 말란 법도 없지 않은가?

드 브로이는 고전 물리에서는 입자가 아니라 파동이 양자화된다는 사실도 주목했다. 피아노나 바이올린의 현, 오르간관 속의 공기, 기타 등등의 계에서 파동이 특정 진동수로만 일어나지, 아무 진동수로나 일어나지 않는다는 사실이었다. 고전 물리에서는 오히려 입자에 대한 양자화가 없었다. 그래서 드 브로이는 원자 속 에너지 준위의 양자화가 '물질파'의 진동에 따른 결과가 아닐까 생각했다. 즉 원자가 악기처럼 행동한다고 생각한 것이다.

드 브로이의 제안은 전자가, 그리고 같은 추론에 따라 다른 입자들도, 진동수나 파장 같은 파동적 속성을 지닌다는 것이었다. 3년 뒤인 1927년, 미국 벨 연구소에서 일하던 클린턴 데이비슨과 레스터 거머,

왼쪽은 클린턴 데이비슨(1881~1959), 오른쪽은 레스터 거머(1896~1971). 전자 산란 실험에 사용한 관을 들고 있는 1927년 모습이다.
〔AIP 에밀리오 세그레 영상 자료원 제공〕

그리고 스코틀랜드 애버딘 대학교의 조지 톰슨(전자를 발견한 J. J. 톰슨의 아들)은 고체 결정에 부딪친 전자 빔이 회절 및 간섭을 일으킨다는 사실을 서로 독립적으로 관찰함으로써 전자의 파동 성격을 증명했다 (〈그림 31〉을 보라). 그들은 관찰 데이터로부터 전자의 파장을 측정해 냈다. 하지만 실험으로 확증되기 전에도 이론물리학자들은 파동 개념을 받아들였다. 이를테면 1926년, 오스트리아 물리학자 에르빈 슈뢰딩거는 파동 방정식을 통해 수소 원자의 양자화된 에너지 준위를 설명했다. 에너지 양자화에 '이유'가 있으리라 추측한 드 브로이의 의견을 입

증한 연구였다.[82]

물리학자들이 처음에 파동-입자 이중성을 보고 당황한 까닭은 쉽게 짐작할 수 있다. 파동과 입자는 공통점이 거의 없는 이질적인 개념들로 보인다. 누구나 일상생활에서 입자와 파동 각각에 익숙하다. 야구공, 테니스공, 먼지 덩어리는 (또한 우주 공간을 가로지르는 소행성은) 대부분의 상황에서 입자이다. 주변의 다른 물체들에 비해 작고, 질량이 있고, 특정 시각에 특정 위치에 있고, 운동량과 에너지가 있다. 일상에 존재하는 파동이라면 물결파, 음파, 전파, 광파 등이 있다. 물결파는 파동의 핵심적 성질들을 모두 갖췄다. 멀리 퍼지기 때문에 작지 않다. 특정 지점이라고 위치를 못 박을 수 없다(특정 넓이에 국소화될 수는 있지만 말이다). 진동한다. 마루에서 마루까지, 골에서 골까지의 거리라는 파장이 있다.[83] 단위 시간당 진동하는 횟수인 진동수가 있다. 진동의 강도인 진폭이 있다. 진행파라면 속도가 있을 테고, 정상파라면 마치 기타 줄이나 플루트 속 공기의 진동처럼 (또는 욕조에서 왔다 갔다 하는 물결처럼) 다른 곳으로 퍼지지 않을 것이다. 진행파의 속도는 파동이 지닌 에너지와는 상관이 없을 것이다.[84]

---

82 파동-입자 이중성 덕분에 수많은 노벨상 수상자가 탄생했다. 아인슈타인은 1921년에 광전 효과 연구로, 콤프턴은 1927년에 '콤프턴 효과'(광자가 전자로부터 산란되는 것)로, 드 브로이는 1929년에 전자의 파동 속성을 발견한 공으로, 슈뢰딩거는 1933년에 '새로운 형태의 원자 이론'(슈뢰딩거 파동 방정식)으로, 데이비슨과 톰슨은 1937년에 결정에 의한 전자의 회절 실험으로, 막스 보른은 1954년에 파동 함수를 확률에 연관 지은 연구로 노벨상을 받았다.

83 물결파는 횡파(가로 파동)이다. 물이 파동의 운동 방향과 수직이 되게 위아래로 움직이기 때문이다. 전파와 광파도 횡파이다. 음파는 종파(세로 파동)이다. 진동하는 매질이 파동의 운동 방향과 나란히 앞뒤로 움직인다. 종파에도 마루(평균 이상의 밀도를 지닌 지점)와 골(평균 미만의 밀도를 지닌 지점)이 있으므로 확실한 파장이 있고, 진동수와 속도도 있다.

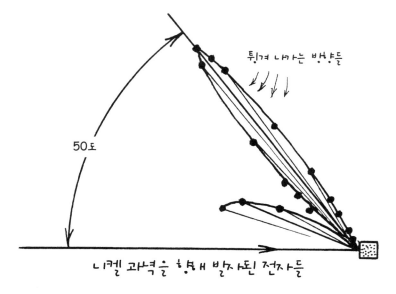

튕겨 나가는 방향들

50도

니켈 과녁을 향해 발사된 전자들

그림 31 데이비슨과 거머의 실험 결과. 54전자볼트의 전자들이 니켈 결정에 부딪친 뒤, 대부분은 특정 방향으로만 튕겨 나간다. 전자 파동들의 회절과 간섭 현상 때문이다.
《노벨 물리학상 강연》, 엘제비어, 1965)

자, (고전적 거시 세계에서는) 입자는 국소화되어 있고 파동은 그렇지 않다. 파동은 파장과 진동수와 진폭을 가지고, 입자는 (겉으로 보기에) 그렇지 않다. 입자가 이동할 때는 한 장소에서 다른 장소로 자리를 옮긴다. 파동은 아무리 멀리 전파되더라도 매질을 끌고 가는 법은 없다. 물결파를 이루는 물이나 음파를 이루는 공기는 파동이 움직이더라도 고정된 위치에서 진동할 뿐이다. 입자는 에너지가 클수록 빨리 달리는

84 파동의 속도가 파동의 에너지와 관계없다는 규칙은 특히 광파에 완벽하게 들어맞고, 다른 파동들에는 매우 근사한 정도로 적용된다. 충격파는 예외이다. 충격파는 보통의 음파들보다 훨씬 에너지가 크고 훨씬 빠르게 달린다.

그림 32 줄을 따라 달리는 '국소화된' 펄스.

데, 파동은 에너지에 관계없이 (같은 종류일 경우) 같은 속도로 전파된다. 하지만 고전적 파동과 고전적 입자라도 공통점이 몇 있기는 하다. 둘 다 한 장소에서 다른 장소로 에너지와 운동량을 전달한다. 파동도 최소한 부분적으로는 국소화될 수 있다. 한쪽 끝을 잡아맨 줄 위의 단일 펄스, 또는 성당의 오르간관 속에서 반향하는 음파를 생각해 보라.

아원자 세계에서 파동과 입자가 하나로 합쳐지려면 양쪽 개념이 조금씩 양보해야 한다. 입자는 더 이상 정확히 국소화될 수 없다. 이것이 가장 큰 변화이다. 파동은 보다 '물질적'으로 변해야 한다. 진동하는 것은 에너지와 운동량을 지닌 개체인 '장'이지, 19세기 이전 과학자들의 생각처럼 비물질적인 '에테르'가 아니다. 파동도 부분적으로 국소화하여 어느 정도까지 입자를 모방할 수 있다.

드 브로이 방정식

박사 학위 논문에서, 드 브로이는 아인슈타인의 $E=mc^2$만큼이나 중

대한 것으로 밝혀질, 놀랍도록 단순한 방정식 하나를 도입했다.

$$\lambda = b/p$$

왼쪽은 파장 λ(람다)이다. 오른쪽은 플랑크 상수 b를 운동량 p로 나눈 것이다. (고전 이론에서 운동량은 질량 곱하기 속도, 즉 $p = mv$이므로, 물체가 무겁거나 빠르면 운동량이 크다. 상대성 이론에 따르면 입자는 질량이 없어도 운동량을 가질 수 있다.)[85] 드 브로이 방정식은 가운데 '등식' 부호를 통해 파동 속성(파장)과 입자 속성(운동량)을 결합시킨다. 고전적으로 관련이 없는 듯 보였던 개념들을 하나로 잇는다. 그리고 그 연결 고리는 플랑크 상수이다. 즉 양자적 연결 고리인 것이다.

무릇 방정식이란 발상을 정리하는 것 이상의 역할을 한다. 방정식은 계산 지침을 제공한다. 가령 이제 전자 빔의 파장을 측정하면, 물리학자는 빔 속 전자들의 운동량을 계산할 수 있다. 혹은 빔 속 중성자들의 운동량을 아는 연구자는 중성자의 파장을 계산할 수 있다.

운동량이 드 브로이 방정식의 우변 '아래층'(즉 분모)에 있다는 사실이 의미심장하다. 운동량이 커질수록 파장이 짧아진다는 뜻이 된다. 현대의 가속기들이 그렇게 크고 비싼 까닭이 어느 정도는 이 때문이다. 연구자들은 작은 아원자 영역을 탐사하기 위해 몹시 짧은 파장을 얻고자 하므로, 입자를 엄청나게 가속해서 큰 에너지와 막대한 운동량을 주

---

[85] 질량 없는 입자의 운동량에 대한 상대성 이론의 정의는 $p = E/c$이다. E는 입자의 에너지, c는 광속이다.

어야 하는 것이다.

보어가 처음 제시했던 수소 원자 이론에 따르면, 최저 에너지 상태 (바닥상태)의 전자는 약 초속 200만(2×10^6)미터로 움직인다. 이 속도를 전자의 질량과 곱하면 운동량이 나오고, 그것을 드 브로이 방정식에 넣으면 전자의 파장을 계산할 수 있다. 그 값은 약 3×10^{-10}미터이다. 드 브로이는 이 결과에 몹시 흥분했는데, 보어 이론에 따라 계산한 수소 원자의 최저 에너지 궤도 원주와 일치했기 때문이다. 드 브로이는 여기에 착안해 자기 강화 원리를 제안했다. 전자의 파동이 궤도를 한 바퀴 돌 때 그 진동 횟수는 정수라서, 파동의 마루가 한 바퀴 돌아온 뒤 다시 마루를 만나 강화된다는 생각이다. 갑자기 전자의 파동 속성으로 운동 상태의 규모와 에너지를 설명할 수 있게 된 것이다. 마루가 마루를 만나지 못하는 다른 파장에서는 정상 상태가 성립하지 않는다. 그런 파동은 궤도를 몇 바퀴 돌다 보면 스스로 소멸될 것이기 때문이다(〈그림 33〉의 왼쪽 상황이다).

알고 보니, 드 브로이의 궤도 진행파 발상은 너무 단순했다. 완전한 양자역학에 따르면 원자 속 전자의 파동은 2차원 궤도를 도는 게 아니라 공간에 널리 퍼진 3차원이었다. 전자 자체도 공간에 넓게 퍼져 있지, 특정 궤도에 묶여 있는 것은 아니었다. 그럼에도 불구하고 드 브로이가 계산한 파장은 수소 원자의 대강의 규모를 알려 주었으며, 확산된 파동의 형태로서 원자를 이해할 수 있다는 가능성을 열어 주었다.

사람은 어떨까? 우리도 파장을 지니고 있을까? 물론이다. 하지만 너무 짧아 잴 수가 없다. 파동 속성 때문에 인체 크기가 '모호' 해지는 정도는 극도로 작다. 1m/s 속도로 걷는 사람의 파장은 약 10^{-35}미터로, 원

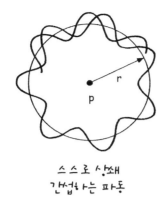
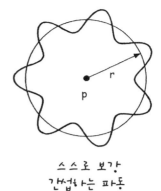

스스로 상쇄
간섭하는 파동

스스로 보강
간섭하는 파동

그림 33 파동이 스스로 간섭한다는 드 브로이의 생각.

자핵 하나의 크기보다 수십 수백 배 작다. 왜 그렇게 작을까? 사람의
운동량이 (전자에 비해) 그만큼 크기 때문이다. 물론 사람은 속도가 느
리지만, 질량은 입자에 비교할 때 천문학적으로 크다. 더 작고 느린 물
체는 어떨까? 작고 느린 생명체를 예로 들어도 별 수 없다. 1년에 1미
터를 기어가는 1그램짜리 벌레의 파장은 약 10^{-23}미터로, 여전히 감지
불가능할 정도로 짧다. 그러니 사람이든 야구공이든 박테리아든, 우리
는 모두 칼로 벤 듯 확실한 경계를 지니고 있고 파동 효과는 거의 드러
내지 않는다. 그런데 원자에 부피를 주어 사람과 야구공과 박테리아를
무너지지 않게 받쳐 주는 것이 바로 그 전자의 파동 속성이다.

　방정식을 외우는 것과 이해하고 음미하는 것은 별개의 문제다. 누구
라도 몇 분 만에 $E = mc^2$이나 $\lambda = b/p$ 같은 방정식을 외울 수 있다.
하지만 두 방정식이 정말 의미하는 바가 뭘까? 왜 중요한 방정식이라
고 하는 걸까? 의미를 '느끼는' 방편으로써, 둘을 비교해 보자. 아인슈

타인의 질량-에너지 방정식은 상대성 이론의 기본 방정식들 중 하나이다. 드 브로이의 파동-입자 방정식은 양자 이론의 기본 방정식들 중 하나이다. 아인슈타인 방정식에 담겨 있는 보편 상수인 광속 c는 상대성 이론의 기본 상수라 할 수 있다. c가 공간과 시간을 연결해 주고 이론의 '범위'를 정해 준다. 광속보다 한참 느리게 움직이는 것은 고전 물리학으로 묘사되고, 광속에 가깝게 움직이는 것은 상대성 이론의 효과들을 보인다고 규정한다.

드 브로이의 방정식에 담겨 있는 보편 상수인 플랑크 상수 h는 양자 이론의 기본 상수로서 실제로 모든 양자 방정식들에 등장한다. 가령 $h/2\pi$는 각운동량 측정 단위이다. h는 원자의 크기와 입자의 파장을 결정함으로써 아원자 세계의 '범위'를 정한다.

아인슈타인의 방정식에서 E와 m은 변수라서, c와 달리 입자에 따라 다양한 값을 지닐 수 있다. 드 브로이 방정식에서는 λ와 p가 변수이다. 자연에 대한 신선한 통찰을 제공해 주는 면에서 가장 중요한 특징은, 두 방정식이 통합을 수행한다는 점이다. 아인슈타인의 연구 이전에 서로 별개의 개념으로 여겨졌던 질량과 에너지가 아인슈타인 방정식에서는 단순한 비례 관계로서 하나로 통합되었다. 드 브로이 방정식은 드 브로이의 연구 이전에는 (가상적 존재인 광자라는 단서가 있긴 했지만) 역시 별개의 개념으로 여겨졌던 파장과 운동량의 통합을 수행한다.

방정식에서 변수들의 위치에는 굉장히 중요한 의미가 있다. 아인슈타인 방정식에서 m이 분자에 있다는 것은 질량이 클수록 에너지가 크다는 뜻이고, 거꾸로 말해 큰 질량을 만들어 내려면 큰 에너지를 써야 한다는 뜻이다. 앞서 언급했듯, 드 브로이 방정식에서 p가 분모에 있다는 것은 운동량이 큰 입자일수록 파장이 짧다는 뜻이다. 가볍고 느린 입자일수록 파장이 길다. 즉 파동 속성들이 더 확연하게 드러난다.

마지막으로, 두 방정식에 등장하는 상수의 크기에도 대단한 의미가 있다. 우리가 일상의 거시 세계에서 만나는 '정상적인' 크기들에 비하면 c는 크고 h는 작다. 모든 것을 자기 잣대로 생각하는 인간의 입장에서 보자면, m에 곱해지는 c^2이 어마어마하게 크므로 작은 질량도 막대한 에너지와 같은 셈이다. 하지만 일상의 에너지 변화에서는 질량 변화가 너무 작아서 눈치 챌 수조차 없다. (고작 질량 1그램을 에너지로 변환시킨 것이 1945년에 히로시마를 초토화시키고도 남았다.)

한편 h가 작기 때문에, 양자적 파동 효과는 우리 감각에 잡히지 않는다. 일반적인 운동량에 따르는 파장은 더없이 작다. 상대성 이론과 양자역학이 이론의 역사에서 뒤늦게 등장한 까닭은 이 상수들의 규모 때문이다. 두 이론의 기본 상수들이 인간의 일상적 체험과 너무나 동떨어진 규모를 갖고 있기 때문에, 직접적인 인지 범위를 넘어서는 관찰을 가능케 하는 실험 기법들이 발명되기 전에는 그런 이론들을 생각해 낼 수 없었던 것이다.

오늘날은 입자의 파동 속성과 복사의 입자 속성에 대한 증거가 산처럼 쌓였다. 개중 최초의 증거는 전자기 복사의 흡수가 양자 덩어리로만 이루어진다는 사실(이른바 광전 효과)과, 전자에 의한 엑스선 산란 현상이었다. 둘 다 광자의 존재를 뒷받침한 현상이었다. 사실 광자는 파동-입자 이중성에 대한 '완벽한' 예제이다. 분명히 파동과 진동수를 갖고 있으며(진짜 빛이니까 말이다), 분명히 입자로서 태어났다가 죽는다(방출되었다가 흡수된다). 광자의 이중적 성격은 중성 파이온 붕괴에서도 드러난다.

$$\pi^\circ \longrightarrow \gamma + \gamma$$

파이온이 붕괴하는 폭발적 사건에서 두 개의 광자가 탄생했고, 이들은 또 다른 새로운 입자들을 낳으며 소멸될지 모른다.

어떤 것이 파동임을 증명하는 가장 설득력 있고 직접적인 증거는 회절 현상과 간섭 현상이다. 회절은 파동이 방해물을 만나 휘거나 왜곡되는 현상이다. 가령 장파장 전파는 건물 옆으로 휠 수 있으므로 건물 '그늘'에서도 탐지된다. 입자라면 방해물을 비껴 지나가지 못할 것이다. (파장이 매우 짧은 전파는 입자에 가깝게 행동하므로 건물에 부딪쳐 막히고 만다.) 그리고 파장 두 개가 만나면 간섭을 일으킬 수 있다. 마루와 마루끼리 만나면 '보강' 간섭이 되고, 골과 골끼리 만나면 '상쇄' 간섭이 된다. (물리학자는 간섭이란 표현을 일상적인 정의보다 넓게 사용한다. 파동끼리 간섭하면 서로 도와줄 수도, 서로 방해할 수도 있다.)

19세기 초, 영국의 토머스 영과 프랑스의 오귀스탱 프레넬이 빛의 파동 속성을 극명하게 드러내 보인 것도 회절 및 간섭 실험을 통해서였다. 지금 우리는 그들의 실험이 결정적이었다고 말하지만, 당시는 그 실험도 사람들의 마음을 움직이지 못했다. 아이작 뉴턴의 빛 입자 이론이 너무 지배적이었기 때문이다.[86] 하지만 결국에는 빛의 파동 이론이

---

86 과학사학자 제럴드 홀턴과 스티븐 브러시에 따르면, 빛 입자 이론의 챔피언이라 할 아이작 뉴턴 자신은 후대의 추종자들만큼 교조적으로 이론에 집착하지는 않았다고 한다. 물리학에서도 때로는 영웅 숭배를 떨쳐 내기 어려운 법이다.

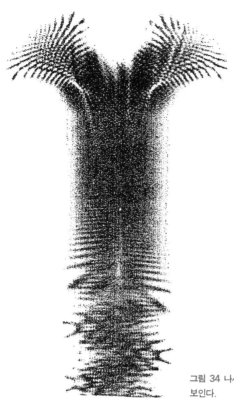

그림 34 나사못의 그림자 속에 회절 무늬와 간섭무늬가 보인다.

두각을 드러내기 시작했다. 그러다 상황이 또 바뀐 것은 광자가 등장하여 빛의 입자 속성을 다시금 강조한 때였다. 그러다가 1927년, 결정에 부딪친 전자들의 회절 및 간섭 효과를 확인한 데이비슨, 거머, 톰슨의 실험이 등장한 것이다. 입자는 (고전적 시각에서) 회절하거나 간섭할 이유가 없었기에, 이들의 실험은 100년 전 영이나 프레넬의 실험과 마찬가지로 전자의 파동 속성에 대한 결정적 증거로 받아들여졌다.

토머스 영이 빛을 대상으로 수행했던 실험을 요즘은 이중 슬릿 실험이라 부른다. 비교적 간단한 실험이다(〈그림 35〉를 보라). 광원에서 퍼져 나온 파동이 불투명 막에 부딪치는데, 막에는 두 개의 좁은 슬릿이 가깝게 뚫려 있다. 각 슬릿을 통과한 파동은 회절을 일으키며 불투명 막으로부터 멀리 퍼져 나간다. 불투명 막 너머에는 탐지막이 있다. 두 개의 슬릿에서 나온 파동들이 간섭을 일으킬 테니, 탐지막 위 어떤 점에서는 보강 간섭이, 다른 점에서는 상쇄 간섭이 일어날 것이다. 두 슬릿으로부터의 거리가 얼마나 되느냐에 따라 어떤 간섭이냐가 정해진다. 정확히 두 슬릿의 중간과 마주보고 있는 지점에서는 보강 간섭이 일어난다. 마루와 마루, 또는 골과 골이 만날 것이기 때문이다. 그 지점에서 조금 올라가면, 위쪽 슬릿으로부터의 거리가 아래쪽 슬릿으로부터의 거리보다 정확히 반 파장 짧은 지점이 있을 것이다. 그 점에서는 한쪽 파장의 골이 다른 파장의 마루와 만나 상쇄 간섭이 일어난다. 그보다 더 올라가면, 아래쪽 슬릿으로부터의 거리가 위쪽 슬릿으로부터의 거리보다 정확히 한 파장 먼 지점이 있을 테고, 거기서는 두 파장의 위상이 일치하여 마루와 마루, 골과 골이 만남으로써 다시 보강 간섭이 된다. 이런 식으로 반복된 결과, 탐지막에는 밝고 어두운 줄무늬가 늘어선다. 이것이 빛의 파동적 양태에 대한 결정적 증거이다. 두 슬릿의 간격과 줄무늬 간 간격을 측정하면 파장을 계산할 수도 있다.

　양자의 시대에 접어들어, 이중 슬릿 실험의 두 가지 중요한 변형판이 등장했다. 첫째는 빛 대신 전자로 한 실험이었다. 줄무늬 패턴을 관찰함으로써 전자의 파장을 측정할 수 있었고, 그 결과는 드 브로이 방정식을 만족시켰다(결정 산란 실험도 그랬다). 둘째는 한 번에 광자 하나씩 발사되도록 극히 약한 광원으로 수행한 실험이었다. 이때는 탐지막

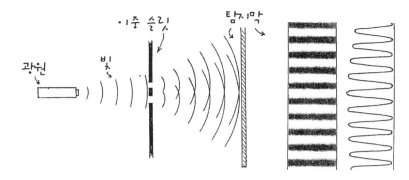

그림 35 이중 슬릿 실험.

대신 미세 검출기들을 줄줄이 배열하여 광자 하나의 도착을 알릴 수 있게 설계했다. 한 번에 입자 하나씩 발사한 이중 슬릿 실험의 결과는 〈그림 36〉에 나와 있다. 이것은 양자 물리학의 기묘함을 단순하면서도 호소력 있게 드러낸 실험이었다. 보어와 아인슈타인이 토론에 열을 올리던 1930년대에는 사고 실험에 불과했지만 이후 전자기기와 검출기들이 발전하면서 현실로 수행해 볼 수 있게 된 이 실험은 보통 사람들뿐 아니라 과학자들에게도 여전히 놀라움의 대상이다.

정확히 어떤 일이 벌어지는지 살펴보자. 이중 슬릿을 향해 광자 1을 쏜다. 광자는 검출기 배열 어느 지점에선가 감지될 것이다. 정확한 착지 지점은 우리가 예측할 수 없다. 이제 광자 1과 모든 면에서 동일한 광자 2를 이중 슬릿을 향해 쏜다. 광자 2 역시 검출기 배열 어느 지점에선가 감지된다. 이런 식으로 광자 한 개씩 차례로 발사한다. 광자 10개를 쏜 뒤 검출기 배열에 찍힌 점들을 보면, 일정한 패턴 없이 무작위로 점이 찍힌 듯 보인다. 광자 100개를 쏜 뒤에 보면, 어렴풋이 어떤

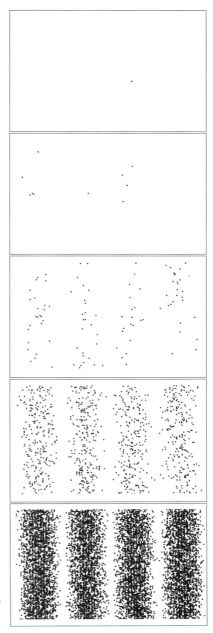

그림 36 광자(또는 어떤 입자)를 한 번에 하나씩 이중 슬릿에 대고 쏘았을 때 검출기에 잡히는 모습의 시뮬레이션 결과. 다섯 개의 그림이 위로부터 각각 입자 1개, 10개, 100개, 1,000개, 10,000개의 결과를 보여 준다. 각 그림은 이전 그림의 결과를 포함한 것이다. 〔www.ianford.com/dslit/ 제공〕

패턴이 드러나기 시작한다. 파동 이론에 따라 보강 간섭이 일어나야 할 지점에는 많은 광자들이 착지한다(이들 대부분은 앞쪽 불투명 막의 '그늘' 부분에 착지한다). 파동 이론에 따라 부분적 상쇄 간섭이 일어나야 할 지점에는 광자들이 많이 착지하지 않는다. 파동 이론에 따라 완전한 상쇄 간섭이 일어나야 할 지점에는 광자가 하나도 착지하지 않는다. 1,000개 또는 10,000개의 광자들을 발사한 뒤에는, 검출기 배열에 확연한 줄무늬가 떠오른다. 파동으로 실험한 결과와 일치하는 것이다.

이걸 어떻게 해석해야 할까? 무작위적이고 예측 불가능했던 개별 사건들로부터 결국 확연하고 단순한 하나의 패턴이 떠올랐다. 이렇게 묻고 싶을 것이다. 광자는 이쪽 슬릿을 통과한 것인가, 저쪽 슬릿을 통과한 것인가? 광자는 어디에 착지해도 좋고 어디에 착지하면 안 되는지 어떻게 '알까?' 실제 착지점을 결정하는 요인은 무엇일까? 이론상 모두 동일한 광자들인데 동일하게 행동하지 않는 이유는 무엇일까?

관찰 결과와 일치하고, 양자 이론에 일치하고, 다른 실험 결과들과도 일치하는 해석은 하나뿐이다. 각 광자는 광원에서 나와 검출기에 다다르기까지 하나의 파동으로 개별적으로 행동한다. 각 광자는 두 개의 슬릿을 모두 통과한다. 광자는 점으로 탄생하고, 점으로 감지된다. 그러나 탄생과 감지(실제는 소멸) 사이에는 파동으로 행동한다. 이것이 파동–입자 이중성의 핵심이다. 게다가 확률까지 끼어든다. 광자도 자기가 착지할 지점을 모른다. 광자는 각 지점에 대한 착지 확률을 알 뿐이다. 파동 이론이 보강 간섭을 예측하는 지점의 확률은 높고, 파동 이론이 상쇄 간섭을 예측하는 지점의 확률은 낮다. (동전 던지기를 1,000번 한다고 생각하자. 우리는 특정 시도에서 앞면이 나올지 뒷면이 나올지 전혀 예측할 수 없다. 특정 시도에서 앞면이 나오거나 뒷면이 나오는 일은 바로 앞 시도의 결과와도 무관하다. 하지만 확률이 작용하고 있으므로, 동전 던지기를 1,000번 하는 경우 앞면이 500번 정도, 뒷면이 500번 정도 나올 것이라고 합리적으로 예상할 수 있다. 물론 정확히 500번이 나오는 것은 아니다.)

광자 하나가 동시에 두 슬릿을 통과해 회절을 일으키고, 스스로 간섭할 수 있는 것이다. 우리는 그렇게 설명할 수밖에 없다. 우리가 광자를 볼 때(가령 검출기로 보거나, 직접 망막에 와 닿은 광자를 감지하거나) 광자는 늘 점이다. 우리가 보지 않을 때는, 광자는 고전 이론의 전자기 파동처럼 공간을 가로질러 가는 유령 같은 파동이다.

일부 물리학자들은 아직도 이중 슬릿 실험이 심란한 현상이라고 생각한다(닐스 보어의 말을 비틀면, 이중 슬릿 실험에 대해 생각하면 할수록 머리가 어지럽다). 양자역학이 이제껏 무수한 성공을 거두었고 단 한 차례도 실패하지 않았건만, 그것은 아직 불완전한 이론이라고 생각하는 사람들도 있다. 그들은 내년이 될지 50년 뒤가 될지 모르겠지만, 21세기 언젠가는, 양자 이론을 포괄하고 양자 이론이 거둔 성공들을 모두 설명하면서도 훨씬 '조리 있는' 새로운 이론이 등장할 것이라고 믿는다. 이중 슬릿 실험을 기묘하다고 여기지 않는 물리학자들도 언젠가 양자역학의 존재 이유가 밝혀졌으면 하고 생각하곤 한다.

원자의 크기

1898년에 J. J. 톰슨이 전자를 발견한 뒤 10여 년간, 물리학자들은 친숙한 고전적 개념들을 가지고 원자 구조 이론을 구축할 수 있으리라는 희망에 부풀어 있었다. 톰슨이 직접 고안한 모형은 건포도 푸딩 모형이라고 불렸다. 톰슨은 둥근 물방울 같은 양전하가 있고('푸딩'), 그 속에 작은 음전하 미립자들이 점점이 박힌('건포도') 모양을 상상했다. 푸딩의 양전하가 건포도들의 음전하를 상쇄한다면, 전체는 전기적으로 중성을 띨 것이고, 원자의 크기는 푸딩 덩어리의 크기에 따라 결정될 것이다. 이론물리학자들은 넓게 퍼져 있는 양전하 속에서 전자들이 어떻게 움직이는지 알아내려 애썼다. 아마 앞뒤로 흔들리고 있으리라 생각했다(그래야 원자가 악기처럼 일정 진동수만 복사하는 현상을 설명할 수 있을 것이었다). 또한 그런 원자가 어떻게 안정한지 이해하려 애썼다. 그러나 헛수고였다. 우리가 볼 때는 놀랄 일도 아니다. 모형이 틀렸기 때문이다. 하지만 때로 과학자들은 옳은 길을 찾아낼 때까지 막다른 골목들을 달려 봐야 하는 법이다.

옳은 길을 찾아내는 데는 위기가 한몫 했다. 어니스트 러더퍼드가 1911년에 원자 공간 대부분은 텅 비었고 중앙에 작은 핵이 있음을 밝혀낸 사건이 바로 그 위기였다. 건포도 푸딩 모형 및 당시의 다른 모형들은 즉시 폐기되었고, 러더퍼드는 새 모형을 제안했다. 아름답도록 단순한 행성 모형으로서, 작은 핵 '태양' 주위를 전자 '행성'들이 돌고 있었다. 이것이 왜 위기였을까? 고전 이론에 따라 그런 원자의 행동을 예측해 보면 별로 좋지 않은 결과가 나왔기 때문이다. 태양계의 진짜 행성들은 수십억 년이라도 즐겁게 태양을 맴돌지만, 러더퍼드 원자의 전자들은, 고전 물리학에 따르면, 대략 1억 분의 1초(10^{-8}초)만에 나선을 그리며 중앙 핵으로 떨어져야 했다. 이처럼 커다란 차이가 나는 까닭은, 전자는 전하를 띠고 있고, 엄청난 속도로 가속하기 때문이다. 전자기 이론에 따르면 그런 전자는 복사를 방출해야 하고, 점점 더 큰 진동수의 복사로 에너지를 내놓으면서 안쪽으로 떨어져야 했다. 물론, 원자는 그러지 않는다. 원자는 크기를 굳건히 유지하며, 교란된('들뜬') 후에만 복사를 방출한다.

러더퍼드의 결과를 전해들은 닐스 보어는 곧 확신했다. 복사를 설명할 요량으로 도입되었던 새로운 양자 이론이 물질 이론, 즉 원자 이론에도 중요한 역할을 할 것이라고 말이다. 1913년 논문에서 보어는 이산적 양자 상태, 양자 도약, 각운동량 양자화 등 이후 오래 살아남을 발상들을 도입했는데, 다만 아직 파동 개념은 도입하지 않았다. 보어의 이론은 원자의 크기와 안정성을 설명하는 과정에서 중간 단계였던 셈이다. 이후 루이 드 브로이가 물질파 개념을 발전시켜 보어의 규칙들과 원자 크기를 설명해냈다는 이야기는 앞에서도 했다. 드 브로이의 혁신적인 점은 원자 크기가 원자 속 전자들의 파장에 의해 결정된다는 생각이었다. 현재에도 드 브로이의 최초 발상에서 크게 달라진 점은 하나밖에 없다. 우리는 이제 (이것도 앞서 말했다) 파동이 원자 속 3차원 공간에 퍼져 있음을 알고 있다. 정해진 궤도를 따라 움직이는 것은 아니었다. 자, 이제 건포도들이 푸딩이 된 셈이다.

파동이 파동으로 불리려면 최소한 하나의 마루와 하나의 골을 가져야 한다. 실제로는 아마 여러 차례 오르내리겠지만, 최소한 한 번은 반드시 오르내려야 한다는 말이다. 파동은 점으로 정의될 수 없다. 파동의 물리적 공간 점유는 최소한 파장의 길이만큼 되어야 한다. 그러니 원자 크기를 결정하는 것은 전자의 파동적 성질, 구체적으로 말하면 전자의 파장 길이이다. 그런데 전자는 파장이 짧을 때는 핵 가까이 달라붙어야 하고, 파장이 길 때는 핵에서 멀리 떨어져야 한다는 사실을 어떻게 알까? 이상하게 들리겠지만, 해답은 밑바닥이 둥근 유리병에 든 구슬이 한참 구르다가 유리병 가장 낮은 지점에서 멈추는 이유와 관련이 있다. 구슬은 최저 에너지 상태를 찾아내는 것이다. 전자도 마찬가지다.

전자가 최저 에너지를 추구하는 방식을 이해하기 위해, 우선 원자의 총 에너지에 기여하는 두 가지 에너지를 생각해 보자. 하나는 전자의 운동 에너지이다. 전자의 운동량이 커질수록, 그러니까 드 브로이 방정식에 따르면 전자의 파장이 짧아질수록, 운동 에너지는 커진다. 달리 말하면 전자가 조그만 매듭처럼 쪼그라들어 핵에 가까워질수록 운동 에너지가 커진다. 만약 전자가 고전적 예측에 따라 나선을 그리며 핵으로 떨어진다면 전자의 운동 에너지는 무한해질 것이다. 파장이 0으로 줄어들 것이기 때문이다. 따라서 최저 에너지를 추구하는 전자의 운동은 파장을 0으로 만들고 원자 크기를 0으로 만드는 수준까지는 나아갈 수 없다. 한편, 두 번째 에너지가 있다. 핵과 전자 사이 인력에 의한 위치 에너지이다. 위치 에너지는 원자가 작아질수록 작아진다. 하지만 운동 에너지가 커지는 속도보다는 느리게 작아진다. 즉, 두 에너지가 사실상 경합하는 것이다. 그런데 전자는 파동 속성 때문에 가급적 큰 부피로 퍼지려는 경향이 있다. 마치 전자가 핵에 의해 밀려나는 것만 같다. 그러면 파장은 길어지고 운동 에너지는 작아질 것이다. 하지만 동시에 전자는 핵의 전기적 인력으로 끌어당겨지고 있으므로, 가급적 작은 부피로 쪼그라들려고도 한다. 이런 경합하는 효과들이 균형을 이루어 총 에너지가 최소화되는 지점에서 원자 크기가 결정되는 것이다. 그 크기는 약 10^{-10}미터로, 입자 세계 기준으로는 상당히 크다.

어쩌면 여러분도 이미 짐작했겠지만, 원자 크기를 결정하는 데는 플랑크 상수 b가 중요한 역할을 한다. b가 지금보다 작다면(양자 효과들이 덜 두드러진다면) 원자는 지금보다 작을 것이고, b가 지금보다 크다면(양자 효과가 보다 두드러진다면) 원자는 지금보다 클 것이다. 상상이지만, b가 0이라면, 양자 효과는 전혀 존재하지 않을 것이다. 전자들은 고전 물리학 법칙을 따라 원자핵으로 떨어져 들어갈 것이다. 원자 구조는 존재하지 않을 테고, 이 문제를 고민하는 과학자들도 존재하지 않을 것이다.

수소 원자에서 우라늄 원자까지, 또한 그 너머에 이르기까지 모든 원자들의 크기는 엇비슷하다. 이것도 위에서 설명한 에너지 경합으로 해석할 수 있다. 우라늄 핵에 전자가 딱 하나 있다고 가정하면, 이 원자는 수소 원자보다 92배 작을 것이다. 전하량이 큰 핵은 위치 에너지가 강하니, 그것과 전자의 운동 에너지가 균형을 맞추는 지점이 핵에 더 가까울 것이기 때문이다. 인력이 크기 때문에 전자의 파장은 더 짧을 수 있고, 전자의 운동 에너지는 수소 원자에서보다 클 수 있다. 실제로 우라늄 핵의 안쪽 전자들은 10^{-10}미터가 아니라 10^{-12}미터 정도의 더 가까운 거리에 놓여 있다. 하지만 이후에 붙는 전자들은 갈수록 넓은 영역으로 퍼지게 된다. 최후에 결합하는 아흔두 번째 전자는 아흔두 단위의 양전하와 아흔한 단위의 음전하가 있는 곳에 합류하는 것이다. 이 녀석이 체감하는 순 전하량은 한 단위로서, 수소 전자와 다르지 않다. 따라서 수소 원자의 외로운 단독 전자와 비슷한 거리에 안착하는 것이다.

파동과 확률

파동과 확률이 어떻게 연결되는지는 쉽게 알 수 있다. 파동은 공간으로 널리 펼쳐진다. 확률 역시 널리 펼쳐진다. 전자는 여기 있을 수도, 저기 있을 수도 있다. 가령, 원자 속에서 전자가 정확히 어느 위치에 있는지는 아무도 모른다(전자의 파동 속성 때문이다). 하지만 전자를 특정 지점에서 발견할 확률은 확실하게 구할 수 있다.

〈그림 37〉의 가상 실험을 예로 보자. 고에너지 감마선 광자가 원자를 향해 발사되었다. 광자는 전자와 상호 작용하여 전자를 튕겨 내고(정확히 말하면 어떤 전자 하나를), 낮은 에너지의 광자도 함께 방출한다. 새로 등장한 두 입자, 전자와 광자는 상당한 운동량을 갖고 있어서, 그 파장은 원자 크기보다 훨씬 작다. 그 말인즉 이들의 경로가 비교적 확실하게 정해질 것이므로, (이론적으로) 경로를 거꾸로 추적하여 상호 작용이 일어났던 원자 속 지점을 알아낼 수 있다는 뜻이다. 실험자는 이렇게 말할 수 있다. "상호 작용이 일어난 점이 P이므로, 전자는 여기에 있었던 것이 틀림없습니다." (이런 식으로 원자 속의 한 영역을 짚어 내는 일은 사실 현실적이지 못하다. 그래서 이 실험이 가상 실험인 것이다.)

실험을 반복하면, 상호 작용 위치는 매번 달라질 것이다. 실험을 1,000번 또는 100만 번 반복하면, 어떤 패턴이 떠오를 것이다. 원자 내에서도 어떤 영역은 상호 작용이 일어날 확률이 높게 드러날 것이고, 어떤 영역은 상호 작용 확률이 낮게 드러날 것이다. 그리고 핵에서 아주 먼 어떤 장소들은 상호 작용 확률이 무시할 만큼 적게 나타날 것이다. 실험자는 다시금 실험을 시도하기 전에, 이렇게 말할 수 있다. "이

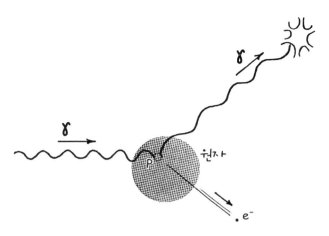

그림 37 감마선 광자가 원자로부터 전자를 튕겨 내었다.

번에 상호 작용이 어디에서 일어날지는 정확히 말할 수 없지만, 어떤 특정 영역에서 일어날 확률이 얼마나 되는지는 말할 수 있습니다." 이처럼 원자 내에 확산되어 있던 전자가 상호 작용을 할 때는 점으로 기능할 수 있고, 그 상호 작용 확률은 전자의 파동 진폭과 간단한 상관관계가 있는 것이다.

예를 더 들어 보자. 무거운 방사성 핵 속에 존재하는 알파 입자의 파동은 핵을 벗어난 곳까지 작은 '꼬리'를 늘어뜨리고 있다. 이처럼 멀리까지 약간의 파동이 미치기 때문에, 알파 입자는 핵으로 단단히 끌어당기는 힘의 장벽을 뚫고 달아날 확률을 약간이나마 갖는 것이다. 그래서 때때로 정말 입자가 튀어나와 알파 붕괴 사건을 일으키는데, 이것이 터널링 현상이다. 고전 물리학으로는 설명할 수 없지만, 양자 세계에서는 물질의 파동 속성과 파동-확률 연결을 통해 설명할 수 있는 현상이다.

이제 시계를 거꾸로 돌려 보자. 때는 1926년 3월, 젊은 베르너 하이젠베르크가 나름의 양자역학을 발표하고 몇 달 지나지 않아, 에르빈 슈뢰딩거가 파동 역학에 대한 논문을 발표했다. 당시 취리히에서 물리학 교수로 있던 오스트리아인 슈뢰딩거는 자신이 만든 새로운 파동 방정식을 사용하여 수소 원자의 에너지 상태들을 설명하고자 했다.[87] 전해에 발표된 하이젠베르크의 연구와 마찬가지로, 슈뢰딩거의 논문도 즉시 물리학자들의 관심을 사로잡았다. 물리학계는 슈뢰딩거 파동 함수의 의미를 아직 이해하지 못했음에도 그 중요성은 대번 알아차렸다.

슈뢰딩거 방정식에 등장하는 주된 수학적 변수인 파동 함수의 의미를 누구도 알지 못하는 상황에서, 슈뢰딩거는 성공적으로 방정식을 활용하고, 다른 물리학자들은 그 성취에 갈채를 보낸다는 것이 이상하게 보일지도 모르겠다. 그럴 수 있었던 까닭은 슈뢰딩거 방정식이 이른바 고유값 방정식이기[88] 때문이었다. 에너지 변수 E가 특정 값들을 가질 때에만 '말이 되는' 해답을 내놓는 방정식이었다는 뜻이다. 그에 벗어난 E 값에 대한 해들은 부조리하거나 비물리적이다. 따라서 슈뢰딩거는 자신의 파동 함수가 수학적으로 허용된 방식으로만 행동해야 한다고 규정함으로써(가령 무한이 되어서는 안 된다는 등) 수소의 양자화된 에너지 상태들을 이끌어 낼 수 있었던 것이다. 파동 함수의 의미가 무엇

---

[87] 슈뢰딩거 방정식의 모양을 한번 보자. 1차원에서 움직이는 입자에 대한 시간 독립적 방정식 형태이다. $d^2\psi/dx^2 + (2m/\hbar^2)(E-V)\psi = 0$. 겉보기에 간단한 이 방정식에서, x는 운동 방향에 따른 위치 좌표를, m은 입자 질량을, $\hbar$는 플랑크 상수를 2π로 나눈 값을, V는 위치 에너지를, E는 총 에너지를, ψ는 파동 함수를 가리킨다. 일설에 따르면 슈뢰딩거는 1925년 말에 여자 친구와 함께 스위스 아로사에 겨울 휴가를 갔다가 이 식을 떠올렸다.

[88] 고유값이라는 단어 '아이겐밸류eigenvalue' 는 독일어와 영어의 혼합물이다. 물리학은 국제적이다.

이건 말이다.

당시 마흔세 살로 괴팅겐의 고참 물리학자였던 막스 보른은 이론물리학 분야 전반에 널리 흥미를 갖고 있었다. 보른은 동료 파스쿠알 요르단과 함께 하이젠베르크 양자역학에 대한 해석을 막 마친 참이었다. 행렬 수학을 활용하면 아주 잘 묘사할 수 있다는 점을 보여 준 것이다. 이제 보른은 슈뢰딩거의 새 방정식으로 관심을 돌렸고, 불과 석 달 만에 그러잖아도 현기증을 느끼던 물리학계를 다시 뒤흔들었다. 보른은 이렇게 주장했다. 첫째, 슈뢰딩거의 파동 함수 ψ는 관찰 불가능한 물리량이다. 이는 물리학에서는 충격적일 정도로 새로운 발상이었다. 그때까지 물리학자들이 방정식에서 다루는 모든 개념은 관찰 가능한 물리량을 묘사하였기 때문이다. 둘째, 파동 함수의 제곱 $|\psi|^2$은 관찰 가능한 물리량으로서, 확률로 해석된다.[89]

파동 함수와 확률의 상관관계를 분명히 밝히기 위해, 수소 원자의 최저 에너지 상태를 예로 들어 보자. 이때 전자의 파동 함수는 핵 부근에서 최고 높이를 기록했다가 멀어질수록 '서서히' 0에 가까워지며, 핵으로부터 10^{-10}미터 너머에서는 극히 작아진다(〈그림 38〉을 보라). 이 파동을 해석하는 방식은 두 가지가 있다. 첫째, 전자가 국소화되어 있지 않다고 말할 수 있다. 전자는 특별히 한 장소에 있는 게 아니라 원자 내부 전체에 퍼져 있으며, 전자의 파동 함수는 그 퍼진 모양을 알려 준다. 이런 해석은 전자의 파동 속성에 초점을 맞춘 것이다. 한편 전자의

---

89 7장 주석 71에서 했던 말을 다시 강조하자. 파동 함수 ψ는 복소수일 수 있다. 실수부와 허수부가 동시에 존재하는 수로 표현될 수 있다는 말이다. 확률로 해석되는 것은 복소수 ψ의 절대값 제곱이다.

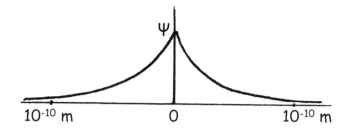

그림 38 수소 원자 속 최저 에너지 상태 전자의 파동 함수.

입자 속성을 생각하기 시작하면 확률이 끼어든다.

전자가 확산되어 있고 원자 내 어디서나 동시에 존재하는 게 사실이라 해도, 전자는 항상 입자로서 드러날 가능성도 지니고 있다. 앞서 본 가상 실험에서처럼 고에너지 감마선이 도착하면, 한 점에서 전자와의 상호 작용이 일어날 것이고, 전자는 그 점으로부터 튕겨 나갈 것이다. 그 확률은 파동 함수의 제곱에 비례한다. 보른은 이렇게 말했다. 드 브로이가 주장하고 슈뢰딩거 방정식이 암시한 대로 전자에는 틀림없이 파동 특징이 있지만, 전자가 입자의 특징도 동시에 드러낸다는 사실을 깨달으면 확률적 해석을 이끌어 낼 수 있다는 것이다. 이처럼 파동-입자 이중성과 파동-확률 연결은 함께 간다.

자연의 근본 법칙이 확률 법칙일지도 모른다는 증거는 1900년 무렵의 초기 방사능 연구에서부터 나왔다. 그리고 러더퍼드가 보어의 논문에 던졌던 질문(전자는 어디로 뛸지 어떻게 결정할까?)은 확률이 양자 도약에 관여하고 있을지도 모른다는 암시를 주었다. 하지만 물리학자들은 발 벗고 나서서 확실성을 확률로 교체할 이유가 없었고, 보른이 단호하게 요구하고 나설 때까지는 이 주제에 정면으로 대응하지 않으려 했다. 보른의 결론은 파동 함수가 위치 확률과 이어져 있음을 밝힌 것 이상의 의미가 있었다. 갑자기, 양자적 행동의 모든 측면들이 확률적이 라는 사실이 분명해졌다. 사건이 일어나는 시간, 사건의 여러 결과들을 놓고 벌어지는 선택, 모두가 확률적이었다.

6장에서 말했듯, 아인슈타인은 기초 물리학에 확률이 등장한 것을 좋아하지 않았다. 신은 주사위 놀이를 하지 않는다는 말을 자주 했다. 지금은 거의 모든 물리학자들이 확률을 받아들여 평화를 찾았지만, 아 직 불편해하는 이들이 남아 있다. 나 역시 양자 물리학의 마지막 유언 이 벌써 발표되었다는 의견에 대해서는 상당히 의심스럽게 생각한다.

파동과 알갱이성

원자 중앙에서 멀어질수록 전자의 파동 함수는 한없이 0에 가까워 진다. 파동 함수는 원자 중앙에서 유일한 극대점을 기록했다가, 원자 양옆으로 멀어지면서 0에 가까워진다. 수소 원자의 최저 에너지 상태 (바닥상태)에서의 파동 함수가 그런 모양으로서, 〈그림 38〉에 잘 나와 있다. 그보다 에너지가 높은 상태라면(들뜬상태들) 파동 함수는 둘 이상 의 진동 주기를 보인다. 〈그림 39〉에 보이듯, 원자 중앙으로부터 멀어 지면서 구불구불한 곡선이 되어 핵 주변을 둘러싸고 있다.

이것은 바이올린 현이 기음基音과 그 배음倍音으로 진동하는 모습을 떠올리게 한다. 양 끝이 고정된 현이 가질 수 있는 최저 진동수는 현 길

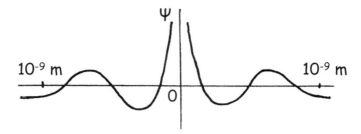

그림 39 수소 원자 속 높은 에너지 상태 전자의 파동 함수.

이가 반파장이 되는 진동수이다. 두 번째 배음의 진동수는 현 길이가 파장과 일치하는 것이다. 세 번째 배음의 진동수는 현 끝에서 끝까지가 파장의 1과 1/2이 되는 것이다. 이런 식으로 계속된다. 소리의 법칙에 따라, 두 번째 배음의 진동수는 기음 진동수의 두 배(음악 용어로 한 옥타브 올라간다고 한다), 세 번째 배음의 진동수는 기음 진동수의 세 배가 된다. 이런 배음들을 상음上音이라고도 하는데, 바이올린 현을 그으면 이 모든 상음들이 동시에 울린다. 소리의 음색은 상음들의 상대적인 세기에 달려 있다. 좌우간 지금 중요한 점은, 바이올린 현의 진동수가 양자화되어 있다는 사실이다. 일정한 길이와 장력의 현은 이산적인 특정 진동수들의 집합으로만 떨린다.

앞서 말했지만, 드 브로이도 이런 고전적인 파장 및 진동수의 양자화에서 영감을 얻어 물질파를 떠올렸다. 아마 드 브로이는 물질파도 바이올린 현 파동처럼(또는 관악기 기주 속 공기처럼) 특정 진동수로만 떨릴 수 있고, 그 사실을 통해 원자 속 에너지 양자화를 설명할 수 있다고 생각했을 것이다. 드 브로이는 답을 거의 맞혔다. 슈뢰딩거 파동 방정

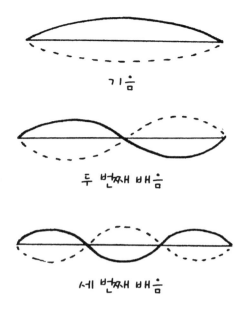

기음

두 번째 배음

세 번째 배음

그림 40 진동하는 바이올린 현.

식에서 물리적으로 허용되는 해가 나오려면 파동 함수(확률)가 원자핵에서 멀어질수록 급격히 0에 가까워져야 한다. 그런 해는 몇 가지 선택된(양자화된) 에너지에서만 가능하다. 다른 에너지일 경우, 파동 함수는 0이 아니라 무한에 가까워진다. 그리고 자연은 그런 가능성을 허락하지 않는다. 따라서 핵으로부터의 거리가 일정 수준을 넘을 때 파동 함수가 0이 되는(정확히 말하면 사실상 0에 가까운) 환경이란 바이올린 현 양끝을 '잡아매는' 것과 흡사한 것이다.

파동 함수는, 바이올린 현 파동처럼, 특정 파장들만 지닐 수 있다. 제일 긴 파장은 원자 끝에서 끝까지 가로질러 한 번 오르내리는 파장일 것이고, 이는 바이올린 현의 기음 진동에 해당한다. 그리고 이것이 원자의 바닥상태를 규정한다. 진동 주기가 더 많은 파동 함수들은 상음들에 해당하고, 원자의 들뜬상태들에 해당한다.

언뜻 보면 파동 함수가 에너지의 이산성을 설명한다는 사실이 역설적으로 느껴질지 모른다. 파동 함수는 입자의 이산성과는 대조적으로 공간에 널리 연속적으로 퍼져 있는데 말이다. 하지만 악기 비유를 떠올리면 합리적으로 이해할 수 있을 것이다.

물리학자들은 단순한 모형을 좋아한다. 그리고 양자 세계에서 상자속의 입자보다 단순한 모형은 없다. 전자(또는 다른 입자)가 완벽하게 투과 불가능한 두 벽에 가로막혀 일직선으로 벽 사이를 왔다 갔다 하는 모형이다. 고전 물리학에서 전자는 운동 에너지를 어떤 값이든 가질 수 있으며, 그 에너지를 갖고 무한히 왔다 갔다 튕겨 다닐 것이다. 그런데 양자적 설명은 전혀 다르다. 입자는 운동량에 의해 결정되는 파장을 지니고 있다. 운동량이 크면 짧은 파장, 운동량이 작으면 긴 파장이다. 어떤 파장의 경우에는, 그 파동이 벽 사이를 오가다 스스로 간섭을 일으켜 곧 소멸될 가능성이 있다. 그러면 우리가 입자를 찾을 확률은 어디서든 0이 되어 버리는 셈이다. 이런 파국을 막기 위해서는, 파동이 벽 사이를 오갈 때 스스로 보강할 수 있는 파장만 선택해야 한다.

〈그림 41〉은 벽 사이 거리가 정확히 두 파장 길이에 해당하는 상황이다. 이런 파동은 아무리 많이 오고 가도 스스로 강화하므로 굳건히 유지된다. 이런 파장들만 선택한다는 것은 상자 속 입자에 대해 양자화된 몇몇 에너지들만 허용한다는 뜻이다.

상자 속 입자가 가질 수 있는 가장 긴 파장은 벽 사이 거리의 두 배길이이다. 즉 벽 사이에 파장의 반만 들어가는 것이다. 바이올린의 현

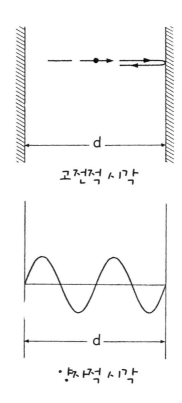

고전적 시각

양자적 시각

그림 41 상자 속 입자에 대한 시각들.

길이가 기음 파장의 절반인 것처럼 말이다. 그 다음은 벽 사이에 파장이 하나 들어가는 것이다. 또 다음은 파장 1.5개가, 다음은 2.0, 다음은 2.5, 이런 식으로 나아간다. 파장들은 규칙적 단계로 차차 짧아진다. 한편 운동량은 파장에 반비례하므로, 같은 규칙적 단계로 차차 커진다. 두 번째 상태의 운동량은 첫 상태 운동량의 두 배이고, 세 번째 상태의 운동량은 첫 상태 운동량의 세 배가 된다. 입자가 상대성 이론을 따르지 않는다면(광속보다 한참 느리게 움직인다면), 입자의 에너지는 운동량

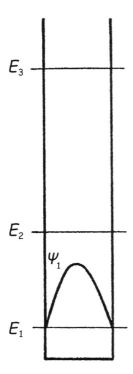

그림 42 상자 속 입자의 에너지 사다리.

제곱에 비례한다. 따라서 상자 속 입자의 양자화된 에너지들은 벽 간격이 넓어질수록 함께 커진다. 〈그림 42〉는 그런 에너지 준위들 중 첫 세 개를 보여 준다.

상자 속 입자가 알려 주는 교훈은, 속박이 있기에 에너지 양자화가 있다는 사실이다. 벽이 바싹 붙을수록 에너지 준위들 간 간격이 커진다. (다시 악기 비유를 들면 바이올린 현은 첼로 현보다 높은 진동수로, 첼로 현은 콘트라베이스 현보다 높은 진동수로 떨린다.) 입자가 전혀 속박 받지 않는다면, 입자가 지니는 에너지도 아무 값이나 상관없을 것이다. 아무

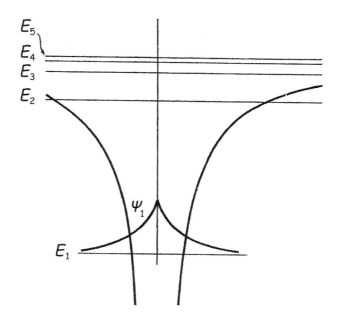

파장이나 지녀도 좋기 때문이다.

　다시 이상화된 상황으로 돌아가자. 상자 속 입자, 사실은 원자 속 전자 말이다. 원자는 전자에게 일종의 벽, 즉 전기력의 벽이다. 원자의 벽은 상상의 벽과 두 가지 점에서 다르다. 첫째, 투과 불가능하지 않다. 전자의 파동 함수는 어떤 지점에서 정확히 0이 되어 이후 줄곧 0으로 유지되는 모습이 아니다. 벽을 넘어서며 점진적으로(사실은 상당히 급격히 떨어져) 0에 가까워지는 모습이다. 둘째, 원자의 벽은 전자 에너지가 증가할수록 간격이 넓어진다. 그래서 들뜬상태 전자는 바닥상태 전자보다 속박을 덜 받는다. 그 결과, 원자 속의 양자화된 에너지 준위들은 에너지가 증가할수록 서로 멀어지는 게 아니라 서로 가까워진다. 이 점이 상자 속 입자의 사례와 다르다. 〈그림 43〉을 보면 차이를 알 수 있다.

파동과 비국소성

앞서 말했듯, 파동은 성격상 퍼지게 되어 있다. 파장과 속박 조건에 따라 넓거나 좁은 차이는 있지만 좌우간 어떤 영역으로 확산된다. 원자의 크기는 파동의 비국소성에 따른 결과라 할 수 있다. 에너지를 지닌 입자의 파동은 최소한의 여유 공간을 필요로 하며, 그 최소 한계가 원자의 크기를 정한다. 파동의 비국소성으로 인한 결과 중 또 하나는, 물리학자들이 작은 영역을 탐사하는 데 한계가 있다는 사실이다. 매우 작은 공간에 가 닿으려면 매우 짧은 파장을 써야 하고, 그것은 몹시 큰 운동량과 큰 에너지를 뜻한다. 따라서 물리학자들은 막대한 돈을 들여 거대한 가속기를 지음으로써 몹시 작은 아원자 과정들을 연구하고자 하는 것이다. 파동의 비국소성이 불러온 쓸쓸한 현실이다.

상상해 보자. 흐르는 물결을 분석하여 항구에 정박된 배의 모습을 알려고 한다(2장의 〈그림 1〉을 참고하라). 배는 잔잔한 물에 '그림자'를 남길 것이고, 배 끄트머리를 스쳐 흐르는 물결파는 특징적인 방식으로 회절할 것이다. 회절한 파동들 가운데 일부가 서로 간섭할 수도 있다. 여러 방향으로 배를 훑고 지나는 파동들을 연구하면 배의 크기와 모양을 꽤 정확히 알 수 있다. 반면, 물 위로 솟은 말뚝을 스쳐 지난 물결에는 말뚝으로 인한 영향은 거의 없을 것이다. 그저 뭔가 작은 물체가 하나 있었다는 정도만 드러날 것이고, 말뚝의 크기나 모양은 드러나지 않을 것이다. 하지만 우리가 광파를 활용하면, 즉 눈으로 보면 문제없이 말뚝을 분석할 수 있다. 교훈은 이렇다. 파동은 분석 대상보다 파장이 한참 작을 때에만 유용한 분석 도구이다. 파장이 대상보다 한참 크면 세부 사항들이 드러나지 않는다. 파동은 파장에 따라 어느 정도의 '모호성'을 갖는 셈이다.

양성자의 내부 구조를 드러낸 최초의 실험은 1950년대 중반에 스탠퍼드 대학교의 로버트 호프스태터가 수행한 것이었다. 나는 호프스태터가 프린스턴 대학교 조교수로 있을 때 그곳에서 대학원 과정을 밟았다. 호프스태터는 고에너지 입자 검출 기법을 발명하고 개량하는 일을 하고 있었다. 프린스턴 대학교가 호프스태터에게 종신 교수직을 제안하지 않은 것은 틀림없이 잘 된 일이었다. 그는 스탠퍼드로 옮김으로써 꼭 필요했던 자원을 얻을 수 있었기 때문이다. 선형 가속기가 밀어붙이는 600메가전자볼트 에너지의 전자들이 바로 그 자원이다. 이 전자들의 파장은 2×10^{-15}미터로, 양성자 내부를 연구하기에 (겨우) 알맞은 정도로 짧았다. 대략 양성자 지름에 가까운 길이로, 수소 원자에 비하면 100,000배쯤 작다. 호프스태터는 탁월한 실험가였고, 더욱이 이론을 남들에게 맡겨 두는 성격도 아니었다. 호프스태터는 자신이 수행한 실험의 결과들을 직접 주의 깊게 분석했다. 실험은 수소에 전자들을 때려서 수소 양성자들에 의해 휘어지는 전자들의 패턴을 연구하는 것이었다. 호프스태터는 말 그대로 양성자를 열어젖혔다. 양성자가 유한한 크기의 개체임을 보였고, 그 내부에 전하와 자기적 성질들이 어떻게 분포되어 있는지 보였다. 호프스태터는 이 작업으로 1961년에 노벨 물리학상을 받았다.

스탠퍼드의 과학자들은 이후 3.2킬로미터 길이의 스탠퍼드 선형 가속기를 건설했다. 50기가전자볼트 에너지의 전자를 만들 수 있는 가속기이다. 그런 전자의 파장은 2.5×10^{-17}미터로, 양성자나 중성자보다 훨씬 작다. 시카고 근교 페르미 연구소의 테바트론은 파장이 약 10^{-18}미터인 1테라전자볼트(1조 전자볼트)의 양성자들을 만들 수 있고, 그보다도 짧은 파장의 입자들을 만들어 낼 훨씬 큰 가속기가 현재 건설 중이다.[90] 흥미롭게도, 수 기가전자볼트나 테라전자볼트 영역에서는, 양성자와 전자의 에너지가 같다면 그들의 파장도 거의 같다. 운동 에너지가 너무 커서 질량 에너지는 거의 문제가 되지 않는 것이다. 질량이 있든 없든, 질량이 얼마이든 별 상관이 없다.

점점 더 큰 에너지를 얻으려는 까닭이 꼭 더 짧은 파장을 얻으려는 것만은 아님을 지적해 두어야겠다. 에너지 자체도 중요하다. 무거운 새 입자들을 만들어 내려면 입자들의 운동 에너지를 통해 그 질량을 제공해 주어야 하기 때문이다. ⟨표 B.4⟩를 보면 W와 Z 보손의 질량은 양성자 질량의 80배에서 90배쯤 된다. ⟨표 B.2⟩를 보면 위 쿼크의 질량은 양성자 질량의 180배쯤 된다. 더 무거운 입자들을 발견하려면 그들이 탄생할 수 있도록 더 많은 에너지를 주어야 한다.

---

90 제네바 유럽 입자물리 연구소의 '거대 강입자 가속기' (LHC)는 양성자의 에너지가 7테라전자볼트가 되도록 가속할 것이다. 이들이 같은 에너지의 반양성자들과 충돌하면, 새로운 질량을 만들어 낼 에너지가 14테라전자볼트나 생기는 셈이다. (초미의 관심을 모으고 있는 거대 강입자 가속기는 2007년 말에 저에너지 가동을 시작할 예정이었으나 조립 상의 문제로 2008년 첫 가동으로 일정이 미뤄진 상태이다—옮긴이)

그리고 긴 파장이 아원자 연구에 꼭 단점인 것만은 아니다. 열에너지 수준으로 느려진 중성자(에너지가 1전자볼트 미만)의 파장은 약 10^{-10} 미터인데, 원자 크기와 엇비슷하다. 그런 중성자의 '크기' 또는 '모호성'은 원자핵보다 수만 배 크다. 따라서 핵 내부에 대한 세부 사항은 알려 주지 못하지만, 대신 핵들에 '손을 뻗어' 상호 작용할 수 있으므로, 고전 물리학적 계산에 따르면 상당수가 실종되어 버린다. 덕분에 우리는 각운동량 0 상태에서의 중성자-핵 상호 작용의 특징들을 알아낼 수 있다. 게다가, 중성자가 충분히 느려지면, 한 번에 하나 이상의 핵과 상호 작용하여 샘플 속에 늘어선 핵들에 의해 여러 번 굴절될 수도 있다. 이런 접촉은 핵분열에서도 중요하다. 느린 중성자가 우라늄 235 핵을 발견하면, 원래의 궤적이 핵을 비껴가는 것이었어도 손을 뻗어 분열을 일으킬 수 있다.

중첩과 불확정성 원리

1927년, 양자역학의 탄생을 둘러싸고 대단한 지적 소용돌이가 들끓던 무렵, 하이젠베르크가 불확정성 원리를 제시했다. 어떤 한 쌍의 물리량에 대해, 한쪽 물리량을 일정 정확도 이상으로 측정하면 다른 쪽 물리량의 측정 정확도에 한계가 가해진다는 원리였다. 간단히 말하면, 양자역학이 우리의 탐구 능력에 제약을 가한다는 것이다. 드 브로이 방정식이나 물질파의 이중 슬릿 간섭 실험처럼, 불확정성 원리는 양자 세계의 핵심을 포착한 중요한 언술이다.

불확정성 원리는 다음 형태로 표현된다.

$$\mathit{\Delta}x\mathit{\Delta}p=\hbar$$

우변에는 양자역학 방정식이라면 어디서나 등장하는 플랑크 상수가 있다(여기서는 2π로 나누었다). 운동량은 p, 위치(거리)는 x이다. 여기서 $\mathit{\Delta}$는 ('변화 정도'가 아니라) '불확정성 정도'를 뜻한다. $\mathit{\Delta}x$는 위치의 불확정성, $\mathit{\Delta}p$는 운동량의 불확정성 정도이다. 두 불확정성의 곱이 상수 $\hbar$와 같다.[91] 사람의 기준에서 $\hbar$는 극도로 작기 때문에, $\mathit{\Delta}x$와 $\mathit{\Delta}p$도 일상에서는 0이나 다름없다. 커다란 물체의 위치와 운동량을 정교하게 측정하는 데는 자연이 제약을 가하지 않는다는 말이다. 가령 어떤 사람의 위치를 원자 하나의 지름 수준으로 정확하게 측정하면, 사람의 속도는 (이론적으로) 10^{-26}m/s의 수준까지 정확하게 측정할 수 있다. 하지만 아원자 세계에서는 이야기가 다르다. 원자 어디쯤에 존재할(위치 불확정성이 약 10^{-10}미터인) 전자가 가지는 속도 불확정성은 초속 100만 미터(10^6m/s)쯤 된다.

불확정성 원리는 대중의 상상력을 사로잡았고, (유감스럽게도) 과학 이외의 분야에 마구 적용되기도 했다. 과학을 공격하는 이들은 불확정성 원리를 예로 들며 '정밀한' 과학이 사실은 하나도 정밀하지 않다고 비난한다. 그러나 불확정성 원리가 인간의 탐구 능력 및 자연에 대한

---

91 엄밀하게 말하면, 이 방정식은 불확정성끼리의 곱의 최저 한계를 설정한다. 즉 자연이 원래 부여한 한계만을 말한다. 현실적으로는 측정 과정상의 문제로 더 큰 불확정성이 더해질 수 있다.

심오한 언술임은 사실이나, 이는 물질의 파동 속성으로 인한 한 특징에 불과하고, 사실 그렇게 신비로울 것도 없다.

불확정성 원리를 이해하려면 좀 까다롭지만 무척 중요한 개념 한 가지를 알아야 한다. 파동은 서로 다른 파장들이 혼합되었을 때에만 속박(부분적 국소화)될 수 있다는 개념이다. 이런 혼합 상태를 중첩되었다고 표현하며, 양자 세계의 핵심적인 특징이다.

우선 혼합되지 않은 파동, 하나의 파장을 가진 하나의 파동을 생각해 보자. 〈그림 44〉와 같다. 이것이 물질파라면 일정 속도로 움직이는 입자를 묘사하는 것일 테고, 입자의 운동량은 (살짝 다르게 표현한) 드브로이 방정식 $p=h/\lambda$에 따라 주어질 것이다. 이때 입자는 어디에 있을까? 모든 곳에 있다. 달리 말해, (파동이 미치는 무한한 범위 중) 어디든 확률은 다 같다.[92] 입자의 위치 불확정성은 무한이고, 운동량(또한 파장) 불확정성은 0이다. 극단적인 사례이긴 하지만 불확정성 원리에는 합치한다. 두 불확정성의 곱이 일정하다면, 하나가 무한히 커질 때 다른 하나는 무한히 작아지기 마련이다.

이제 파장이 다른 파동 여러 개가 중첩되면 어떻게 되는지 보자. 〈그림 45〉는 파장이 서로 10퍼센트 차이 나는 두 파동을 중첩한 결과이다. 최대로 강화된 지점(보강 간섭)에서 다섯 주기 멀어지면 상쇄 간섭이 일어나고 있다. 거기서 또 다섯 주기 나아가면 다시 보강 간섭이다. 그 결과 파동은 부분적으로 국소화되었다. 파동이 파장 열 개씩 뭉

---

92 〈그림 44〉의 사인파를 제곱하면 언덕과 골짜기가 존재할 것이다. 입자의 존재 확률이 주변보다 높은 지점이 있게 되는 셈이다. 하지만 파동은 시간에 따라 움직이므로, 높은 확률 부분과 낮은 확률 부분도 이동을 한다. 시간에 대한 평균을 계산하면 입자의 존재 확률은 어디서나 같은 값이 된다.

그림 44 하나의 파장을 가진 '순수한' 파동.

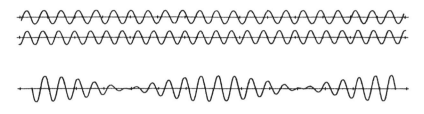

그림 45 파장이 10퍼센트 차이 나는 두 파동의 모습. 각각 있을 때와 중첩했을 때이다.

쳐서 드러난다.

　서로 간의 파장 차이가 10퍼센트 이내인 수많은 파동들을 중첩시키면, 결과는 〈그림 46〉처럼 된다. 약 파장 10개의 길이로 딱 한 군데만 파동이 뭉쳐 있다. 이 경우, 입자의 위치 불확정성은 파장 10개 정도로 축소되었고, 운동량 불확정성은 10퍼센트에 걸치게 되었다. 혼합된 파장들의 파장 차이와 (퍼센트로 따져서) 같은 정도이다.

　파동을 이보다 더 국소화시킬 수도 있다. 〈그림 47〉은 단일한 오르내림으로 붕괴한 파동이다. 이런 결과를 얻으려면 파장 차이가 100퍼센트에 달하는 여러 파동들을 중첩시켜야 하며, 따라서 운동량 불확정성은 거의 100퍼센트에 가까워진다.

　예시들에서 볼 수 있듯, 입자의 위치 불확정성을 줄이려면(작은 Δx)

그림 46 파장 차이가 10퍼센트 이내인 무수한 파동들의 중첩.

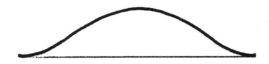

그림 47 파장이 제각기 다른 파동들을 중첩한 결과.

여러 파장들을 혼합해야 하고, 따라서 운동량 불확정성은 커진다(큰 Δp). 수소 원자의 바닥상태 파동 함수도 마찬가지다. 원자 속에 전자가 있는 건 확실하지만, 우리는 정확히 어디에 있다고는 말하지 못한다. 전자의 위치 불확정성은 원자 규모만큼 크다. 따라서 전자의 운동량도 대략의 값으로만 알려진다. 전자의 운동량 불확정성은 불확정성 원리에 따라 $\Delta p = \hbar/\Delta x$로 계산된다.

입자 세계에서 효용성이 높은 또 다른 형태의 불확정성 원리는 아래와 같다.

$$\Delta t \Delta E = \hbar$$

여기서 t는 시간이고 E는 에너지이다. 시간과 에너지는, 위치와 운동량처럼, 동시에 일정한 정확도 이상으로 측정할 수 없는 한 쌍의 물리량이다. 시간 불확정성이 작으면 에너지 불확정성이 크고, 역도 마찬가지이다. 3장에서 설명한 바 있는데, 이 형태의 불확정성 원리는 물리학자들에게 매우 유용하다. 수명이 극도로 짧은 입자들의 수명을 재는 데 쓸 수 있기 때문이다. 입자의 수명이 짧으면 Δt가 작을 수밖에 없고, ΔE는 클 수밖에 없다. 실험자는 붕괴 사건들을 반복 관찰하여 에너지의 '퍼짐' 정도를 측정함으로써 ΔE를 결정할 수 있고, 그로부터 Δt와 입자의 수명을 계산할 수 있다.

한편, 시간-에너지 불확정성 원리가 늘 유용한 것만은 아니다. 늘 더 정확하게 시간을 재고 싶어 하는 물리학자가 원자 속 양자 도약으로 인한 복사의 진동수를 측정한다고 하자. 플랑크-아인슈타인 공식 $E=hf$에 따라 진동수는 전이된 에너지양에 비례하므로, 에너지 불확정성은 방출된 진동수의 불확정성으로 드러날 것이다. 한편 에너지 불확정성은 들뜬상태의 지속 시간에 달려 있다. 전자가 광자를 내며 붕괴하기 전에 한 상태에 오래 머물면 시간 불확정성이 커질 테고, 방출된 광자의 에너지 불확정성은 작아질 것이다. 궁극적으로, 정확하게 시간을 측정하는 일은, 오래 지속되는 들뜬상태를 찾아내는 일과 얽혀 있는 것이다.

불확정성 원리의 신비를 한 꺼풀 더 벗겨 보자. 이번에는 거시 세계에 드러나는 시간-진동수 불확정성을 알아보자. 플랑크 상수와는 관련이 없지만, 파동과는 관련이 있는 현상이다. 전기 공학자들은 긴 전선을 통해 신호음을 전달하면서 정확한 진동수를 유지하려면 신호음을 상당히 길게 울려야 한다는 사실을 알고 있다. 펄스 간격을 좁히면 반드시 진동수 불확정성이 일어난다. 즉 진동수가 흐릿하게 퍼진다. 그래서 가령 우리가 전화를 걸 때 나는 신호음을 훨씬 빠른 박자로 울리게 할 수는 없다. 신호음 간 시간 간격이 너무 짧아지면 진동수들이 서로 섞이고, 수신국은 우리가 어떤 버튼을 눌렀는지 판별할 수 없게 되기 때문이다. (자동 다이얼 장치는 '버튼 누르기' 속도를 초당 10회 정도로는 높일 수 있지만, 과욕을 부려 초당 1,000개의 펄스를 전달하려 하면 자멸할 것이다.) 오르간 연주자도 낮은 진동수의 음표를 너무 빠르게 연주하면 좋지 않다는 사실을 잘 안다. 각 음의 지속 시간이 극도로 짧아지면 진동수 혼합 때문에 소리가 뭉개진다.

하이젠베르크의 불확정성 원리와 일상생활에서 파동이 가하는 불확정성 사이의 차이점은 파장과 운동량 사이에 드 브로이 연결이 존재하는가 하는 점이다. 그것은 순수하게 양자적인 연결 고리이다. 플랑크 상수를 끌어들이게 되는 연결 고리이고, 고전적 세계에서는 찾아볼 수 없는 관계이다.

파동이 꼭 필요한가?

하늘에 날아다니는 저게 뭘까? 파동이다! 입자다! 둘 다이다! 파동-입자 이중성을 이야기하는 전형적 방식이다. 어떤 것이 파동인 동시에 입자라는 사실은, 과연 신경에 거슬리는 생각이고, 쉽게 소화하기 어려운 생각이다. 하지만 특정 조건에서는 입자적 속성이, 다른 조건에서는 파동적 속성이 드러난다고 생각하면 파동-입자 이중성이 조금은 어지럽지 않게 느껴진다. 회사에서는 캐스퍼 밀크토스트(미국 만화가 해럴드

웹스터가 1920년대에 만든 만화 캐릭터로, 'milk toast'를 연상시키는 성 'Milquetoast'는 유약한 남자의 대명사로 쓰인다—옮긴이)이지만 운전대만 잡으면 매드 맥스(멜 깁슨 주연의 동명 시리즈 영화 주인공으로, 폭주족과의 추격 질주 신으로 유명하다—옮긴이)가 되는 사람이 있다고 하자. 그는 캐스퍼인 동시에 맥스라기보다는, 상황에 따라 이쪽이 되었다 저쪽이 되었다 하는 것에 가깝다. 양자적 개체도 마찬가지다. 탄생하고 소멸할 때는(방출되고 흡수될 때는) 입자이지만, 그 사건들 사이의 시간에는 파동이다. 이 견해를 받아들여도 여전히 양자 세계가 기묘하다는 인상을 지울 수는 없다. 여전히 묻고 싶을 것이다. 입자가 탄생한 지점부터 파동이 뻗어 가기 시작한다면, 그 파동은 언제 어디서 '붕괴'하여 입자의 소멸(검출)을 알려야 할지를 어떻게 알까? 유일한 답은 파동이 확률의 파동, 가능성의 파동임을 지적하는 것이다. 입자가 미래 어떤 시각, 어떤 장소에서 생을 마감할 가능성만을 말해 준다는 것이다.

1940년 아니면 1941년, 프린스턴에서 대학원생으로 있던 리처드 파인먼은, 예의 그 활기찬 태도로 지도 교수 존 휠러를 찾아가 이런 요지의 말을 했다. 누가 파동이 필요하다고 하나요? 입자들로 충분합니다. 파인먼은 양자적 개체의 탄생과 죽음 사이 순간들의 역사에 대해 새로운 해석을 제안하였다. 파인먼은 파동을 무한한 수의 입자 경로들로 대체하면 정확한 양자적 결과를 얻을 수 있음을 알아냈다. 입자는 탄생 시점에서부터 도착점까지 자신이 갈 수 있는 가능한 모든 경로들을 동시에 밟아 간다. 각 경로는 특정 '진폭'을 뜻하고, 진폭들을 다 더하면 입자가 실제로 도착점에서 검출될 확률이 예측된다. (예를 들어 어떤 진폭들은 양이고 어떤 진폭들은 음이라 더해서 0이 된다면, 입자가 그 점에 착지할 확률은 0인 것이다. 간섭 패턴의 검은 줄처럼 말이다.) 파인먼의 발상에 매료된 휠러는 이 해석에 역사 총합이라는 이름을 지어 주었다. 그리고 즉시 아인슈타인을 만나 내용을 말해 주었다. 휠러는 아인슈타인과의 만남을 이렇게 회상했다.[93]

나는 그 발상에 몹시 흥분했다. 나는 아인슈타인의 집을 찾아가, 위층 뒤편의 서재에서 20여 분 동안 아인슈타인에게 파인먼의 발상을 설명해 주었다. 나는 이렇게 말을 맺었다. "아인슈타인 교수, 양자역학에 대한 이 새로운 관점을 볼 때, 양자 이론을 수용하는 것이 전적으로 합리적인 일 같지 않습니까?"

그는 받아들이지 않았다. "저는 여전히 전능하신 신께서 주사위 놀음을 한다는 걸 믿을 수 없습니다만." 그의 대답이었다……

아인슈타인 본인의 말마따나, 그는 한번 고집하기로 마음먹으면 노새만큼 완고했던 것이다.

파인먼의 도발적인 사고방식이 파동을 모조리 추방해 버린 건 아니다. 파인먼은 양자적 현상을 바라보는 대안적 시각을 제공한 것뿐이다. 하지만 양자역학의 핵심 교리인 다중 진폭의 중첩을 강조했다는 면에서, 무척 중요한 대안적 설명이다. 파인먼은 미미한 파동들이 퍼질 때 '정말' 무슨 일이 벌어지고 있는지 파헤친 셈이다. 대개의 실용적 목적

---

93 John Wheeler, *Geons, Black Holes, and Quantum Foam: A Life in Physics*(New York: Norton, 1998), p. 168.

으로는 파동적 견해를 취하는 편이 간단하다. 파인먼의 역사 총합 접근에서도 파장, 회절, 간섭 같은 개념들은 여전히 등장한다.[94] 그러니 글 앞머리에 던졌던 질문, '파동이 꼭 필요한가?'에 대한 답은 '아니, 꼭 그렇지는 않다'이다. 하지만 현상은 파동을 너무나 비슷하게 모방하고 있으므로, 파동을 써서 현실을 묘사해도 아무 문제는 없는 것이다.

[94] 매력적인 책 *QED*(Princeton, N.J.: Princeton University Press, 1985)에서 파인먼은 광자와 전자의 행동에 대한 역사 총합 접근법을 설명했다.

•• 복습 문제

1. 파동-입자 이중성을 아주 간략하게 설명해 보자.

2. 광전 효과란 무엇인가?

3. 고전 세계에서 '양자화' 되어 있는 파동의 예를 하나만 들라.

4. 클린턴 데이비슨과 레스터 거머가 니켈 결정으로부터 산란되는 전자들을 통해 발견한 점은 무엇인가?

5. 다음을 정의해 보라. (a) 파장. (b) 진동수. (c) 진폭.

6. 정상파의 예를 하나만 들라.

드 브로이 방정식

7. 드 브로이 방정식 $\lambda = h/p$에 따르면, 입자의 운동량이 증가할 때 입자의 파장은 어떻게 되는가?

8. 드 브로이는 어떻게 '자기 강화' 라는 발상을 통해 원자 속 양자화된 궤도들을 설명했는가?

9. 당신은 파장을 갖고 있는가? 갖고 있다면 입자의 파장보다 큰가 아니면 작은가?

10. 방정식 $E = mc^2$과 $\lambda = h/p$에 들어 있는 보편 상수들은 무엇인가?

11. (a) 어떤 의미에서 방정식 $E = mc^2$이 통합을 수행하는가?
    (b) 어떤 의미에서 방정식 $\lambda = h/p$가 통합을 수행하는가?

12. 왜 물리학자는 입자가 가볍고 느릴수록 파동 속성이 뚜렷하게 드러난다고 하는가?

13. (a) 상대성 효과들을 관찰하려면 일상 세계로부터 얼마나 멀리 가야 하는가?
    (b) 양자 이론의 효과들을 관찰하려면 일상 세계로부터 얼마나 멀리 가야 하는가?

14. 회절이란 무엇인가?

15. 간섭이란 무엇인가?

16. 이중 슬릿을 향해 발사된 광자 하나가 슬릿 너머 탐지막의 예측 불가능한 한 지점에 착지했다. 착지점에 제약이 있는가?

17. (a) 광자가 한 장소에서 다른 장소로 전파될 때 파동처럼 행동하는가, 입자처럼 행동하는가?

    (b) 광자가 방출되거나 흡수될 때(생성되거나 소멸될 때) 파동처럼 행동하는가, 입자처럼 행동하는가?

원자의 크기

18. 전자가 원자 속에서 더 큰 부피로 확산되면, 운동 에너지는 커지는가 작아지는가?

19. 원자 속 전자는 핵으로부터 멀리 퍼져 운동 에너지를 줄이기를 '바란다'. 하지만 동시에 핵에 가까워지기도 '바라는' 이유는 무엇인가?

파동과 확률

20. 전자는 원자 속에 파동으로 확산되어 있다. 그런데도 점으로서 상호 작용할 수 있는가? 이유를 설명하라.

21. 터널링 현상을 통해 방사성 핵을 탈출하는 알파 입자는 어떤 점에서 파동 및 확률과 연관되어 있는가?

22. 파동 함수 ψ는 관찰 불가능한 양이다. ψ와 관련된 양 중 무엇이 관찰 가능한가?

파동과 알갱이성

23. 바이올린 현은 말 그대로 양쪽 끝이 묶여 있다. 원자 속 전자의 파동 함수는 어떤 식으로 양끝이 '묶여' 있는가?

24. 벽 사이를 오가는 상자 속 입자의 파장이 스스로 보강할 수 없다면 어떤 일이 벌어지겠는가?

25. 상자 속 입자가 가질 수 있는 최대 파장은 얼마인가?

26. 상자 속 입자에 대해,

   (a) 벽 사이에 파장 3.5개가 들어갈 수 있는가?

   (b) 5.0개는?

   (c) 1.75개는? (323쪽의 〈그림 41〉을 참고하고, 상자 속 파동은 벽 사이를 오갈 때 스스로 보강 간섭해야 함을 유념하라.)

27. 원자 속 전자를 가두는 '상자'는 무엇인가?

파동과 비국소성

28. (a) 현미경으로 볼 수 있는 가장 작은 물체의 규모는 무엇이 결정하는가?

   (b) 물리학자가 고에너지 입자를 활용하여 연구할 때 탐사할 수 있는 가장 작은 공간의 한계는 무엇이 결정하는가?

29. 로버트 호프스태터는 양성자에 의한 전자의 산란 실험에서 무엇을 밝혀냈는가?

30. 시카고 인근 페르미 연구소의 테바트론은 왜 그런 이름을 갖게 되었는가?

31. 가속기의 발사체로 고에너지 입자들을 활용하는 까닭은 짧은 파장을 만들어 내기 위해서다. 다른 이유도 있는가?

32. 왜 느린 중성자는 한 번에 하나 이상의 핵에 '손을 뻗어' 상호 작용할 수 있는가?

중첩과 불확정성 원리

33. 방정식 $\varDelta x \varDelta p = \hbar$에서 $\varDelta x$와 $\varDelta p$는 무슨 뜻인가?

34. 실험실에서 측정을 할 때 측정에 수반되는 불확정성이 있다. 이것이 하이젠베르크의 불확정성 원리와 상관있는가? 이유를 설명하라.

35. 완벽한 사인파로 묘사되는 입자에 대해,

   (a) 완벽하게 불확실한 입자의 속성은 무엇인가?

   (b) 정확하게 알려진 속성은 무엇인가?

36. 333쪽 〈그림 47〉의 파동처럼 단일한 극대점으로 올랐다가 다시 0으로 떨어지는 입자에 대해,
    (a) 상당히 불확실한 입자의 속성은 무엇인가?
    (b) 비교적 확실하게 규정되는 속성은 무엇인가?

37. 방정식 $\Delta t \Delta E = \hbar$ 에서 Δt와 ΔE는 무슨 뜻인가?

38. 100분의 1초에 버튼 열 개씩을 누르도록 자동 다이얼 장치를 설계하면 안 되는 이유는 무엇인가?

파동이 꼭 필요한가?

39. (a) 양자적 개체는 언제 입자처럼 행동하는가?
    (b) 언제 파동처럼 행동하는가?

˙˙ 도전 문제

1. 드 브로이 방정식 $\lambda = h/p$에서 플랑크 상수는 $h = 6.6 \times 10^{-34} \, kgm^2/s$이고 운동량 p는 질량과 속도의 제곱인 mv이다.
    (a) 질량 0.14kg에 40m/s 속도로 날아가는 야구공의 파장을 계산하라.
    (b) 질량 9.1×10^{-31}kg에 2×10^6m/s 속도로 날아가는 전자의 파장을 계산하라.

2. 현대의 가속기들은 자연에서 가장 작은 것들을 탐구할 목적으로 건설되는데, 그 자체는 엄청나게 크다. 왜인가?

3. 이중 슬릿 실험을 설명해 보라. (306쪽의 〈그림 35〉를 참고하자.)

4. 우라늄 원자는 전자가 92개인데도 왜 전자 하나인 수소 원자와 크기가 비슷한가?

5. 전자의 '모호하게' 확산된 파동이 어떻게 양자화된(모호하지 않은) 원자 속 에너지 상태들을 설명하는가?

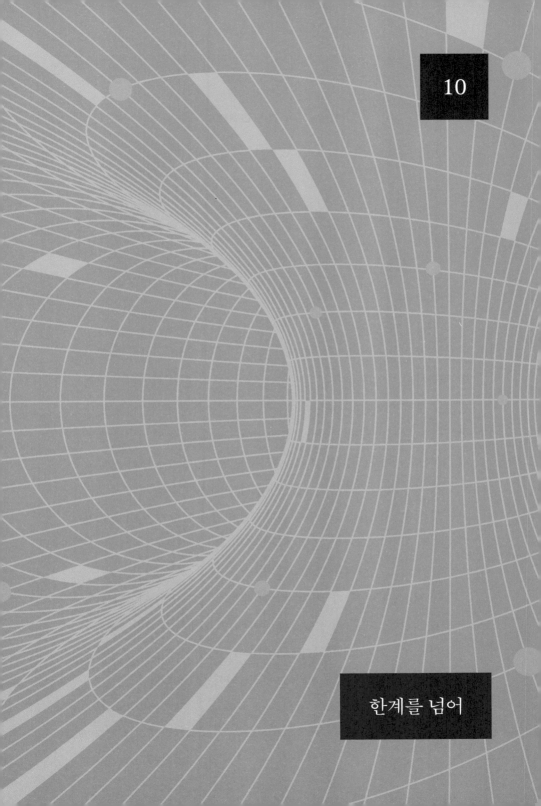

10

한계를 넘어

※

PUSHING THE LIMITS

　양자 물리학의 미래에 대해 던질 질문은 세 가지이다. 첫째, 과학자와 공학자들은 양자 세계를 활용하게 될까? 즉 아원자 세계의 법칙과 현상을 우리 사회에서 실용적, 기술적으로 사용하게 될까? 어떻게 보면 우리는 벌써 그러고 있다. 레이저, 마이크로 회로, 주사 터널링 현미경, 원자로를 보라(두말 할 것 없이 핵폭탄도 있다). 다르게 답하면 앞으로 더욱 새롭고 충격적인 실용품, 가령 양자 컴퓨터 같은 것이 등장할지도 모른다. 지나친 상상에 불과할지 모르지만 논의해 볼 여지가 있는 가설로서, 입자-반입자 소멸 현상을 우주여행의 동력으로 (또는 궁극의 폭탄의 폭발력으로) 삼자는 발상도 있다.

　두 번째 질문은 이렇다. 아원자 하위 세계라 할 수 있는 영역에서 새롭고 보석 같은 지식들이 솟아날까? 여태까지 탐구한 것보다 한층 작은 공간에서? 그럴지도 모른다는 단서들이 몇 있다. 극소의 영역에서는 양자 이론과 중력이 통합될지 모른다는 단서들도 있다.

세 번째 질문이다. 양자 이론의 이유가 밝혀질까? 양자 이론은 지난 80여 년간 물리학자들을 불편하게 만들어 왔다. 실험적 검증에서 실패한 예가 하나도 없는데도 말이다. 닐스 보어는 몇 년 동안이나 아침에 눈만 뜨면 양자 이론과 씨름을 벌였고, 보어와 알베르트 아인슈타인은 지치지도 않고 양자 이론에 대해 논박했다. 2001년에 여든아홉의 나이로 심장 발작을 일으켰을 때 존 휠러는 이렇게 말했다. "살날이 얼마 남지 않은 것 같으니, 남은 시간은 양자에 대해 생각하는 게 좋겠다." 젊은 물리학자들 중에도 휠러와 같은 일을 하느라 바쁜 이들이 늘고 있다.

물리학자들은 왜 흠 없이 굴러가는 이론 때문에 골머리를 썩일까? 양자 이론이 직관과 상식을 거스르기 때문에 물리학자들이 불편해하는 게 아니다. 상대성 이론도 직관과 상식을 거스르지만, 아무도 그 때문에 불편해하지 않는다. 물리학자들이 불편해하는 까닭은, 양자 이론이 관측 불가능한 유령 같은 물리량들을 다루고(파동 함수), 확률을 근본적인 개념으로 만들며, 양자 영역과 인간의 인지 영역 사이 경계를 흐리게 하기 때문이다. 정말로 양자 이론에 대한 근거라는 것이 있다면, 그것은 저 아래에서 오거나 저 위에서 올 것이다. 무슨 말인고 하니, 극도로 작은 공간과 시간에 존재하는 아원자 하위 영역에서 발견되거나, 아니면 거대한 우주를 다스리는 우주적 원리들로부터 발견될 것이다.

세 질문에 대한 해답이 이 책을 읽는 젊은 독자들의 생애에 발견되기를 간절히 바란다. 답을 찾아낸다면 우리는 기술과 지성의 한계를 넘어설 수 있을 것이다.

양자 물리학과 우리가 사는 세상

처음 느끼기로는, 양자 세계와 고전적 세계는 서로 멀리 떨어져 있는 것 같다. 일상에서 우리는 광자 하나만을 보지 못한다. 단독 원자가 한 양자 상태에서 다른 상태로 뛰는 광경, 파이온이 갑자기 사라진 자리에 뮤온과 중성미자가 등장하는 광경을 보지 못하고, 무언가를 정확하게 측정하는 데는 이론적 한계가 있다는 사실을 느끼지 못하고, 야구공이 동시에 두 개의 슬릿을 통과하거나 파동 속성 때문에 간섭을 일으키는 광경을 목격하지 못한다. 사실인즉, 양자 현상이 일상 체험에서 이토록 멀리 떨어져 있기 때문에 양자 이론은 인류의 과학 역사에서 뒤늦게 등장하게 되었으며, 우리에게 이토록 기이하게 느껴지는 것이다. 먼 은하의 어느 행성에 양자 현상을 직접 인지할 수 있는 작은 생명체들이 있다면, 그들의 과학사에서는 양자 이론이 아주 일찍 발견될 것이다. 그 생명체들이 보기에는 양자 현상이 완벽하게 정상적이고 조리 있을까? 그들도 보어처럼 끊임없이 그 의미로 괴로워할까?

조금 더 생각해 보면, 일상의 거의 모든 것들이 양자역학 덕분에 현재의 모습임을 깨닫게 된다. 물질에 부피가 있는 건 원자에 크기가 있기 때문이고, 원자에 크기가 있는 건 원자의 양자적 속성 때문이다. 재료의 색깔, 재질, 강도, 투명도, 정상 온도에서 물질의 상태(고체인지 액체인지 기체인지), 원소가 다른 원소들과 화학적으로 반응할 가능성, 모두가 결국에는 원자 속 전자들의 행동을 통제하는 배타 원리에 달려 있고, 나아가 모든 전자들은 1/2 스핀을 지닌 페르미온이라는 사실에 달려 있다. 가게 네온사인의 붉은 빛이나 나트륨 가로등의 노란 빛은 특정 원자들이 특정한 양자 도약을 하기에 나오는 것이다. 지구 내부가 뜨거운 것은 중원소들이 방사성 붕괴를 겪으며 수십억 년 동안 에너지를 방출해 왔기 때문이고, 방사성 원소들이 약한 상호 작용에 따라 '투과 불가능한' 장벽들을 투과하며 양자적 확률 법칙에 순응해 왔기 때문이다. 태양이 빛나는 것은 강한 상호 작용, 약한 상호 작용, 전자기 상호 작용이 결탁하여 수소 원자핵들을 서서히 융합시킴으로써 헬륨핵으로 바꾸고, 그 과정에서 에너지를 방출시키기 때문이다. 목록에는 끝이 없다. 인공위성 및 행성의 운동이라는 중력의 영역으로 들어갈 때에만 양자역학 법칙들이 잠시 후경으로 물러날 따름이다.

때로는 거시 세계에도 '순수한' 양자 현상이 모습을 드러낸다. 보스-아인슈타인 응축이 좋은 예이다. 어떤 재료를 저온에 노출했을 때 생기는 초전도 현상, 액체 헬륨의 저온에서의 초유체 현상도 마찬가지이다.

영구 운동이 불가능하다는 말을 들어 보았을 것이다. 영구 운동은 열역학 법칙을 위반한다. 특허 심사관들은 간간이 영구 운동 기계에 대한 특허 요청과 마주치는데, 자세히 확인할 필요도 없이 기각할 수 있다. 물리 법칙에 어긋나는 발명이기 때문이다. 하지만 이것은 상호 작용하는 부분들로 구성된 복잡계일 경우이다. 양자 세계에서는 영구 운동이 (운 좋게도) 흔하다.[95] 원자 속 전자는 결코 지치는 법이 없다. 마찰 때문에 느려지는 법도 없다. 그저 계속 움직인다. 초전도체나 초유

---

[95] 현실적으로 천체들에도 영구 운동이 흔하다고 할 수 있다. 아주 작은 마찰력 때문에 궁극에는 달이나 행성들의 궤도와 회전이 바뀌겠지만 말이다.

체처럼 몹시 특별한 상황에서는, 원자 수준에서 흔했던 마찰 없는 영구 운동이 일상의 수준까지 모습을 드러낸다. 양자 컴퓨터가 현실화된다면 마찰 없는 아원자 운동으로부터 큰 도움을 받을 것이다.

반물질을 활용한다?

반물질은 이론적으로 동력원이 될 수 있다. 이론적으로 가능하니까, 그리고 재미있는 소재니까, 잠시 논의해 보자. 실은 그야말로 '한계를 넘어' 서는 상상이고, 정말 실용화된다 해도 우리 문명과는 다른 더욱 발전된 문명에서나 가능할 것이다. 우리 인류에게는 한낱 몽상에 불과하다.

반물질이든 그냥 물질이든, 진정한 에너지원이란 것은 없다. 에너지는 변형될 뿐, 창조되거나 파괴되지 않기 때문이다. 우리가 에너지를 '소비'한다고 말할 때, 사실은 유용한 형태에서 덜 유용한 형태로 변형시키고 있는 것이다(보통 그 대가를 지불한다). 그런데도 에너지원이라는 표현을 흔히들 손쉽게 사용한다. 일상의 용법에서 에너지원이란 저장된 에너지(휘발유나 배터리, 또는 가상의 반물질) 또는 전달 중인 에너지(태양 에너지나 풍력 등)를 가리킨다. 물리학 개념들 가운데 에너지만큼 얼굴이 다양한 것도 없으므로, 실용적으로 활용할 수 있는 에너지 변환 과정도 여러 가지가 있다.

우리가 활용하는 에너지는 아주 잠깐 저장되는 것도 있고, 한시도 저장될 수 없는 것도 있다. 돛배를 움직이는 바람이 후자의 경우이다.

수십 년씩 저장된 에너지일 수도 있다. 발전소를 가동시키는 석탄이 그렇다. 더 나아가 수십억 년씩 저장된 에너지도 있다. 원자로를 가동하는 우라늄이 그렇다(그 기원은 훨씬 오래전의 초신성 폭발이었다).

수소의 화학 에너지를(핵에너지가 아니라) 활용하는 방안은 거의 바닥나지 않을 에너지원으로 각광 받곤 한다. 우리에게는 수소가 엄청나게 많이 들어 있는 바닷물이 있기 때문이다. 정말 그렇다면 얼마나 좋을까! 사실, 어쩔 수 없는 비효율 때문에, 물에서(또는 탄화수소에서) 수소를 추출하는 데 드는 에너지가 수소를 태우거나 연료 전지로 활용해서 얻는 에너지보다 크다. 수소는 에너지를 저장하고 운반하는 형태로 유용하긴 하다. 관을 통해 한 장소에서 다른 장소로 옮기기 쉽고, 그로 인한 오염이 생성 장소에 국한될 뿐(여기서 통제하면 된다) 사용 장소에서는 일어나지 않기 때문이다.

과학 소설 속의 반물질은 현실에서의 수소와 비슷하다. 흔한 재료로부터 에너지를 들여 반물질을 추출한 뒤, 저장하고 운반했다가, 에너지가 필요한 곳에서 다른 형태의 에너지로 변환시킨다는 발상이 동일하다. 사실 에너지 '원'으로서 반물질만큼 유력한 게 또 없기 때문에, 엔터프라이즈 호가 반물질을 동력으로 택한 것도 이해할 만하다. 자동차 엔진이 휘발유를 태울 때는 휘발유 질량의 10억 분의 1 미만이 에너지로 변환되고, 우라늄이 원자로에서 핵분열을 겪을 때는 질량의 1,000분의 1 정도가 에너지로 변환되는 반면, 반물질과 물질이 소멸하며 엔터프라이즈 호를 추동할 때는 반물질의 질량 100퍼센트가 에너지로 변환된다(함께 소멸하는 물질까지 고려하면 200퍼센트라고도 할 수 있다). 반-콩꼬투리에서 얻은 반-콩알로 자동차 1,000대를 1년간 굴릴 수 있는 휘발유 200만 리터의 에너지를 얻을 수 있는 셈이다. 반-콩알을 소멸시켜 그 폭발적인 에너지를 끌어낸다면, 1945년에 히로시마를 초토화시킨 폭탄의 위력과 맞먹을 것이다.

상상이 현실이 될 가능성은 얼마나 될까? 사람들은 이론적으로 가능한 일이라면 이르든 늦든 언젠가는 실용화되리라 생각하는 경향이 있다. 인류가 지혜를 모으면 가능하다는 것이다. 하지만 이 경우, 나는 영원히 가능하지 않으리라는 데 건다. 반물질을 저장하는 일은 불가능에 가까울 정도로 까다로운 작업이다. 최초로 발견된 반물질은 1932년에 관찰된 양전자였다. 반양성자가 처음 탄생한 것은 1955년이고, 반중성자는 1956년에 탄생했다. 이후 고에너지 가속기에서는 늘 반입자들이 탄생하고 또 연구되어 왔지만, 그 양은 언제나 극히 작았다. 너무 에너지가 큰 탓에 반원자를 형성하려는 조짐도 전혀 없었다. 이 점에서 스위스 유럽 입자물리 연구소의 연구자들이 2002년에 장족의 발전을 이룬 적이 있다. 그들은 반양성자 수백만 개와 반전자(양전자) 수백만 개를 만들어 저장했다가, 반수소 원자 수만 개를 만들어 냈다. 그리고 개중 100개 정도가 소멸하는 것을 관찰했다. 짐작했겠지만, 반수소 원자란 음의 반양성자 주위로 양의 반전자가 도는 원자이다. 자연의 물질-반물질 대칭을 연구하는 실험으로서는 환상적인 작업이었지만, 실용적인 에너지원은 아니었다. 유럽 입자물리 연구소 실험에서 대전된 반입자들은 (임시로) 자기장 속에 저장되었으므로 물질과 접촉할 수 없었다. 중성의 반원자들은 형성되자마자 자기장 굴레를 벗어났고, 저장고 벽에 부딪쳐 소멸되었다.

반수소 원자 1만 개라니, 꽤 많아 보인다. 그러나 에너지 사용의 측면에서 보면 그리 많은 양이 아니다. 반수소 원자 1만 개에 해당하는 에너지의 휘발유 덩어리는 너무 작아서 현미경 없이는 볼 수도 없을 것이다. 반수소 원자 10억 개라 해도 소멸할 때에 내는 에너지로는 자동차를 0.0005센티미터 움직일 수 있을 뿐이다. 유용한 양이 되려면 반수소 원자가 100경(10^{18}) 개는 있어야 할 것이다. 스타트렉 승무원들이 연료 저장법을 공개하면 좋을 텐데 말이다.

세상에는 이론적으로는 가능하지만 실제로는 벌어지지 않는 자연현상들이 있다. 이를테면, 우리가 앉아 있는 방의 공기 분자들이 방구석에 몰리기로 '결정'하는 통에 숨 막혀 죽을 수도 있다. 야외에서도 우리 머리 근처의 공기 분자들이 모두 도망치기로 결정하여, 마찬가지로 호흡 곤란을 일으킬 수 있다. 하지만 그런 일은 벌어지지 않는다. 확률은 쉽게 계산할 수 있는데, 분자들이 그렇게 뭉칠 가능성이 우주 수명을 통틀어 한 번 정도라면, 현실에서는 전혀 문제가 되지 않는 것이다. 인류가 상당한 양의 반물질을 저장하고 사용할 방법을 찾아낼 가능성은, 통계학적 요동에 의해 우리가 숨 막혀 죽을 가능성보다야 높겠지만, 내게는 여전히 닿을 수 없는 경지로 보인다.

대부분의 반입자는, 대부분의 입자들처럼, 불안정하다. 즉, 소멸하려는 성향이 있는 것과 별개로, 다른 입자로의 자발적 붕괴를 겪는다. 반중성자, 반람다, 반뮤온 등등 모두 그렇다. 페르미온 중에는 반양성자, 반전자, 반중성미자만 안정하다. 반중성미자는 잡아 가둘 수 없으니 유력한 반물질 에너지원이라면 반양성자와 반전자만 남는 셈이다. 상상을 펼치고 싶다면 반중성자를 반양성자와 합쳐 반핵을 만들어 안정시키는 것을 고려해 보자. 그러면 반주기율표도 가능할 것이다.

우주 어딘가에는 안정한 반물질이, 반물질로 된 반은하가 있을까? 완전히 허튼소리라고는 할 수 없겠지만 가능성은 극히 희박하다. 정말 어딘가에 반물질 지역이 있다면, 그곳과 물질세계와의 경계 구역이 있을 테고, 그곳에서는 길 잃은 전자들과 반전자들이 만나 소멸하면서 감마선 광자 한 쌍씩을 내놓을 것이다. 그 광자의 에너지는 약 0.5메가전자볼트로 정해져 있다. 하지만 우리가 그런 복사를 은하 간 공간에서 탐지한 예는 없다. (양성자-반양성자 소멸은 더 큰 에너지의 복사를 방출하겠지만, 중간 단계로 파이온을 거치면서 분산된 에너지 값으로 표출되기 때문에 탐지하기가 어렵다.)

그런데, '원시 우주에서' 생긴(빅뱅 후에 남은) 반물질은 없어도, 현재 우주의 고에너지 과정들 중에 생겨나는 반물질이 상당량 있다. 우주 복사 형태로 지구에 오는 반양성자들도 있고, 우리 은하 중심에서 양전자들이 소멸하며 내뿜는 복사도 관측된다.

현재 통용되는 이론에 따르면, 빅뱅 이후 첫 100만 분의 1초 동안[96] 우주는 쿼크, 렙톤, 보손 들로(광자도 포함된다) 이루어진 뜨겁고 밀도 높은 수프였다('소용돌이'가 더 나은 표현일지 모르겠다). 우주의 나이가 대략 100만 분의 1초쯤 되었을 때, 그리고 온도가 10조 도쯤으로 떨어졌을 때, 쿼크들은 셋씩 짝을 지어 양성자와 반양성자를 만들기 시작했는데, 양쪽의 수가 같지는 않았다(이때 중성자와 반중성자 들도 만들어졌다). 바리온의 수와 반바리온의 수가 같지 않은 것은 사소한 물질-반물

---

96 그동안 우주는 엄청나게 빠른 속도로, 엄청나게 크게 부풀었다(급팽창이라고 한다). 하지만 그 이야기는 이 책의 주제를 벗어난다.

질 비대칭 때문이었다. 바로 제임스 크로닌과 밸 피치가 1964년에 발견한 CP 비보존 때문이다(8장에서 설명했다). 그 결과, 우주에 반양성자가 십억 개 떠다니고 있으면, 양성자는 10억 개 하고 하나 더 있게 되었다. 중성자와 반중성자의 비대칭도 이 정도 수준이었다. 팽창하는 우주가 1,000억 도 정도로 차가워졌을 때(시간은 100분의 1초쯤 더 흘렀다), 입자-반입자 소멸이 모든 반바리온들을 먹어 치웠고, 그와 함께 거의 모든 바리온들도 사라졌다. (훨씬 가벼운 양전자들은 한참 뒤에 우주 나이가 약 15초쯤 되었을 때 사라졌다.)[97]

현재 우주의 은하들, 별들, 행성들, 그리고 독자 여러분과 나는 그때 살아남은 10억 한 번째 물질로 만들어진 것이다. 오늘날의 우주에 대략 광자 10억 개당 양성자 한 개가 존재한다는 사실, 반양성자는 없는 것이나 마찬가지라는 사실이 이 이론을 뒷받침한다. 밸 피치가 말했듯, 물질과 반물질의 사소한 비대칭 덕분에 지금 우리가 여기에 있게 된 것이다.

중첩과 얽힘

9장에서 파장이 다른 파동들끼리의 중첩이 국소화(부분적 국소화)를 일으킨다는 이야기를 했다. 이제 드 브로이 방정식($\lambda = h/p$)을 다시 무

---

97 우주의 총 전하량이 0이라면(이유는 아무도 모르지만 사실인 것 같다), 편리하게도, 살아남은 전자들의 수는 살아남은 양성자들의 수와 같을 것이다.

대에 등장시켜 보자. 파장이 운동량과 연결되어 있음을 말하는 방정식이다. 특정 파장에 대해, 반드시 특정 운동량이 있다. 그렇다면 파장들을 중첩한 것은 운동량을 중첩(또는 혼합)한 것과 같다. 그래서 가령 우리가 수소 원자 속 전자의 단일 운동 상태라 부르는 것은 사실 서로 다른 운동량들을 갖는 서로 다른 상태들의 혼합으로 볼 수 있다. 에너지는 한 가지이지만, 운동량은 여러 가지이다.

바로 앞 문단의 이야기는 양자역학의 서명과도 다름없는 고유의 속성이고, 양자 이론을 고전 이론과 구별하는 가장 중요한 특징이다. 고전 이론에서, 핵을 도는 전자는 매 순간 정확한 에너지와 정확한 운동량을 갖는다. 운동량이 순간순간 변하는 것은 괜찮지만, 운동량이 동시에 두 가지 이상의 값이라는 발상은 고전 이론에는 너무나 생경하다. 고전 물리학자는 그런 발상을 말도 안 되는 소리라고 할 것이다. 중첩은 양자 이론의 규칙이다. 입자나 핵이나 원자의 모든 운동 상태는 다른 상태들의 중첩(또는 혼합)으로 간주될 수 있다. 심지어 무수한 상태들의 중첩일 수도 있다. 양자 세계가 기묘해 보이는 데는 이 사실도 한몫 한다.

이렇게 묻는다 치자. "수소 원자 속에서 최저 에너지 상태로 있는 전자의 특정 순간 운동량은 얼마인가요?" 양자 물리학자는 대답한다. "무수히 많은 서로 다른 운동량들의 혼합입니다." 계속 묻는다. "하지만 전자의 운동량을 측정해서 얼마인지 밝힐 수 있지 않나요?" 양자 물리학자는 대답할 것이다. "물론, 할 수 있습니다. 그렇게 하면 특정 운동량을 알아낼 수 있겠지요. 하지만 측정 행위 자체가 여러 혼합된 운동량들 가운데 하나를 고른 셈입니다." 자, 중첩과 확률이 손을 잡는 순간이다. 같은 원자를 두고 측정을 여러 차례 반복하면, 다양한 결과를 얻을 것이다. 특정 결과가 나올 확률은 여러 운동량들이 혼합된 방식에 따라 결정된다. 운동량마다 서로 다른 '진폭'을 갖고 있으며, 진폭의 제곱은 그 운동량이 측정될 확률을 나타낸다.[98] 여기서 중요한 점 하나를 짚고 넘어가자. 중첩은 전자가 이 운동량 아니면 저 운동량을 갖고 있을 텐데, 개중 어느 쪽인지 우리가 모르겠다는 뜻이 아니다. 전자는 말 그대로 모든 운동량들을 동시에 가질 수 있다. 머릿속에 그림이 잘 안 그려진다고 걱정할 필요는 없다. 양자 물리학자들도 못 하기는 마찬가지다. 물리학자들은 순순히 받아들이는 법을 익혔을 뿐이다.

중첩의 예를 하나 더 들어 보자. 딱 두 가지 상태가 혼합된 경우이다. 〈그림 48〉을 보면, 한 전자의 스핀이 동쪽을 향하고 있다. 우리는 보통 전자의 스핀은 위 아니면 아래 둘 중 하나라고 말한다. 하지만 사실 반대되는 두 방향이라면 다 괜찮다. 전자 스핀이 동쪽을 향한다면, 서쪽을 향하지 않는다는 뜻이다. 전자의 스핀 방향은 정해져 있다. 전자가 동쪽을 향하는 스핀을 가졌다는 것은, 한정된 상태에 있다는 말이다. 하지만 이 상태는, 무릇 모든 양자 상태들이 그렇듯, 다른 상태들의 중첩으로 표현될 수 있다. 이를테면 진폭이 동일한 북쪽 스핀과 남쪽 스핀의 중첩으로 표현할 수 있다. 〈그림 48〉에 나타난 바가 그것이다. 우리가 기기를 설치하여 스핀이 북쪽을 향하는지 확인할 때, 실제로 북쪽 스핀이 확인될 가능성은 50퍼센트이다. 다르게 말하면, 확실히 동

---

[98] 앞서 두 차례 지적했듯, 실제로 확률은 복소수 진폭의 절대값 제곱이다.

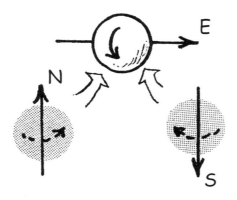

그림 48 동쪽을 향하는 스핀은 북쪽 방향 스핀과 남쪽 방향 스핀이 대등하게 혼합된 경우라고도 볼 수 있다.

쪽을 향한다고 알려진 스핀도 절반의 경우에는 북쪽을 향하는 것으로 측정될 수 있다(나머지 절반에는 남쪽을 향하는 것으로 측정될 것이다). 수로 말하면, 북쪽 스핀의 진폭과 남쪽 스핀의 진폭은 각기 0.707이고, 그 제곱은 각기 0.50이다. 동시에, 동쪽 스핀의 진폭은 1.00, 서쪽 스핀의 진폭은 0이다.

　이쯤 되면 내 머리가 어느 방향으로 도는지 헷갈릴 정도로 혼란스러울 것이다. 현실은 그보다 혼란스럽다. 우리 머리가 진짜 전자라면, 우리가 어느 축을 택하든 그 축을 기준 삼은 두 가지 반대 방향으로 동시에 머리가 돌 것이기 때문이다. 가령 동쪽을 향한 스핀의 전자는, 북동쪽 스핀과 남서쪽 스핀의 중첩으로도 묘사할 수 있다. 〈그림 49〉에 나와 있는 대로다. 우리가 북동쪽 스핀을 측정해보면, 측정의 85퍼센트에서는 북동쪽 방향이 확인될 것이고, 15퍼센트에서는 그렇지 않을 것이다(같은 측정을 여러 차례 반복한다고 가정했다).

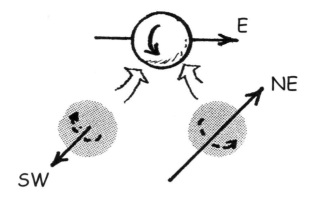

그림 49 동쪽을 향한 스핀은 북동쪽 스핀과 남서쪽 스핀이 동등하지 않게 혼합된 것으로도 묘사할 수 있다.

요약해 보자. 입자나 핵이나 원자, 또는 어떤 양자계의 단일한 상태는, 동시에 둘 이상의 다른 상태들의 중첩과(또는 혼합과) 같다. 이들은 이상한 방식으로 섞여 있다. 케이크 반죽 속 재료들처럼 각자의 개별성을 잃고 섞인 것도 아니고, 나란히 달리는 차선들처럼 각자 분리된 채 섞인 것도 아니다. 양자적 혼합에서 부분들이 섞이는 모습은 한데 어울리는 것이라고밖에 표현할 수 없을 것 같다. 연못에 떨어진 조약돌 두 개가 일으키는 파동들이 겹치는 것과 비슷하다. 계가 방해 받지 않고 측정되지 않는 한, 어울림은 영원히 지속된다. 꼭 거대한 술래잡기 같다. 우리가 계를 관찰하는 순간, 또는 계가 모종의 '고전적' 물체와 상호 작용하는 순간, 혼합 속의 한 요소가 마술처럼 떠오르고, 다른 요소들은 역시 마술처럼 사라지는 것이다. 어느 요소가 드러날 것인가 하는 점은 확률에 따른다. 양자 세계의 일부인 근본적 확률에 따르는 것이다.

만약 한 계의 두 부분이 공간상으로 멀리 떨어져 있다면, 중첩은 한

결 흥미로운 현상이 된다. 조금 있다 소개할 선택 지연 실험도 그런 예이다. 하나의 광자가 전혀 다른 궤적을 따르는 두 상태들의 중첩으로 드러나는 사례이다. 하나의 광자가, 정말, 나뉘는 것이다.

둘 이상의 상이한 계들이 중첩되는 상황도 있다. 보스-아인슈타인 응축이 그런 예로서, 상이한 계(원자)들이 문자 그대로 공간상에 중첩된 경우였다. 좀 다른 가능성도 생각해 볼 수 있다. 한 곳에서 중첩된 상태로 함께 탄생했던 두 '계들'(가령 두 입자들)이 반대 방향으로 날아가는 것이다. 가령 실험자의 설계에 따라 전자와 양전자가 만나 소멸한 뒤 한 쌍의 광자로 변했는데, 광자들의 총 스핀이 0이라고 하자. 광자의 스핀은 한 단위이므로, 두 광자는 아무리 멀리 떨어져 있어도 반대 방향의 스핀을 유지해야 한다. 여기엔 두 상태가 중첩되어 있다. 한 상태는 광자 1이 위 스핀을, 광자 2가 아래 스핀을 갖는 경우이고, 다른 상태는 광자 1이 아래 스핀을, 광자 2가 위 스핀을 갖는 경우이다. 전자와 양전자가 소멸되며 만들어 낸 광자의 중첩 상태는 이렇게 표현할 수 있다.

(1 위, 2 아래) + (1 아래, 2 위)

두 가능성은 한데 어울려 있다. 다른 말로 하면 혼합되어 있다. 한쪽 광자의 스핀이 측정되거나 다른 것과 상호 작용하기 전까지는 이 상태가 죽 유지된다. 두 광자의 탄생 지점으로부터 5미터(5광년이라 해도 좋다) 떨어진 곳에 있던 실험자가 광자 1의 스핀을 측정한다고 하자. 스핀은 위 방향이었다. 그러면 실험자는 광자 2의 스핀은 아래 방향임을 대번 알 수 있다. 하지만 측정 결과 광자 1의 스핀이 아래 방향일 수도 있고, 그때는 광자 2의 스핀은 위 방향일 것이다. 이러한 '귀신같은 원격 작용' 때문에 아인슈타인은 양자역학에 대해 그토록 심란해했던 것이다. 각자의 길을 날아가는 광자는 스핀이 위냐 아래냐 하는 두 가지 가능성의 중첩이다. 여기에 우리의 측정 행위가 가해지면, 가능성들 중 하나가 실현됨과 동시에 즉시 다른 쪽 광자의 스핀 방향도 결정되는 것이다. 바로 그 순간까지는 다른 쪽 광자도 위 스핀과 아래 스핀의 혼합 상태였는데 말이다. 지금 설명한 것과 아주 비슷한 실험이 현실에서 수행된 적 있다. 입자 소멸이 아니라 원자가 방출하는 광자들을 대상으로 했고, 몇 광년이 아니라 몇 미터의 거리였다. 하지만 광자들이 몇 광년 날아가도록 놔둔 뒤 실험해도 차이는 없을 것이다. 외계인들의 도움을 빌려 측정해 보면, 결과는 양자 중첩이 예견하는 바로 그대로 나올 것이다.

중첩이 공간상으로 떨어진 둘 이상의 계에 일어난 경우를 얽힘이라고 한다. 좋은 단어이다. 반대 방향으로 날아가는 두 광자의 상태는 정말 얽혀 있다. 가족끼리는 아무리 멀리 살아도 삶이 얽혀 있는 것과 비슷하다. 사실 기본을 따져 보면 중첩과 얽힘은 같은 말이다. 중첩된 두 계는 사실 단일한 계이기 때문이다. 이론적으로 볼 때, 단일 원자의 두 가지 중첩된 상태와 중첩된 두 개의 원자들 사이에는 차이가 없다. 앞에서 예로 들었던 두 광자들은 실은 하나의 계를 이루는 부분들인 셈이다. 하나의 파동 함수로 그들의 연합 운동을 설명할 수 있기 때문이다.

동시에 두 방향의 스핀을 가질 수 있는 전자와 같은 계를 요즘은 큐빗qubit이라고도 부른다. 연산의 기본 단위인 2진법 비트와 유사한 개념이다. 물론 중대한 차이가 있다. 고전적인 비트는 켜지거나 꺼지거나, 위이거나 아래이거나, 0이거나 1이거나 둘 중 하나일 뿐, 동시에 두 가지일 수는 없다. 큐빗은 동시에 두 가지일 수 있다. 중첩 덕분에 큐빗은 켜짐과 꺼짐, 위와 아래, 0과 1의 혼합으로 존재할 수 있다. 게다가 양쪽이 동등한 혼합일 필요도 없다. 이를테면 큐빗은 87퍼센트는 위이면서 13퍼센트는 아래일 수 있다. 따라서 이론상, 고전적인 켜짐-꺼짐, 그렇다-아니다 비트보다 훨씬 많은 정보를 담을 수 있다.

최근 몇 년간, 큐빗의 속성을 바탕으로 하여 양자 연산이라는 새로운 분야의 연구가 봇물 터지듯 쏟아졌다(아직은 전적으로 이론적인 분야이며, 실용적 현실화까지는 먼 길을 가야 한다). 양자 연산을 이끄는 원칙은, '논리 게이트'를 적절히 설계할 경우 큐빗의 가능성들인 켜짐인 동시에 꺼짐, 0인 동시에 1을 한 번에 처리할 수 있으리라는 희망이다. 고전적 논리 게이트처럼 한 번에 하나씩 처리하는 게 아니고 말이다. 이렇게 되면 이론적으로 연산 처리 능력이 현재의 두 배가 되는 게 아니라 그보다 훨씬 방대하게 늘어난다. 상상해 보자. 중첩된 큐빗들 여러 개로 구성된 하나의 계가 있다. 큐빗들이 혼합되는 방식을 묘사하는 진폭의 가짓수는 어마어마할 것이다. 큐빗 두 개이면 혼합 방식이 네 가지에 불과하지만, 큐빗 열 개이면 천 가지, 큐빗 스무 개이면 백만 가지 방식으로 혼합될 수 있다. 중첩된 계를 단번에 처리하는 논리 게이트는 그 모든 가능성들을 한번에 읽어 낼 것이다. 물론 계를 방해하지 않는다는 단서가 붙어야만 하는데, 조금이라도 상호 작용이 일어나는 순간 모든 가능성들은 특정 확률에 해당하는 단 하나의 가능성으로 붕괴될 것이기 때문이다. 그래서 양자 연산 이론가들은 중첩된(또는 얽힌)

계가 어떻게 프로세서를 견딜 수 있는지, 나중에 분석될 때까지 살아남을 수 있는지 고민한다.

결국에 우리는 큐빗 하나, 또는 얽힌 상태의 큐빗 집합들로부터 정보를 추출해야 한다. 그때가 되면, 빙고! 딱 하나의 고전적인 정보 비트가 추출되어 나온다. 우리의 측정 행위 때문에 그때까지 중첩되어 있던 무수한 가능성들 중 하나가 선택된 것이다. 양자 컴퓨터의 이점이 깎이는 일일까? 아니다. 대부분의 경우, 우리는 문제에 대해 하나의 간단한 대답을 얻으면 그것으로 족하기 때문이다. 이 분야 과학자들은 양자 연산의 미래 적용 대상으로 일기 예보를 생각하지는 않는 모양이지만, 내가 볼 때 복잡한 입력 정보에서 하나의 간단한 출력을 얻으면 충분한 사례로 일기 예보만 한 것이 없다. 가령 이렇게 물어보자. 내일 필라델피아에 비가 올까? 그렇다, 또는 아니다, 라는 간단한 대답은 방대한 입력 자료와 방대한 계산을 통해 얻은 것이다. 양자 연산은 이런 문제에서 진가를 발휘할 수 있을 것이다. 양자 연산의 개척자이자 영국 케임브리지의 자기 집을 거의 벗어나지 않는 것으로 유명한 은둔의 천재 데이비드 도이치도 지적했다. 양자 연산에서 최종적으로 추출된 단 한 비트의 정보는 모든 중첩된 진폭들이 서로 간섭한 결과일 수 있다고 말이다. 말하자면, 중첩된 채 존재하던 방대한 양의 정보가 최종 해답에 온전히 쏟아 부어진 셈이다.[99]

---

99 양자 연산과 데이비드 도이치에 대해 알고 싶으면 다음 책을 참고하라. Julian Brown, *The Quest for the Quantum Computer*(New York : Simon and Schuster, 2000).

선택 지연

존 휠러는 이제 아흔 줄에 접어들었지만 여전히 개구쟁이 같다. 휠러는 전설적일 정도로 예의 바르고 항시 친절한 것으로 유명한데, 본인은 십 대 때 심각한 근시였던 탓이라고 설명한다. 1920년대 말에 존스 홉킨스 대학교를 다닐 때, 휠러는 캠퍼스를 가로지르며 만나는 친구들에게 인사를 하고 싶었지만, 너무나 눈이 나빠 다가오는 사람이 친구인지 낯선 사람인지 구별할 수 없었다. 그래서 안전하게 늘 미소를 지었고, 가끔은 누구에게나 친근하게 손을 흔들었다. 그게 습관이 되었다는 것이다.

휠러의 시력 한계가 어느 정도였는지 모르겠지만, 사물에 대한 시야가 전혀 손상되지 않았다는 점만은 분명하다. 휠러는 인간적으로 따뜻한 것만큼이나 물리학의 지평을 넘어서는 능력으로 유명하다. 그는 게온의 존재를 추측했고(광자들이 몹시 가까이 밀집해 있어서 공통의 구심점을 두고 돌게 되는 것을 말한다. 다른 물리적 실체 없이 광자들의 중력만으로 궤도 운동을 하는 것이다. 게온은 아직 관찰되지 않은 존재이다), 대다수 물리학자들이 존재를 믿기도 전에 블랙홀을 탐구하고 이름을 지었으며, 이른바 플랑크 차원이라는 것을 도입하여 그 극도로 작은 거리와 극도로 짧은 시간에서는 양자적 불확정성이 시공간 자체에 영향을 미쳐 시공간이 '양자 거품'(역시 휠러가 만든 말이다)으로 변하리라 예측하였다. 또한 '모든 것이 정보이다'('It from bit'이라 하여, 실세계 'it'이 궁극에는 정보 'bit'에 기반을 두고 있으리라는 말이다)라는 경구를 만들어, 양자 정보 이론이라는 최신 작업의 막을 열어 주었다. 이제 이 자리에서 휠러

존 휠러(1911년 출생), 1980년경의 모습.
〔존 휠러 제공〕

가 고안한 실험 한 가지를 소개하려 한다. 1978년에 휠러가 처음 제안할 때만 해도 먼 상상의 실험이었지만, 이후 여러 실험실에서 현실로 수행되기에 이르렀다. 처음은 1984년에 캐롤 앨리와 동료 연구자들이 메릴랜드 대학교에서 수행한 실험이었다.[100] 광자가 광원을 떠나고 한참 시간이 지난 뒤에, 그 광자가 하나의 궤적을 따라 검출기까지 갈지, 중첩된 두 궤적을 따라 동시에 진행할지 실험자가 결정할 수 있는 실험이다.

휠러가 1998년에 발표한 자서전 《게온, 블랙홀, 양자 거품》에서 썼던 야구장 비유를 그대로 가져와 보겠다. 야구를 잘 모르는 독자는 머릿속에 그림을 그리는 데 도움을 줄 친구를 찾기 바란다. 자, 내가 실험자라고 하자. 홈플레이트 뒤 한옆에 광원을 설치하고, 광자 빔이 홈플레이트 위에 놓인 반도금 거울을 향하게 한다. 이것은 유리판에 아주 얇게 은을 도금한 거울이라, 들어오는 빛의 절반은 반사하고, 절반은 통과시킨다. 즉 개별 광자가 반사될 가능성이 50퍼센트, 투과할 가능성이 50퍼센트이다. 이게 무슨 뜻인지 이제 짐작할 것이다. 반도금 거울에 부딪치는 광자는 반사되는 동시에 투과하는 것이다. 파동 함수가 그렇게 나뉘는 것이다. 거울에 부딪친 뒤, 광자는 서로 다른 방향으로 나아가는 두 상태의 중첩으로 존재하는 셈이다.

반도금 거울을 잘 조정하여 통과하는 빛은 1루로, 반사되는 빛은 3루로 향하게 한다(〈그림 50〉을 보라). 두 베이스 위에는 완전 반사 거울

<hr>

[100] 얽힘과 선택 지연을 다루는 다양한 실험들이 현재 세계 여러 실험실에서 시도되고 있다.

을 세워 모든 빛을(모든 광자들을) 2루로 보낸다. 2루 베이스에는 아무 것도 두지 않고 좌익수와 우익수 자리에 각각 검출기를 두면, 검출기들이 광자들의 도착을 알릴 것이다(온전한 광자들이 검출된다!). 좌익수 검출기가 딸깍 하면 1루를 돌아온 광자가 도착했다는 뜻이고, 우익수 검출기가 딸깍 하면 3루를 돌아온 광자가 도착했다는 뜻이다. 이제까지는 특별히 중첩의 증거를 볼 수 없다. 광자가 두 갈래 길 중 하나를 선택할 확률을 측정했다고나 할 수 있다. 광자들 가운데 평균적으로 절반이 좌익수에서, 나머지 절반이 우익수에서 탐지될 것이다.

광자가 사실은 동시에 두 경로를 간다는 점을 확인하기 위해, 2루에 반도금 거울을 설치하자. 1루에서 온 빛 절반은 반사되어 우익수에게 가고, 절반은 통과하여 좌익수에게 간다. 3루에서 온 빛 절반은 반사되어 좌익수에게 가고, 절반은 통과하여 우익수에게 간다. 거울을 세심하게 조정하여 좌익수에게 가는 두 줄기 빛은 서로 상쇄 간섭하도록, 우익수에게 가는 두 줄기 빛은 서로 보강 간섭하도록 하자. 고전적으로 생각하면 결과는 예측하기 쉽다. 모든 빛이 우익수를 향할 것이다(〈그림 51〉을 보라). 베이스 라인을 돌던 빛들은 좌익수로 가는 길에서는 서로 상쇄되어 없어지고, 우익수로 가는 길에서는 서로 강화될 것이다. 광자 하나씩 보낸다면 어떨까? 휠러가 정확하게 예측했듯, 우익수 검출기는 끊임없이 딸깍거리며 광자의 도착을 알리는 반면, 좌익수 검출기는 조용히 있을 것이다. 결론은 하나다. 광자 하나가 두 길을 동시에 가는 것이다. 모든 광자가 우익수에게 간다는 사실은 광자의 파동 함수 (또는 진폭)가 나뉘었다가 다시 만남으로써 광자 파동이 스스로 보강 간섭하거나 상쇄 간섭한다는 뜻이다.

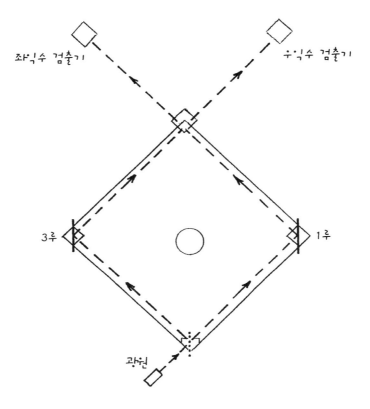

그림 50 2루에 아무 것도 없을 때 광자가 좌익수에 도착할 가능성은 50퍼센트, 우익수에 도착할 가능성도 50퍼센트이다. 광자들 중 절반씩이 각 검출기에 도착한다.

이제 내가 선택을 한다. 나는 2루 베이스 위를 비워 둬서 각 광자가 따르는 경로를 측정할 수도 있고, 2루에 반도금 거울을 올려서 각 광자가 두 경로를 동시에 따른다는 사실을 증명할 수도 있다. 여기에 지연된 선택이 등장한다. 나는 광원을 1나노초(10억 분의 1초)만 켜서 광자 수십 개를 내보낸 뒤 다시 끈다. 이제 40나노초나 50나노초 정도 쉬면서 다음에 뭘 할까 머리를 긁으며 고민한다. 광자는 1나노초에 30센티

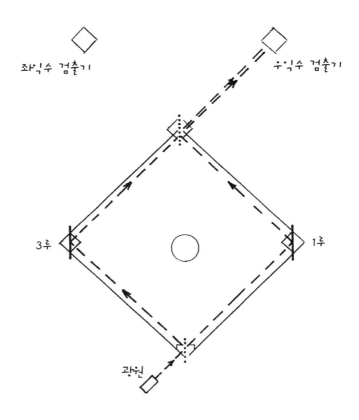

좌익수 검출기

우익수 검출기

3루

1루

2루

홈런

그림 51 2루에 반도금 거울이 있고, 간섭 현상 때문에 모든 광자들이 우익수로 간다.

미터쯤 날아가므로, 내가 내보냈던 광자들은 내가 고민하는 동안 벌써 홈플레이트를 지나 달리고 있을 것이다. 하지만 아직 2루까지는 가지 못했을 것이다. 아직 노상에 있다.

나는 각 광자가 택하는 길을 확인하기로 결정했다. 쉬운 일이다. 2루 위를 비워 두고 좌익수 검출기와 우익수 검출기에 도착하는 광자들의 수를 헤아리면 된다. 양쪽 검출기에 약 절반씩 도착할 것이다. 그 말인즉, 내가 결정을 내리는 순간, 광자들은 1루를 도는 길이든 3루를 도는 길이든 한쪽 길을 이미 '택했다'는 뜻이다. 내가 다른 결정을 했다고 하자. 나는 광자가 두 길을 동시에 밟는 게 사실인지 확인하기로 마음먹었다. 물론 광자들은 벌써 길을 떠난 후이다. 나는 2루에 반도금 거울을 설치한다. 기적적으로, 모든 광자들이 우익수 검출기에 도착한다. 그 말인즉, 각 광자가 스스로 간섭을 일으킨다는 것이다. 각 광자가 두 경로를 동시에 밟았을 때만 가능한 결과이다.

내가 할 수 있는 선택이 한 가지 더 있다. 나는 2루에 반도금 거울을 그대로 둔 채, 코치를 올려 보내 홈플레이트에서 1루로 가는 길을 막으라고 한다(〈그림 52〉를 보라). 어떤 일이 벌어질지 짐작되는가? 이제 광자는(또는 광자 파동은) 1루를 지나는 길은 끝까지 갈 수 없다. 2루를 밟는 광자는(또는 광자 파동은) 모두 3루를 거쳐 온 것일 수밖에 없다. 이번에는 양쪽 검출기들이 같은 횟수로 딸깍거린다. 3루를 거쳐 2루에 도착한 광자가 거울을 통과하여 곧장 우익수에게 갈 가능성은 50퍼센트이고, 반사되어 좌익수에게 갈 가능성도 50퍼센트이다. 간섭은 일어나지 않는다. 광자들은 다시금 한길을 걷는 하나의 입자인 양 행동한 것이다.

요즘의 가속기로는 몇 나노초 단위로 '결정'을 하는 일이 그리 어렵지 않다. 실험실에서 제대로 수행되는 실험이라면 야구장에서 제대로 되지 말란 법이 없다. 또한 존 휠러가 지적했듯, 우주적 거리에서도 그렇게 되지 말란 법이 없다. 저 멀리 퀘이서의 빛이 지구로 오는데, 가능한 경로가 두 가지라고 하자. 가령 은하 A 근처를 지나다 왼쪽으로 휘어져 지구에 다다를 수도 있고(중력에 의한 빛의 휨 현상은 이제 잘 알려져

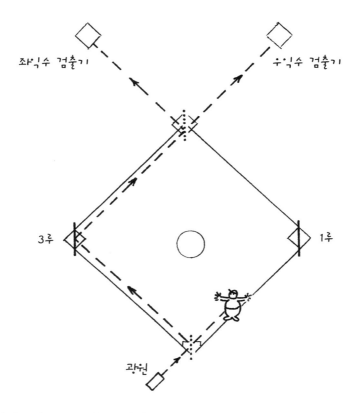

우익수 검출기

3루

1루

광원

그림 52 코치가 1루로 가는 길을 막으면, 광자들은 좌익수와 우익수에 같은 양만큼 도착한다.

있고 가끔 관찰되기도 한다), 은하 B 근처를 지나다 오른쪽으로 휘어져 지구에 다다를 수도 있다. 천문학자가 은하 A로 망원경을 맞추면, 그 근처를 지나는 퀘이서의 광자들을 볼 수 있다. 은하 B로 망원경을 돌리면, 그 은하를 지나는 광자들을 볼 수 있다. 천문학자는 한 발짝 더 나아가 실험을 할 수 있다. 두 은하를 거쳐 도착하는 빛들이 모이는 지점에 반도금 거울을 두는 것이다. 그러면 (이론적으로) 두 경로를 거쳐 온

빛들이 간섭을 일으킬 테고, 한 방향에서만 광자들을 목격할 수 있다 (우익수에서만 검출되었던 것과 같다). 천문학자는 빛이 퀘이서를 떠난 후 10억 년이 흐르고서야 특정 경로를 볼까, 두 경로 사이 간섭을 볼까 결정을 했다. 아인슈타인의 말마따나 참으로 귀신같은 노릇이다. 하지만 이것이 사실이다.

양자역학과 중력

• 양자 거품

양자 거품 얘기는 잠시 한 바 있다. 10^{-35}미터의 거리, 10^{-45}초의 시간보다 작은 시공간이 휘저어진 것을 말한다. 과학자들이 이제껏 연구한 세계, 원자핵보다 작은 차원에서는 중력과 양자 이론이 관계가 없었다. 하지만 휠러가 지적했듯, 시공간 구조를 좀 더 깊숙이 파고들면, 입자에 적용되었던 요동과 불확정성이 시공간 자체를 장악하는 점에 다다른다. 일상에서 느끼는 공간의 부드러운 균질성이 사라지고, 무조건 미래로만 나아가는 시간의 발걸음이 달라지고, 대신 시각화하기도 불가능한 기묘한 소용돌이들이 등장한다. 이것이 플랑크 규모 물리학이다 (막상 막스 플랑크 본인은 움찔 놀랐을 게 분명하다). 현재 이론물리학자들이 이 분야를 집중적으로 연구하고 있다.

• 끈 이론

플랑크 규모 바로 아래, 또는 그보다 많이 크지 않은 지점쯤에, 일군의 이론물리학자들이 연구하는 가상의 끈들이 있다. 끈 이론에 따르면, 물리학자가 입자로 파악하는 것(수학적으로도 입자로 취급하는 것), 즉 수학적 점으로 존재하는 개체는 실은 선 또는 고리 모양을 하고 진동하는 자그마한 끈이다. 진동하는 끈들이 우리가 입자라 부르는 것에 질량 및 기타 속성을 부여한다는 이론이다. 끈 이론의 수학은 가공할 만큼 어렵고, 아직은 기본 입자들의 실제 속성들을 다 설명하지 못한다. 하지만 최고로 흥미로운 발상이며, 양자 이론과 중력 이론을 통합할 잠재력을 갖고 있는 건 사실이다. 끈 이론의 매력 가운데 하나는 점 입자를 공간을 점유하는 개체로 바꾸어 놓는다는 점이다. 점 입자는 철학적으로나 수학적으로나 골칫덩어리이다. 전하가 말 그대로 한 점에 위치한다고 상상해 보자. 전하 근처 전기장의 세기는 전하로부터의 거리 제곱에 반비례하므로, 전하에 다가갈수록 전기장은 끝을 모르고 세어진다. 그러다 점전하에 다다르면 무한이 된다. 점 입자에 관련된 무한의 문제는 이것 하나만이 아니다. 물리학자들은 현재 우리가 입자라 부르는 것, 점으로 존재하는 듯 보이는 것들이 결국 아무리 작은 영역이라도 어느 정도의 공간을 차지하는 것으로 밝혀진다면, 무척 기뻐할 것이다.

• 블랙홀의 증발

블랙홀에 대한 일반적 정의는 엄청나게 강한 중력을 갖고 있어서 빛조차도 탈출할 수 없는 개체라는 것이다. 1974년까지는 이 정의로도 괜찮았다. 하지만 그해, 저명한 영국 물리학자 스티븐 호킹이 블랙홀에서 무언가가 탈출할 수도 있다는 사실을 밝혀냈다. 호킹이 양자 이론에 기대어 밝힌 바에 따르면, 블랙홀은 심지어 모든 질량을 복사로 방출하고 서서히 증발할 수도 있다. 사태의 발단은 존 휠러였다. 휠러가 어느 날 대학원생 제이콥 베켄슈타인에게 이렇게 말했다(대사는 내가 각색했다). "제이콥, 내가 뜨거운 찻잔을 책상 위에 둔 채 식게 내버려 두면, 나는 범죄를 저지르는 셈이지. 뜨거운 차의 열이 차가운 방으로 전해져 세상의 총 무질서도를 증가시키고, 우주 전반의 쇠락에 기여할 테니까. 하지만 내가 뜨거운 차를 블랙홀에 떨어뜨리면, 나는 면책이 된다네. 무질서도가 증가하지 않으니까 말일세." 휠러가 회상하기로, 베켄슈타인은 몇 달 뒤에 휠러의 연구실에 찾아와서 이렇게 말했다(역시 대사는 내가 각색했다). "선생님은 범죄를 면책 받으실 수 없겠습니다. 블랙홀도 엔트로피(무질서의 척도)를 지니고 있어서, 선생님이 차를 블랙홀에 부으면 책상 위에 놔둔 것과 똑같이 우주의 무질서도가 증가하고 우주의 쇠락에 기여합니다."

처음에 호킹은 블랙홀에 엔트로피가 있다는 베켄슈타인의 생각을 받아들이기 어려웠다. 하지만 일단 인정하고 나니, 줄줄이 다른 생각들이 떠올랐다. 블랙홀에 엔트로피가 있다면, 온도가 있다는 말이고, 온도가 있다면, 복사를 방출해야 한다(태양이 복사를 방출하듯이, 그리고 아무리 차갑더라도 모든 물체가 조금쯤은 복사를 방출하듯이). 하지만 블랙홀에서 아무것도 탈출할 수 없다면 그 복사는 어디로 갈까? 호킹은 진공에서 끊임없이 가상 입자들이 생성되었다 소멸되는 현상이 답이 될 수 있음을 깨달았다. 보통 한 쌍의 입자가, 가령 전자와 양전자가 진공에서 탄생하면, 그들은 재빨리 서로 소멸되어 일시적으로 고요함을 되찾는다.[101] 하지만 입자 쌍이 블랙홀의 '사건의 지평선'에서 탄생하면 어떨까? 즉 무엇도 벗어날 수 없는 블랙홀 안쪽 영역과 탈출이 가능한 바깥쪽 영역의 경계 바로 위에서 탄생한다면? 두 입자 중 하나는 블랙홀로 빨려 들어가고, 다른 하나는 밖으로 날아갈 것이다. 그 결과 블랙홀 에너지 중 극미량이 탈출하는 입자에게 주어졌을 것이고, 블랙홀의 질량은 극히 약간 줄어들 것이다. 호킹의 계산에 따르면 무거운 블랙홀의 '증발' 속도는 극히 낮다. 하지만 수명이 끝나가는 블랙홀이라 질량이 작아졌거나, 애초에 질량이 작은 블랙홀이라면, 증발 속도가 빠를 수 있다. 블랙홀은 최후의 영광스러운 불꽃을 태우고 사라질 것이다. 현재까지 이런 식으로 생을 마감한 블랙홀이 관찰된 예는 없다. 실제로 발견된다면 휠러의 '범죄'에 대한 처분도 당당하게 이뤄질 것이다.

• 암흑 물질

입자 물리학과 양자 이론이 힘을 합해 풀 수 있을지도 모르는 우주의 미스터리 가운데 하나로 암흑 물질이 있다. 오랫동안 천문학자들과 우주론 연구자들은 우주 물질 대부분은 발광체라고 가정했다. 태양계에도 암흑 물질이 있긴 하다. 행성들과 소행성들이다. 하지만 이런 암흑 물질의 질량은 다 합쳐도 태양 질량보다 훨씬 작다. 발광체인 태양의 질량을 전체 태양계의 질량이라고 보아도 크게 틀리지 않는다. 외계인 천문학자가 태양의 질량만 고려한 채 태양 근처에 있는 이름 없고 보이지 않는 물체들의 질량을 무시한다 해도, 큰 잘못이 아니다. 그래서 과학자들은 논리적 추론에 따라 다른 태양계들도 우리 태양계와 비

---

101 '고요함'은 적절한 표현은 아니다. 생성–소멸의 춤은 언제 어디서나 줄곧 벌어지고 있으므로, 진공은 알고 보면 상당히 활기찬 공간이다.

숫하리라 생각했다. 육중한 항성이 중앙에 있고, 조그만 암흑 물질 덩어리들이 주위를 도는 모양이라고 말이다. 여기서 발광체란 반드시 가시광선을 내는 물체란 뜻은 아니다. 천문학자들은 적외선, 자외선, 라디오파, 엑스선으로도 하늘의 물체들을 '본다'. 암흑 물질은 그 모든 종류의 복사를 하나도 방출하지 않기 때문에 진정 암흑인 것이다. (차가운 물질과 거대한 블랙홀도 조금 복사를 내긴 하지만, 우주를 멀리 가로질러 관찰될 정도는 아니다.)

감지할 만큼의 복사를 내지 않는다 해도, 암흑 물질은 중력 효과를 통해 자신의 존재를 드러낼 수 있다. 알려진 물질이든 알려지지 않은 물질이든 모든 물질은 중력을 행사하고 또한 느낀다. 최근 몇 년 간, 천문학자들은 우주에 상당한 양의 암흑 물질이 존재한다는 설득력 있는 증거들을 수집했다. 현재로서는 그 질량이 발광 물질 질량의 여섯 배쯤 되리라 추측한다. 그 증거 중 하나는 나선 은하의 회전 속도이다. 은하 속 별들은 바퀴의 일부인 양 일정한 속도로 돌지 않는다. 별의 회전 속도는 은하 중앙으로부터의 거리, 궤도 내에 존재하는 총 질량에 따라 달라진다. 천문학자들은 다른 은하 내 별들의 운동을 연구한 결과 별들이 다른 별들에 끌리는 것 이상의 힘을 받는다고 결론 내렸다. 성단 내 은하들의 움직임 또한 '저 너머'에는 우리 눈에 보이는 것보다 훨씬 많은 질량이 존재한다는 사실을 뒷받침한다. 충격적인 결론이다. 우리는 우리가 우주를 '볼' 수 있다고 생각했는데, 알고 보니 우주의 대부분을 보지 못하고 있었다.

암흑 물질의 정체는 무엇일까? 아무도 모른다. 우리 우주에 대한 가장 다급한 질문들 가운데 하나이다. 그 답을 찾아내면 우리는 빅뱅 직후 정확히 무슨 일이 벌어졌는가 같은 다른 궁금증에 대해서도 단서를 얻을 수 있을 것이다. 가장 무미건조한 답은 암흑 물질이 평범한 '재료'(먼지, 바위, 행성, 너무 작아서 빛이 나지 않는 별 등)로 이루어졌다는 것이다. 중성미자로 이루어졌다는 견해도 있다. 중성미자의 질량은 알려져 있지 않지만, 암흑 물질에 대한 후보가 되기에는 충분할 것이다. 가장 파격적인 견해는 우리 실험실에는 알려지지 않은 새로운 종류의 입자들로(적당한 이름이 없어서 별난 입자들이라고 부른다) 이루어졌다는 가설이다. 분명 마지막이 제일 흥미롭다. 그런 가상 입자들이 정말 존재한다면, 그리고 무게가 상당하다면(양성자만큼 무겁다면), 약한 상호 작용을 할 것이다. 그렇지 않다면 이미 우리에게 발견되었을 것이기 때문이다. 그래서 물리학자들은 '약한 상호 작용을 하는 무거운 입자'라는 뜻의 약어인 WIMP라는 이름을 이들에게 붙였다. 언젠가 이들도 〈부록 B〉의 입자표에 한 자리를 차지하게 될까?

• 암흑 에너지

대부분의 과학자들은 우리 우주가 영원히 팽창하리라고 추정한다. 이 추정을 뒷받침하는 증거는 갈수록 많아지고 있다. 증거를 보면 심지어 우주가 가속 팽창하고 있다고도 한다. 상당히 기묘한 일이 아닐 수 없는데, 그 이유를 생각해 보자. 어떤 물체를 지구 표면에서 쏘아 올린다고 하자. 야구공이나 장난감 로켓이라면 어느 높이까지 올랐다가 잠시 정지한 뒤, 도로 땅으로 떨어질 것이다. 지구 탈출 속도보다 빠르게 발사된 우주선이라면 영원히 비행하겠지만, 속도는 점차 느려질 테고, 언젠가는 최종적인 타성 속도로 등속으로 공간을 날아갈 것이다. 만약 정확히 탈출 속도에 맞춰 발사된 우주선이라면, 지구 중력장을 겨우 벗어날 것이다. 영원히 비행하기는 하겠지만, 지구에서 먼 어느 지점에 가서는 속도가 거의 0에 가깝게 감속될 것이다. 세 경우의 공통점은 추진력을 잃어버린 발사체는 감속한다는 사실이다. 지구로부터 멀어지면서 가속될 가능성은 (일단 길을 떠났다면) 전혀 없다.

얼마 전만 해도 과학자들은 우주에도 세 가지 선택지가 있다고 생각했다. 빅뱅 시에 발사된 우주의 물질들이 갈 수 있는 데까지 갔다가 다시 돌아와 붕괴하면, 그것이 '빅 크런치'이다. 우주의 총 에너지(질량 에너지 더하기 다른 형태의 에너지들)가 너무 커서 결국 중력이 팽창을 멎게 하고 모두 다시 끌어들인다면, 야구공이나 장난감 로켓과 유사한 이 형태로 귀결될 것이다. 한편, 총 에너지가 훨씬 적고 따라서 중력도 훨씬 작다면, 우주는 영원히 팽창하되 결국 일정한 팽창 속도(최종 타성 속도)에 접근할 것이다. 또 한편, 총 에너지가 어떤 임계 에너지 값과 같다면, 우주는 영원히 팽창하되 가까스로 팽창을 유지할 것이다. 멎지는 않아도 속도는 계속 느려질 것이다.

1998년, 과학자들은 팽창이 가속되고 있다는 충격적인 증거를 발견했다. 과학자들은 속도와 거리를 모두 잴 수 있는 먼 은하의 초신성들을 연구하던 중이었다. 팽창 우주니까 당연하게, 먼 곳의 초신성들은 점점 더 멀어지고 있었다. 그런데 관측 자료를 보니 놀라운 사실이 숨어 있었다. 멀리 있는 초신성일수록, 즉, 과학자들이 더 먼 과거를 들여다볼수록, 그 속도가 감속 팽창이나 등속 팽창의 속도보다 한참 떨어지는 것이었다. 이것은 오늘날의 팽창 속도가 수십억 년 전의 팽창 속도보다 크다는 뜻이다. 한 마디로 팽창은 가속되고 있었다. 이에 이론가들은 서부 영화의 보안관이 총 빼는 솜씨보다 잽싸게 해석을 내놓았는데, 가속 팽창의 범인을 암흑 에너지라고 지목했다.

암흑 에너지란 무엇일까? 글쎄, 첫째로, 암흑 물질처럼 암흑이다. 그러니까, 눈에 보이지 않는다. 지구에서 감지할 수 있는 어떤 형태의 복사도 내놓지 않는다. 둘째, 에너지이다. 이 또한 암흑 물질과 비슷해 보인다. 암흑 물질도 결국은 에너지의 한 형태이기 때문이다. 하지만 암흑 물질과 암흑 에너지 사이에는 두 가지 큰 차이가 있다. 첫째, 암흑 물질은 우주 공간에 흩뿌려진 물질 조각들로 추정된다. '조각'이 입자이든, 바위이든, 행성이든, 블랙홀이든 말이다. 반면 암흑 에너지는 공간에 균일하게 퍼져 있다. 공간의 성질이라고까지 생각할 수도 있다. 덩어리로 뭉쳐 있는 게 아니고 어디에나 있다.

둘째, 암흑 물질은 인력이고 암흑 에너지는 척력이다. 설명이 좀 필요할 것 같다. 무릇 모든 물질이 그렇듯, 암흑 물질은 중력으로써 다른 물질들을 끌어당길 것이다. 평범한 물질처럼 암흑 물질도 우주 팽창 속도를 감속시키는 데 기여한다. 한편 암흑 에너지는 말 그대로 물질을 밀어내지는 않지만 대신 공간 자체를 팽창시켜서 마치 물질끼리 밀어내는 것처럼 보이도록 간접적으로 작용한다. 한쪽에서는 암흑 물질과 보통 물질이 우주 팽창을 감속시키고, 다른 쪽에서는 암흑 에너지가 우주 팽창을 가속시키는 셈이다. 이론에 따르면 암흑 물질과 보통 물질의 당기는 힘은 시간이 갈수록 약해지는 반면(우주의 구성원들이 서로 멀어지므로), 암흑 에너지의 밀어내는 힘은 일정하다. 따라서 우주 탄생 140억 년 후인 현재 이미 감속을 압도한 가속의 힘은 앞으로도 영원히 우위에 있을 것이다.

보통 물질, 암흑 물질, 암흑 에너지의 공통점이라면, 공간의 곡률에 영향을 미친다는 점이다. 우주 공간이 전반적으로 농구공 표면 같은 '양의' 곡률인지, 말안장 표면 같은 '음의' 곡률인지, 유타 주의 보너빌 솔트플래츠(410제곱킬로미터가 넘는 소금 평원으로 굉장히 평평하여 자동차 최고 속도 기록을 재는 장소로 쓰일 정도이다—옮긴이)처럼 '평평'한지는 우주의 총 에너지양에 달려 있다. 1900년대 말에 우주론 연구자들은 우주가 평평하다는 결론에 도달했다. 많은 이들의 희망을 확인한 결과였다. 게다가, 다양한 방면의 자료를 종합할 때, 평평함에 기여하는 에너지 분포를 다음과 같이 세분할 수 있었다. 보통 물질 4퍼센트, 암흑 물질 23퍼센트, 암흑 에너지 73퍼센트. 우리 지구가 방대한 우주의 반짝이는 물질들 가운데 좁쌀만 한 먼지에 불과함은 물론이고, 반짝이는 모든 것들 또한 '저 너머'의 총 에너지 가운데 작은 부분에 불과했던 것이다.

암흑 에너지 이야기를 맺기 전에 관련 역사 한 토막을 소개하고 싶다.

아인슈타인은 1915년에 일반 상대성 이론을 발표한 뒤 방정식의 예측에 따르면 우주가 역동적이어야 한다는 것을 깨닫고 고민에 빠졌다. 우주는 팽창하거나 수축해야 했다. 당시에는 역동적 우주에 대한 증거가 전혀 없었다. 아인슈타인은 물론이거니와 거의 모든 과학자들이 우주는 정적이라고 생각하고 있었다(내부 구성 요소들이 회전하고 돌아다닐지라도 우주 전체가 커지거나 줄어들지는 않는다고 보았다). 그래서 아인슈타인은 방정식에 우주 상수라는 항을 끼워 넣었다. 중력에 맞서는 힘, 사실상 반중력처럼 작용하는 힘을 추가하여 정적인 우주를 지키려고 한 것이다.

10년 뒤, 미국 천문학자 에드윈 허블이 우주가 팽창한다는 사실을 발견했다. 이제 우주 상수는 필요 없는 것 같았다. 아인슈타인의 원래 방정식들, 우주 상수를 적용하지 않은 방정식들이 빅뱅 이후 지금까지의 상황을 아름답게 설명하는 듯 했다. 전하는 말에 따르면 아인슈타인은 우주 상수 도입이 자신의 최대 실수라고 말했다.[102] 그리고 이후 근 75년간, 우주 상수는 물리학에서 자취를 감췄다.

하지만 가속 팽창에는 우주 상수가 필요하다. 아인슈타인이 우주 상수라 불렀던 것은(너무 개성 없는 이름이다) 오늘날 암흑 에너지라 불리는 것의 역할이었을 가능성이 높다. 반중력적 공간 구부림이라는 기묘한 물리 현상을 또렷이 묘사한다는 점에서 새 용어가 낫다. 이론적으로, 암흑 에너지의 크기가 어떤 특정 값이라면 정적인 우주가 만들어질 수도 있다. 그렇지만 현실은 그렇지 않다. 현재의 증거에 따르면 암흑 에너지는 중력을 압도하며 우주를 더 빨리 더 멀리 밀어붙이고 있다. 아인슈타인의 '최대 실수'는 그의 천재성을 보여 주는 또 한 가지 사례였을지도 모른다.

기괴한 이론

우리 부부와 아이들이 자주 하고 노는 단어 게임이 있다. 우리끼리

---

[102] 아인슈타인의 발언은 조지 가모브와의 (독일어) 대화에서 나온 말이라고 한다. 아인슈타인이 '최대 실수'에 대해 글로 쓴 적은 한 번도 없지만, 그럼에도 이 말은 가장 자주 인용되는 문구가 되었다.

는 스팅키 핑키 게임이라고 부른다. 한 사람이 어떤 정의를 말하면, 다른 사람들이 해당 단어를 맞추는 것이다. 가령 '뛰어난 풀오버superior pullover'라고 하면 '좋은 스웨터better sweater'가 답이다. '환멸을 느끼는 산봉우리disillusioned mountaintop'라고 하면 '시니컬 피나클cynical pinnacle'이 답이다(동의어들을 활용한 말장난으로 가령 superior의 뜻과 better의 뜻이 같다는 데 착안한 것이고, 이중 '시니컬 피나클'은 콜로라도의 유명한 암벽 이름이다—옮긴이). 이런 식의 놀이이다. 그렇다면 '양자역학'은 뭘까? 내 생각에는 '기괴한 이론'이다. 나는 책에서 기본 입자들과 원자와 핵을 동원해 이 점을 부각하려 애썼다. 물리학자들도 양자역학을 너무 골똘히 생각하다 보면 머리가 어지럽다고 한다. 앞서도 말했지만, 양자역학은 상식을 깨뜨리기 때문에 기괴한 것이 아니다. 양자역학의 기이함은 더 심오한 이유에서 비롯한다. 관측 불가능한 물리량을 다루고, 자연의 근본 법칙은 확률적임을 보여 주고, 입자가 동시에 둘 이상의 운동 상태를 지니도록 허락하고, 입자가 저 혼자 간섭을 일으키도록 허락하고, 멀리 떨어진 두 입자끼리 얽혀 있을 수 있다고 하니까 기이한 것이다. 이런 점들 때문에 물리학자들은 양자역학이 불완전하다고 느끼는 것이다. 오랜 역사 동안 아원자 현상을 설명하는 데 있어한 점의 얼룩도 남기지 않은 성공적 이론인데도 말이다. 그리하여 점점더 많은 물리학자들이 존 휠러의 의견에 동의하고 있다. "왜 양자지?"가 여전히 좋은 질문이라는 의견 말이다.

•• 복습 문제

1. 양자 물리학의 현실적 활용 사례를 하나만 들라.

2. 아원자 세계는 전자와 양성자와 기타 입자들을 다룬다. 아원자 하위 세계란 무슨 뜻인가?

양자 물리학과 우리가 사는 세상

3. 탁자에 팔을 얹었을 때 탁자가 팔을 받쳐 주는 것은 전자에 파동 속성이 있기 때문이다. 이유를 설명하라.

4. 리튬(원자 번호 3)은 화학적으로 활발하고 헬륨(원자 번호 2)은 화학적으로 활발하지 않은데, 이것은 전자가 스핀 1/2의 페르미온이기 때문이다. 이유를 설명하라.

5. 지구에 영구 운동을 하는 물체가 있는가?

반물질을 활용한다?

6. 우리가 에너지를 '소비'할 때 실제로는 어떤 일이 벌어지는 것인가?

7. 에너지 '원'은 사용되기 전의 에너지를 한동안 저장하고 있다. 다음 중 어느 것이 가장 오래 에너지를 저장하는가? 어느 것이 가장 짧게 저장하는가? 석탄. 우라늄. 자동차 배터리.

8. 연료로서의 수소에 대해 가장 흔한 착각은 무엇인가?

9. 연료로서의 수소가 가진 장점은 무엇인가?

10. 가상이지만 반물질을 연료로 활용할 때의 이점은 무엇인가?

11. 빅뱅 이후 1초도 지나지 않은 최초의 순간에 우주의 물질과 반물질에는 무슨 일이 벌어졌는가?

중첩과 얽힘

12. (a) 고전 물리학에 따르면 전자가 두 가지 이상의 서로 다른 운동량을 동시에 취할 수 있는가?
    (b) 양자 물리학에 따르면?

13. 과학자가 어떤 실험을 여러 차례 동일하게 수행한다.
    (a) 고전 물리학에 따르면 어떤 결과가 예상되는가?
    (b) 양자 물리학에 따르면 어떤 결과가 예상되는가?

14. 한 가지 상태에 놓여 있는 양자적 개체가 동시에 그와 다른 여러 상태들의 혼합(또는 중첩)일 수 있는가? 예를 들어 설명하라.

15. 가상적 양자 컴퓨터의 한 큐빗에서 정보를 처리한 뒤 딱 1비트의 정보를 추출했다고 하자. 왜 그래도 여러 가능성들을 동시에 처리할 수 있는 큐빗의 이점은 손상되지 않는 가?

선택 지연

16. 반도금 거울은 무엇인가?

17. 반도금 거울에 부딪친 광자는 어떻게 되는가?

18. 367쪽의 〈그림 51〉에 나오는 실험은 어떻게 하나의 광자가 동시에 두 경로를 따를 수 있다는 것을 보여 주는가? 좌익수 검출기에서 광자들이 검출되지 않는다는 사실을 참고하라.

양자역학과 중력

19. 거리와 시간의 '플랑크 규모'는 각각 얼마인가?

20. (a) 점 입자라는 개념이 혼란스러운 까닭은 무엇인가?
    (b) 끈 이론은 이 혼란을 풀어 줄 수 있는가?

21. 엔트로피는 무엇을 측정하는가?

22. 블랙홀에서는 그 무엇도 탈출하지 못한다고 한다. 그런데도 블랙홀이 '증발' 할 수 있다고(즉, 에너지를 내놓는다고) 말하는 이유를 설명하라.

23. 우리 태양계의 질량 대부분은 발광 물질인가?

24. 암흑 물질을 눈으로 볼 수 없다면서 어떻게 그 존재를 아는가?

25. 우주에서 암흑 물질 대 발광 물질의 질량비는 대략 얼마인가?

26. 천문학자들은 우주가 최대 팽창에 도달하여 다시 무너지는 '빅 크런치' 를 맞을 것이라 생각하는가, 영원히 팽창하리라 생각하는가?

27. 암흑 에너지가 암흑 물질과 다른 점을 두 가지만 들라.

28. 우주의 총 에너지 가운데 몇 퍼센트가
    (a) 발광 물질 형태로 있는가?
    (b) 암흑 물질 형태로 있는가?
    (c) 암흑 에너지 형태로 있는가?

29. 우주가 팽창한다는 사실은 (대략) 언제 누가 처음으로 발견했는가?

기괴한 이론

30. 양자 이론이 '기괴한 이론' 인 까닭을 두 가지만 들라.

1. 우리는 일상에서는 개별적 양자 사건들을 결코 인식하지 못한다. 하지만 사실상 일상의 모든 현상이 양자 물리학 때문에 현재의 모양을 취한다. 이 명백한 역설을 설명해 보라.

2. 미래에 반물질을 활용할 수 있는 가능성이 아마도 우리의 한계를 뛰어넘을 이유는 무엇인가?

3. (a) 광자 두 개가 서로 반대 방향으로 날아가는데 총 각운동량이 0이라면, 각각의 스핀은 어떠리라고 추론할 수 있는가(각각이 한 단위이다)?
   (b) 둘 중 하나의 스핀이 '위'를 향하는 것으로 측정되었다면, 다른 쪽 광자의 스핀은 어떨 것인가?

4. 367쪽의 〈그림 51〉에서 베이스를 따라 도는 광자들에게 어떻게 선택 지연이 적용되는지 설명해 보라.

감사의 말

조너스 슐츠와 폴 휴잇은 원고 전체를 읽고 여러 유용한 제안들을 주었다. 폴은 삽화도 그려 주어 책에 활기를 불어넣었다. 두 사람에게 깊이 감사한다. 또한 원고 일부를(때로는 전체를) 읽고 조언해 준 눈썰미가 예리한 친구들, 팸 본드, 엘리 버스타인, 하워드 글래서, 다이앤 골드스타인, 조 셔러에게 감사한다. 다이앤이 일하는 저먼타운 아카데미의 고학년 학생들은 책을 나누어 읽고 귀중한(또한 윤색 없이 솔직한) 의견을 주었다. 그들의 이름은 레이첼 아렌홀드, 라이언 캐시디, 메레디스 코코, 브라이언 딤, 엠마누엘 기린, 알렉스 해밀, 마크 하이타워, 마이크 니에토, 루이즈 페레즈, 매트 로먼, 제레드 솔로몬, 조지프 베르디이다. 다이앤은 이 책이 교실에서 유용하게 쓰일 수 있을 것으로 생각하고 복습 문제와 도전 문제를 덧붙이자고 제안했으며, 실제로 질문과 답을 만드는 데도 큰 기여를 했다.

소중한 사실들과 자료들을 제공해 준(또는 열심히 찾아 봐 준) 분들은 다음과 같다. 핀 아세루드, 스티븐 브러시, 브라이언 버크, 밸 피치, 알렉세이 코예브니코프, 알프레드 만, 플로렌스 미니, 제이 파사쵸프, 맥스 테그마크, 버지니아 트림블. 이들에게 감사한다. 제이슨 포드와 니나 탄넨발트는 1장을 순조롭게 시작하는 데 도움을 주었고, 릴리언 리는 제목을 결정할 때 여러 아이디어들을 모으고 사람들의 의견을 수집해 주었다. 하이디 밀러 심스는 유능하다고만 말해서는 부족할 정도로 뛰어난 교열 능력을 보여 주었다.

아내 조앤과 아이들, 폴, 사라, 니나, 캐롤라인, 애덤, 제이슨, 이언은 오래전부터 내가 '일한다'는 것이 꼼짝 않고 책상에 앉아 있는 것임을 잘 알았기에 늘 흔들림 없는 지지를 보여 주었다. 그리고 하버드 대학교 출판부의 유능하고도 유쾌한 동료들과 일하는 행운을 갖게 되었음에 감사한다. 마이클 피셔, 새러 데이비스, 마리아 애셔에게 인사를 전한다.

부록 A

단위와 크기

표 A.1 크고 작은 승수들

배율	이름	기호	배율	이름	기호
백 10^2	헥토	h	백 분의 일 10^{-2}	센티	c
천 10^3	킬로	k	천 분의 일 10^{-3}	밀리	m
백만 10^6	메가	M	백만 분의 일 10^{-6}	마이크로	μ
십억 10^9	기가	G	십억 분의 일 10^{-9}	나노	n
조 10^{12}	테라	T	조 분의 일 10^{-12}	피코	p
천조 10^{15}	페타	P	천조 분의 일 10^{-15}	펨토	f
백경 10^{18}	엑사	E	백경 분의 일 10^{-18}	아토	a

물리량	거시 세계에서 흔히 쓰이는 단위	아원자 세계에서 전형적인 크기들
길이	미터 m, 센티미터 cm, 킬로미터 km	원자의 크기는 약 10^{-10}m(0.1나노 미터, 즉 0.1nm), 양성자의 크기는 약 10^{-15}m(1펨토미터, 즉 1fm)
속도	초당 미터 m/s(걷는 속도), 초당 킬로미터 km/s(총알의 속도)	빛의 속도 3×10^8m/s
시간	초 s(추가 한번 흔들리는 시간), 시, 일, 년	입자가 핵을 가로지르는 시간은 약 10^{-23}s, '수명이 긴' 입자의 일반적 수명은 약 10^{-10}s
질량	킬로그램 kg(물 1리터의 질량)	전자 두 개의 질량은 약 100만eV, 즉 1MeV, 양성자의 질량은 약 10억eV, 즉 1GeV
에너지	줄 J(책 한 권이 10cm 높이에서 떨어졌을 때의 운동 에너지)	공기 분자는 1eV 미만, 텔레비전 브 라운관 속 전자는 약 10^3eV, 거대 가속기 속 양성자는 약 10^{12}eV (1전자볼트(eV)$=1.6 \times 10^{-19}$J)
전하	쿨롱 C(전등을 1s 밝히는 양)	전자와 양성자의 전하 크기$=$ 1.6×10^{-19}C
스핀	kg$\times$m$\times$m/s(사람의 회전)	광자의 스핀$=$ $\hbar \approx 10^{-34}$kg$\times$m$\times$m/s

입자들

표 B.1 렙톤들

이름	기호	전하 (단위: e)	질량 (단위: MeV)	스핀 (단위: $\hbar$)	반입자	전형적인 붕괴	평균 수명
맛깔 1							
전자	e	−1	0.511	1/2	e^+	안정	
전자 중성미자	ν_e	0	2×10^{-6} 미만	1/2	$\bar{\nu}_e$	안정 (다른 중성미자들로 진동할지도 모름)	
맛깔 2							
뮤온	μ	−1	105.7	1/2	μ^+	$\mu \rightarrow e + \nu + \bar{\nu}_e$	2.2×10^{-6}s
뮤온 중성미자	ν_μ	0	0.19 미만	1/2	$\bar{\nu}_\mu$	안정 (다른 중성미자들로 진동할지도 모름)	
맛깔 3							
타우	τ	−1	1,777	1/2	τ^+	$\tau \rightarrow e + \nu + \bar{\nu}_e$	2.9×10^{-13}s
타우 중성미자	ν_τ	0	18 미만	1/2	$\bar{\nu}_\tau$	안정 (다른 중성미자들로 진동할지도 모름)	

이름	기호	전하 (단위: e)	질량 (단위: MeV)	스핀 (단위: $\hbar$)	바리온 수	반입자
집합 1						
아래	d	−1/3	3에서 7	1/2	1/3	$\bar{d}$
위	u	2/3	1.5에서 3	1/2	1/3	$\bar{u}$
집합 2						
야릇한	s	−1/3	70에서 120	1/2	1/3	$\bar{s}$
맵시	c	2/3	~1,250	1/2	1/3	$\bar{c}$
집합 3						
바닥	b	−1/3	~4,200	1/2	1/3	$\bar{b}$
꼭대기	t	2/3	~174,000	1/2	1/3	$\bar{t}$

표 B.3 몇몇 합성 입자들

이름	기호	전하 (단위: e)	질량 (단위: MeV)	쿼크 조성	스핀 (단위: $\hbar$)	전형적인 붕괴	평균 수명
바리온들 (페르미온들)							
양성자	p	1	938.3	uud	1/2	알려지지 않음	10^{35}년 이상
중성자	n	0	939.6	ddu	1/2	$n \rightarrow p + e + \bar{\nu}_e$	886s
람다	Λ	0	1,116	uds	1/2	$\Lambda \rightarrow p + \pi^-$	2.6×10^{-10}s
시그마	Σ	1, 0, -1	1,189(+ & -), 1,193(0)	uus(+), dds(-), uds(0)	1/2	$\Sigma^+ \rightarrow n + \pi^+$, $\Sigma^0 \rightarrow \Lambda + \gamma$	0.80×10^{-10}s (+ & -), 7×10^{-20}s(0)
오메가	Ω	-1	1,672	sss	3/2	$\Omega \rightarrow \Lambda + \pi^-$	0.82×10^{-10}s
메존들 (보손들)							
파이온	π	1, 0, -1	139.6(+ & -), 135.0(0)	$u\bar{d}$(+), $d\bar{u}$(-), $u\bar{u}$ & $d\bar{d}$(0)	0	$\pi^+ \rightarrow \mu^+ + \nu_\mu$, $\pi^0 \rightarrow 2\gamma$	2.6×10^{-8}s (+ & -), 8×10^{-17}s(0)
에타	η	0	548	$u\bar{u}$ & $d\bar{d}$	0	$\eta \rightarrow \pi^+ + \pi^0 + \pi^-$	5.6×10^{-18}s
케이온	K	1, 0, -1	494(+ & -), 498(0)	$u\bar{s}$(+), $\bar{u}s$(-), $d\bar{s}$ & $\bar{d}s$(0)	0	$K^+ \rightarrow \mu^+ + \bar{\nu}_\mu$, $K^0 \rightarrow \pi^+ + \pi^-$	1.24×10^{-8}s (+ & -), 0.89×10^{-10}s(0)

표 B.4 힘 운반자들

이름	기호	전하 (단위: e)	질량 (단위: MeV)	스핀 (단위:h)	반입자	운반하는 힘의 이름
중력자	—	0	0	2	자기 자신	중력
(가상, 관측된 바 없음)						
W 플러스	W⁺	1	80,400	1	W⁻	약한 상호 작용
W 마이너스	W⁻	-1	80,400	1	W⁺	약한 상호 작용
Z 입자	Z⁰	0	91,190	1	자기 자신	약한 상호 작용
광자	γ	0	0	1	자기 자신	전자기 상호 작용
글루온 (8개 입자들이 집합)	g	0 (하지만 세 가지 '색 전하들')	0	1	자기 자신	강한 상호 작용

부록 C

노벨상을 향한 전력 질주

3장의 소재인 렙톤들로부터 꽤 많은 노벨물리학상이 나왔다. 주요한 것들만 나열하면 아래와 같다.

조지프 존 톰슨 경 1906년 '기체에서의 전기 전도에 대한 조사'(전자 발견을 말한다).

루이빅토르 드 브로이 공작 1929년 '전자의 파동 속성에 대한 발견'.

칼 데이비드 앤더슨 1936년 '양전자(반전자)의 발견'.

세실 프랭크 파웰 1950년 '메존에 관한 발견'(뮤온이 파이온과 다름을 보여 준 연구).

셸던 글래쇼, 압두스 살람, 스티븐 와인버그 1979년 '약한 상호 작용과 전자기 상호 작용의 통합 이론'(중성미자를 다스리는 힘과 대전 입자들을 다스리는 힘을 묶은 전자기 약력 이론).

리언 M. 레더만, 멜빈 슈바르츠, 잭 스타인버거 1988년 '뮤온 중성미자의 발견'.

프레더릭 라인스 1995년 '중성미자의 탐지'.

마틴 L. 펄 1995년 '타우 렙톤의 발견'.

레이먼드 데이비스 주니어, 고시바 마사토시 2002년 '우주 중성미자들의 탐지'.

전자의 속성과 행태에 대한 노벨물리학상까지 추가하면, 목록은 더 길어진다. 다음이 포함될 것이다.

닐스 보어 1922년 원자 속 전자들에 대한 양자 이론.

아서 콤프턴 1927년 전자에 의한 광자의 산란을 목격하고 해석한 것.

클린턴 데이비슨, 조지 톰슨(J. J. 톰슨의 아들) 1937년 결정을 이용해 전자 파동을 회절시킨 실험.

볼프강 파울리 1945년 두 전자가 동시에 같은 운동 상태에 있을 수 없음을 밝힌 이론.

윌리스 램 1955년 수소 원자 속 전자의 에너지들을 정확하게 측정한 연구.

폴리카프 쿠시 1955년 전자의 자기적 속성들을 정확하게 결정한 연구.

로버트 호프스태터 1961년 전자를 이용해 양성자와 중성자의 내부를 탐사한 실험.

존 바딘, 리언 쿠퍼, J. 로버트 슈리퍼 1972년 초전도 이론(어떤 재료에서 전자들의 마찰 없는 운동 현상).

제롬 프리드먼, 헨리 켄들, 리처드 테일러 1990년 전자 빔을 이용해 핵자들 속의 쿼크를 밝힌 연구.

대담한 개념들 및 복습 문제와 도전 문제의 정답

케네스 W. 포드와 다이앤 G. 골드스타인[103] 공동 출제

본문의 복습 문제와 도전 문제는 독자 여러분이 양자 이론 개념들을 얼마나 이해했는지 확인하고, 나아가 다른 사람들에게 설명할 수 있게 하기 위해 마련하였다.

먼저 본문 곳곳에 소개된 '대담한 개념들'을 정리해 보았다. 책을 읽으면서 언제 이런 개념들이 등장하는지 주의를 기울이면 좋을 것이다. 이런 개념들에 대한 논의를 만나면 쪽수를 적어 두는 것도 좋겠다.

다음으로 각 장 말미에 실린 복습 문제와 도전 문제의 정답을 수록했다. '복습 문제'는 본문의 내용을 직접적으로 정리하는 질문들이고, '도전 문제'는 독자 스스로 좀 더 머리를 써야 할 질문들이다. 선생님들은 이 질문들을 숙제로 활용해도 좋다. 일반 독자라면 이해를 굳히는 방편으로 활용하기 바란다.

대담한 개념들

양자 물리학과 상대성 이론은 자연을 묘사함에 있어 여러 '대담한 개념들'을 도입했는데, 그 대부분은 우리의 상식에 어긋난다. 일상의 체험에 비추어 자연스러워 보이는 것

---

[103] 다이앤 골드스타인은 펜실베이니아 주 포트워싱턴의 저먼타운 아카데미에서 물리를 가르친다.

과는 동떨어진 개념들인 것이다.

여기 열두 가지 개념들을 나열해 보았다. 이 책의 논의에 대한 생각을 정리하는 데 도움이 될 것이다.

양자화: 자연은 알갱이져 있다. 즉 덩어리져 있다. 세상을 구성하는 물질 조각들도 그렇고, 세상에서 벌어지는 변화들도 그러하다.

확률: 아원자 세계의 사건들을 다스리는 것은 확률이다.

속도 한계: 자연의 최대 속도 한계는 광속이다.

$E = mc^2$: 질량과 에너지가 한 가지 개념으로 통합되었다. 질량이 에너지로, 에너지가 질량으로 전환될 수 있다.

파동–입자 이중성: 물질은 파동 속성과 입자 속성을 모두 드러낼 수 있다.

불확정성 원리: 자연의 어떤 속성들을 측정할 때, 그 측정 정확도에는 자연이 부여한 근본적인 한계가 있다.

소멸과 생성: 모든 상호 작용은 입자의 소멸과 생성에 관계되어 있다.

스핀: '점 입자'(구체적인 물리적 공간 점유가 없는 입자)라도 스핀을 가질 수 있다. 스핀은 양자화된 속성이다.

배타 원리: 페르미온이라 불리는 입자들은 배타 원리를 따른다. 즉 동일한 두 페르미온들이 동시에 같은 운동 상태를 취할 수 없다.

보스–아인슈타인 응축: 보손이라 불리는 입자들은 같은 운동 상태로 결집할 수 있다(심지어 그러기를 '선호한다').

보존: 어떤 물리량들은 숱한 변화 과정 중에도 일정하게 유지된다. 또한 어떤 물리량들은 특정한 종류의 변화 중에만 일정하게 유지된다('부분적 보존량들').

중첩: 입자 하나, 혹은 입자들로 이루어진 계가 동시에 둘 이상의 운동 상태로 존재할 수 있다.

복습 문제와 도전 문제의 정답

**1 사물의 표면 아래

복습 문제

1. (a) 뚫고 지난다.
   (b) 튕겨 나온다.

2. 원자보다 작은 규모의 미시 세계.

3. (a) 양자역학.
   (b) 상대성 이론.

4. 0.

5. 질량이 없고, 속도를 늦출 수 없고, 너무 쉽게 생겨났다가 또 소멸되기 때문이다.

6. 물질에 파동 속성이 있다. 근본 법칙은 확률 법칙들이다. 측정의 정확도에 한계가 있다. 전자의 스핀은 특정 방향만 가리킬 수 있다. 모든 입자에 대해 반입자가 존재한다. 입자는 동시에 둘 이상의 운동 상태를 지닐 수 있다. 두 개의 전자가 같은 운동 상태를 취할 수는 없다.

7. 아니다. 그것이 무엇이냐는 무엇이 벌어지느냐에 영향을 미치지 않는다.

8. (a) 더 작은 부분들이 알려져 있지 않다. 다른 입자들로 만들어지지 않았다.
   (b) 합성 입자.
   (c) 기본 입자.

9. 스물네 개(중력자, 힉스 입자, 반입자들은 헤아리지 않은 것이다).

도전 문제

1. 회전하는 프로펠러 날이 둥근 공간을 '채우듯', 전자도 일정한 운동을 유지함으로써 원자 내 모든 공간을 메운다.

2. 무수히 많겠지만 하나만 들면, 중력에 의해 떨어지는 물체의 추락 양상이 물체의 조성과는 무관한 현상이 있다.

3. (a) 예를 들어 한 장소에서 다른 장소로 걸어서, 또는 차를 몰고 이동하는 사건이 있다.

   (b) 예를 들어 한 장소에서 다른 장소로 순간 이동하는 사건이 있다.

**2 얼마나 작아야 작다고 할 수 있을까?

얼마나 빨라야 빠르다고 할 수 있을까?

복습 문제

1. (a) 1.37×10^3.

   (b) 314.

2. 400억, 또는 4×10^{10}.

3. (a) 1×10^{-9}m.

   (b) 1×10^{-15}m.

길이

4. 입자들을 원자핵 같은 과녁 입자들에 발사하여 굴절되어 나오는 각도의 패턴을 관찰한다. 이것을 '산란' 실험이라고 한다.

5. 원자핵에 의한 알파 입자들의 산란 실험(어니스트 러더퍼드가 1920년대에 수행했다).

6. 짧아진다.

7. 10^5m, 즉 100km. 미국 서부의 제법 큰 카운티나 로드아일랜드 주만 한 규모이다.

8. 작다(훨씬 작다). 현재 과학의 기술로는 '관찰' 할 수 없을 정도로 너무 작아서 가설로 남아 있다.

속도

9. 광속인 3×10^8m/s이다. 궤도 운동하는 우주 비행사의 속도는 이보다 40,000배 이상 느리다.

10. 약 2.5초.

11. 8분.

12. 워프 속도는 광속보다 큰데, 광속은 절대적인 속도 한계이기 때문이다.

시간

13. 매우 긴 시간이다. 그 시간 동안 입자는 원자 또는 분자의 지름보다 훨씬 멀리 이동할 수 있기 때문이다.

14. 약 10^{-10}초 이상.

15. 시간과 거리를 잇는 연결 고리인 광속이 아원자 세계와 거대한 우주 양쪽에서 모두 특징적인 속도이기 때문이다.

질량

16. (a) 그렇다. 궤도 운행하는 우주 비행사는 질량은 있지만 무게는 없다. (하지만 지구 표면에서는 질량 있는 모든 것은 무게도 지닌다.)
    (b) 답은 '아니다'라고 해야 할 것이다. 저울 위에 올려놓은 것에 무게가 있다면 반드시 질량도 있기 때문이다. 하지만 광자의 경우, 질량이 없는데도 중력에 의해 휘어지므로 (지구에서는 그 정도가 미미하지만 우주에서는 상당할 수 있다) 그런 의미에서 '무게'가 있다고도 할 수 있다.

17. 우주 비행사의 질량을 잰다(가속에 대한 저항을 재는 것이지, 중력에 의한 끌림을 재는 것이 아니다).

18. 큰 질량 또는 큰 속도.

19. 1,800개(=900MeV/0.5MeV).

에너지

20. 변화 과정들에서 에너지의 양이 일정하게 유지된다. 달리 말하면, 한 종류의 에너지가 사라지면 반드시 그 양을 상쇄할 만큼 다른 종류의 에너지가 생겨난다.

21. (a) 위치, 운동, 핵, 전기, 화학, 열에너지 등등.
    (b) 운동 에너지와 질량 에너지

22. 질량이 전혀 없다. 광자의 모든 에너지는 운동 에너지이다.

23. 질량 한 단위를 생성시키는 데(또는 '사는 데') 필요한 에너지 비용이기 때문이다.

24. 같은 전하들끼리는 밀어내고, 다른 전하들끼리는 끌어당긴다.

25. '풀'처럼 작용하는 글루온들의 인력이 척력의 전기력보다 크기 때문이다.

26. (a) 우주의 총 전하량이 일정하게 유지된다(한 장소에서 전하가 줄어들면 정확히 상쇄할 만큼 다른 곳에서 전하가 늘어난다).
   (b) 전하는 양자화된 단위로 존재한다. 모든 전하는 가장 작은 단위의 정수 배로 존재한다.

27. 전자의 흐름인 전류가 기계들을 가동시키고, 통신을 가능케 하고, 컴퓨터들을 움직인다.

28. 스핀 운동과 궤도 운동. 스핀 운동의 예는 지구가 제 축을 기준으로 자전하는 것, 궤도 운동의 예는 지구가 태양을 공전하는 것이다. 전자도 제 축을 기준으로 스핀하고, 원자핵을 중심으로 궤도 운동한다.

29. 보어는 모든 각운동량은 가장 작은 단위 $\hbar$(에이치-바)의 정수 배라고 제안했다.

30. 가장 작은 각운동량 단위가 실제로는 $(1/2)\hbar$이며 전자의 스핀과 같음을 발견했다.

31. $(1/2)\hbar$ 단위로 존재한다. 모든 입자의 스핀은 이 값의 정수 배로 존재한다.

32. 광속이 시공간에서 시간과 공간을 잇게 했고, 질량과 에너지를 잇게 했다. 또한 자연의 최고 속도 한계가 되게 했다.

33. 모든 측정은 측정량이 측정 단위에 비해 몇 배나 큰 것인지 말하는 것이기 때문이다.

도전 문제

1. 186,000마일/초 $\{=(3\times10^8 \text{m/s})/(1,609\text{m/mile})\}$.

2. 3미터.

3. 이런 내용들을 포함해야 한다. 질량과 에너지의 등가 원리(변환 비율은 c^2이다), 질량이 에너지로, 에너지가 질량으로 전환될 수 있다는 사실, 질량이 입자의(또는 어떤 물체의) 에너지 함유량을 측정하는 척도가 될 수 있다는 사실 등.

4. 그램의 정의가 1세제곱센티미터 부피의 물이 갖는 질량이라는 사실을 언급해야 한다. 혹은 킬로그램의 정의가 1,000세제곱센티미터(1리터) 부피의 물이 갖는 질량임을 말해야 한다. 나아가, 센티미터는 원래 지구 극에서 적도까지 거리의 일정 분수로 정의되었다는 것도 말해야 한다. (구체적으로 말하면 극-적도 거리는 1,000만 미터, 즉 10억 센티미터이다.)

5. 그것이 길이의 양자 단위가 될 것이기 때문이다.

**3 렙톤들을 소개합니다

복습 문제

1. 불안정성과 방사성은 같은 뜻이다. 불안정한 입자, 즉 방사성을 지니는 입자는 예측 불가능한 시간이 흐른 뒤에 다른 입자들로 붕괴한다.

〈표 B.1〉

2. 3,477 (=1,777MeV/0.511MeV).

3. 220m $[d=vt=(10^8 \text{m/s}) \times (2.2 \times 10^{-6}\text{s})]$. 고층 건물의 높이, 또는 올림픽 경기장 트랙의 길이와 비슷하다.

4. 둘 다 +1이다.

5. (a) 0.18퍼센트.
   (b) 1.0퍼센트. (〈표 B.1〉을 작성한 2004년 기준으로 계산한 퍼센트들이다. 웹을 검색하면 보다 업데이트된 정보를 찾아 계산할 수도 있을 것이니 시도해 보자.)

전자

6. (a) 진공관 속을 흐르는 전자들.

(b) 텔레비전 브라운관, CRT 형식 컴퓨터 모니터.

7. (a) 헬륨 핵.
   (b) 전자.
   (c) 광자(보통 고에너지이다).

8. (a) 질량, 스핀.
   (b) 전자.

9. 단순하고, 보편적이고, '아름다운' 방정식들로 자연이 묘사되리라는 신념에 바탕을 둔 것이었으므로.

전자 중성미자

10. 알파 방사선.

11. 감마 방사선.

12. 베타 방사선.

13. 전자들이 방출되기 전에 어떻게 핵에 붙들려 있을 수 있는지 몰랐다. 베타 붕괴에서는 에너지가 보존되지 않는 것 같다는 사실을 목격했다. 총 스핀 법칙이 명백히 위반되는 것을 확인했다.

14. 전자는 방출되는 그 순간에 탄생한다.

15. 극도로 작은 확률이긴 하지만 중성미자가 평균적인 상호 작용 거리보다 훨씬 짧은 거리 안에서 상호 작용할 확률이 존재하기 때문이다.

뮤온

16. 대기 상층에서 입자들의 상호 작용이 일어나 뮤온들이 생성된다.

17. 뮤온과 전자 사이에는 질량 이외에도 모종의 차이점이 존재한다.

18. 할 수 없다. 전자 보존 법칙 때문에 붕괴가 금지된다.

뮤온 중성미자

19. 뮤온은 전기적으로 대전되어 있으므로 검출하기 쉽다. 중성미자는 약한 상호 작용만

하기 때문에 검출하기 어렵다.

20. 운동 에너지가 훨씬 크다(총 에너지가 5GeV라 할 때 약 10,000배쯤 크다).

21. 3.55GeV(1.777GeV의 두 배).

22. 뮤온(위쪽으로 궤적을 그리며 날아간 입자).

23. 약 1mm.

24. 베타 붕괴에서 방출되는 전자들 중 가장 에너지가 높은 것들은 반응에서 배출되는 모든 에너지를 지니고 있는 것 같았다. 따라서 느린 중성미자의 질량으로 남겨진 에너지가 없는 것처럼 보였다. (질량 없는 중성미자 개념은 이론과도 들어맞았다.)

25. 간략함, 개념들의 경제성, 수학적 표현의 간결성, 폭넓은 적용 범위.

26. 맨 위층: 우리 주변의 일상 세계, 몹시 복잡하다. 중간층: 우리의 관찰 내용을 설명해 주는 기초적 이론들, 단순하고 우아하다. 가장 아래층: 더 깊게 탐구할 때 드러나는 복잡성.

27. 약 12,000킬로미터. 즉 지구의 지름만큼(지구 대기에 들어오면서 만들어진 중성미자들이기 때문이다).

28. 딱 한 가지. 태양은 전자 중성미자들만 만든다.

29. 아니다. 오직 세 가지 맛깔만 존재한다고 믿을 만한 근거들이 있기 때문이다.

30. 지구에 도달하는 중성미자들의 수를 맛깔별로 헤아리면 태양에서 만들어진 총 중성미자 개수의 1/3씩에 각기 정확히 일치한다. (입자 반응 과정들에 개입하는 가상 입자들에도 추가 맛깔의 증거가 없다는 점, Z^0입자가 중성미자 쌍으로 붕괴하는 과정

을 간접적으로 측정한 결과 세 가지 경로가 가능했다는 점도 있다.)

도전 문제

1. 다양한 대답이 가능하다. 보기 싫게 끼적거린 낙서든지, 허술하게 만들어진 연장이라든지.

2. 전자들과 양전자들이 서로 반대 방향으로 돌면 된다. 한쪽은 시계 방향으로 회전하고, 다른 쪽은 반시계 방향으로 회전하면 된다. (이런 식으로 하나의 자기장이 두 종류의 입자들을 동시에 가속시켜 충돌을 일으킨다.)

3. 다양한 사례들을 들 수 있다. 가령 문학이나 미술이나 음악 작품, 전자 기기, 고전적인 스포츠카 등.

4. (중성미자들이 한 가지 맛깔에서 다른 종류의 맛깔로 자발적으로 변형하는 현상이다. 무척 느리게 진행되므로 중성미자가 수백 킬로미터쯤 이동한 뒤에야 한 번 변형이 일어나곤 한다.)

●●4 나머지 대가족의 식구들

복습 문제

쿼크

1. 기본 입자.

2. (a) 둘 다 기본 입자이고, 스핀이 1/2 단위이고, 알려진 규모가 없다.
   (b) 쿼크는 강한 상호 작용을 하고, 렙톤은 그렇지 않다. 쿼크는 서로 뭉쳐 합성 입자들을 만들고, 렙톤은 그러지 않는다.

3. (a) 그렇다.
   (b) 아니다.

4. (a) 없다. 모든 관찰된 입자들은 0이거나 단위 전하의 정수 배인 전하를 갖는다.
   (b) 물론 있다! 6/3은 2가 되기 때문이다.

5. 바리온 수 보존 법칙.

6. 다른 핵자들 덕분에 안정된 상태이다. 사실상 질량이 줄어든 상태로 존재한다.

〈표 B.2〉

7. 예를 들어 d–u–s(아래–위–야릇한 쿼크).

8. 예를 들어 u–$\bar{\text{d}}$(위–반아래).

9. 꼭대기 쿼크의 질량이 훨씬 더 크다(185배 크다).

합성 입자들과 〈표 B.3〉

10. 없다. 색을 지닌 쿼크들로 만들어져 있지만 그들 자체는 색이 없다.

11. 바리온들은 쿼크 세 개로 만들어지고, 반정수 스핀을 갖고, 바리온 수가 0이 아니다.
    메존들은 쿼크-반쿼크 쌍으로 만들어지고, 정수 스핀을 갖고, 바리온 수가 0이다.

12. (a) 그렇다. 양성자만이 안정하다(중성자도 핵에서는 안정화된다).
    (b) 그렇다. 사실상 모든 메존들이 불안정하다.

힘 운반자들과 〈표 B.4〉

13. (a) 예를 들어 쿼크, 렙톤(합성 입자들도 있다).
    (b) 힘 운반자들, 즉 광자, 글루온, 중력자, W 입자와 Z 입자.

14. (a) 아니다.
    (b) 그렇다.

15. 중력이 존재하긴 하지만 전기력에 비해 너무나 약해서(거의 10^{39}배 정도 약하다!) 무시할 수 있다. (입자들의 질량이 작다는 점을 지적해도 좋다.)

16. 광자(10억 배 정도 더 많다).

17. 광자, 그리고 W와 Z 입자.

18. 광자는 질량이 없다. W 입자와 Z 입자는 (입자 기준으로 볼 때) 굉장히 무겁다.

19. 강해진다. 전기력과 중력은 멀어질수록 약해지므로 강력과 다르다.

20. 강한 상호 작용, 글루온. 전자기 상호 작용, 광자. 약한 상호 작용, W 입자와 Z 입자.

중력, 중력자.

21. (a) 그렇다.
    (b) 그렇다.
    (c) 아니다.
    (d) 아니다.

22. 넷 모두.

23. 시공간 지도상의 선. 시간과 공간을 따라 이어진 선.

24. 시간과 공간상의 한 점, 즉 하나의 시공간 좌표에서 벌어진 일.

25. 입자들이 생성되고 소멸된다.

26. 모든 사건에서 세 입자들의 세계선이 만나기 때문이다. (구체적으로 말하면 페르미온 하나가 생성되고, 다른 페르미온 하나가 소멸되고, 보손 하나가 생성되거나 소멸된다.)

27. 입자들이 소멸되면서 생성되기 때문이다. 이전의 입자들 가운데 상호 작용 사건에서 살아남는 입자는 없다.

28. W^-실선을 없애고 점 A와 B를 합한다.

29. 전하, 전자 맛깔, 뮤온 맛깔.

30. 색.

도전 문제

1. 지구의 질량이 엄청나게 크다는 사실, 인력과 척력이 모두 있는 전기력과 달리 중력은 인력으로만 작용한다는 사실을 이야기하면 된다.

2. (a) 광자.
   (b) 중력자는 너무 약하다(수조 개가 한데 작용하는 효과만을 볼 수 있다). W 입자와 Z 입자는 너무 수명이 짧고, 너무 약하게 상호 작용한다. 글루온은 합성 입자나 핵 안에 속박되어 있다.

3. 쿼크들을 한데 묶는 힘이 쿼크들을 멀리 분리할수록 세어진다. 충분한 에너지를 쏟아 부어 쿼크 하나를 끌어내더라도 곧 반쿼크가 생겨나 쿼크에 결합함으로써 메존을 형성해 버린다. 결국 실제 떼어 낸 것은 메존이 된다.

4. (네 개의 선이 있는 그림이어야 한다. 우선 위로 올라가는 수직선, 왼쪽으로 기울어져 올라가는 선, 이보다 길게 오른쪽으로 기울어져 올라가는 선, 다시 위로 올라가는 수직선.)

**5 양자 덩어리들

복습 문제

1. (a) 그렇다(모든 물체는 절대 온도 0도 이상의 온도를 지니기 때문이다).
   (b) 복사의 강도가 세어지고, 복사의 평균 진동수가 늘어난다.

2. 복사는 연속적으로 방출되지 않고, 덩어리로 방출된다(이 덩어리를 양자라 불렀다).

3. 덩어리, 어떤 물리량의 최소량.

4. E는 빛(또는 복사) 양자 하나의 에너지, f는 복사의 진동수, h는 플랑크 상수이다. 에너지는 진동수에 비례한다.

5. 같다고 가정된다.

6. 광자의 에너지는 원자의 에너지 변화량과 같다.

7. 실제적으로 상자에 들어가는 모든 빛이 흡수된다. 검은 천에 부딪친 빛이 모두 흡수되듯이 말이다.

8. 물질을 무한히 잘게 나눌 수는 없다. 세계는 더 이상 나눌 수 없는 최소 조각들로 이루어져 있다.

9. 다음 목록 중 아무 거나 두 개를 말하면 된다. 전하, 에너지, 각운동량(스핀), 바리온 수, 렙톤 수, 질량. (질량은 부분적으로만 용인된다고 할 수 있는 답이다. 입자 집합의 질량은 입자들 간의 상호 작용에 따라 일정 범위의 연속적인 값들을 가질 수도 있기 때문이다.)

10. 기본 입자는 몇 가지 특성들만으로 완벽하게 묘사할 수 있다. 그리고 같은 종류의 기본 입자들은 서로 완벽하게 동일하다(가령 볼 베어링과는 다르다).

11. (a) −2.

    (b) 0.

    (c) +1.

    (d) +1.

12. 그렇다. 의심을 해 봐야 한다. 과학에서는 항상 마음을 열어 두고 새로운 발견에 대비해야 하지만, 분수의 전하를 발견할 가능성은 극도로 희박하다.

13. 2가지.

색 전하

14. 빨강, 초록, 파랑. 빨강-초록-파랑이거나 반빨강-반초록-반파랑 조합이어야 무색이 된다.

15. 없다. 우리가 관찰하는(우리가 '느낄' 수 있는) 모든 입자들은 무색이기 때문이다.

질량

16. (a) 그렇다(질량이 '덩어리져' 있다는 점에서).

    (b) 아니다(질량은 최소 질량 단위의 정수 배로 존재하는 건 아니다).

에너지

17. 그들은 원자 속 전하가 특정 진동수들로만 진동한다고 가정했다. 악기처럼 말이다.

18. (a) 정상 상태: 전자는 고정된 에너지를 갖는 운동 상태를 일정 기간 유지한다.

    (b) 양자 도약: 전자는 한 정상 상태에서 다른 정상 상태로 뛴다.

    (c) 바닥상태: 더 이상 자발적인 양자 도약이 일어날 수 없는 최저 에너지 상태가 존재한다.

19. 아니다. 빠르게 운동하고 있다. 다만 변하지 않는('정상의') 에너지를 갖고 있다.

20. $\hbar$의 정수 배로 양자화되어 있다고 했다.

21. 바닥상태의 계가 가진 에너지로, 최소 에너지를 말한다.

22. 훨씬 넓은 간격이다. 계가 좁을수록 에너지 상태들 간 간격이 넓다는 규칙에 따른다.

23. 그렇다. 속박되어 있지 않기 때문이다. (속박되어 있다면 허용된 특정 에너지 값들만을 가질 수 있다.)

24. 엄밀하게 말하면 그렇다. 하지만 보통은 같은 개체의 다른 상태라고 말한다.

도전 문제

1. 대략 곡선의 극대점 아래쯤이다. 태양은 가시광선 부근에서 가장 강하게 복사한다.

2. 2.0eV($E = hf$로 계산한 것이다).

3. 그렇다. 궤도 각운동량 1을 갖고 스핀 각운동량 1/2을 가지면 총 각운동량은 3/2이 된다.

4. 네 가지.(166쪽 각주의 계산법을 보라.)

5. 양자 효과가 '상대적으로' 작을 때, 가령 한 에너지 상태에서 인접 에너지 상태로의 변화가 퍼센트로 따져 아주 적을 때, 양자적 결과는 고전적 결과에 굉장히 근사해야('대응해야') 한다(170쪽의 논의를 보라).

◦◦6 양자 도약

복습 문제

1. 물리학자는 그 시각을 계산하지 못한다. 뛸 확률만 알 뿐이다.

2. 물리학자는 알 수 없다. 각 낮은 에너지 상태로의 양자 도약 확률들만 알 뿐이다.

3. 이론적으로는 그렇다. 기류 등등 동전 던지기에 관련된 모든 정보들을 안다면 말이다.

4. 무지로 인한 확률: 결과가 불확실한 것은 정확한 예측에 필요한 상세 정보들이 충분치 않기 때문이다.
근본적 확률: 아무리 상세 정보가 충분하더라도 결과는 불확실하다.

5. 100분, 즉 1시간 하고 40분이다. (대도시라면 정말 이 정도 될 것 같다.)

6. 둘 다 그렇다. 평균 수명은 컴퓨터들이 길거리에 나앉아 있는 여러 범위 시간들의 평

균을 취한 것이기 때문이다.

7. 원자 내부의 복잡성 때문에 빚어진 무지로 인한 확률(동전 던지기의 확률과 같은 것)이라고 생각했기 때문이다.

8. 입자가 다른 입자에 의해 휘어지는 현상이다. 어떤 각도로 휘어질 것인지는 불확실하다. 어느 각도에 대한 확률만 계산할 수 있을 뿐이다.

9. 핵이 하나 이상의 입자들을 내놓고 삽시간에 다른 핵으로 변형된다는 점에서 그렇다.

10. 어떤 값과 그 값의 절반에 해당하는 값 사이의 가로 거리가 항상 일정한지 알아본다.

11. (a)와 (b) 둘 다 반감기가 더 짧다(평균 수명의 69.3퍼센트이다).

12. 터널링 현상.

13. 에너지 보존 법칙.

14. 충돌하는 입자의 운동 에너지 일부가 질량으로 전환됨으로써, 생성물 입자들의 총 질량이 상호 작용한 입자들의 총 질량보다 클 수 있다.

15. 그렇다. 원래 질량의 일부가 반드시 생성물들의 운동 에너지로 전환되어야 하므로, 원래의 질량 전체가 생성물들의 질량으로 갈 수는 없다.

16. 입자들이 더 복잡한 내부 구조를 가졌음을 발견하게 될 것이다. 그 알려지지 않은 속성들을 통해 입자 사건들의 예측 불가능성을 설명할 수 있을 것이다.

도전 문제

1. 다른 점은, 에너지로 전환되는 질량의 비율(뮤온의 경우 크고, 원자의 경우 작다), 그리고 최종 개체들 가운데 하나가 최초의 개체와 얼마나 닮았는가 하는 점이다(뮤온의 경우 엄청나게 다르고, 원자의 경우 비슷하다). 비슷한 점은, 둘 다 입자들이 생성되고 파괴되는 '폭발적' 사건이라는 점이다.

2. 대략 1.6(200/123). 또는 역으로 0.6(123/200).

3. 반감기는 1시간 단위이다. 따라서 1.44 단위(평균 수명) 뒤에, 강도는 초기 강도의 약 1/3이 된다(정확하게는 0.37이다). 평균 수명만큼 시간이 흘렀을 때 강도가 줄어드는 비율을 그래프에서 확인하면 60에서 70퍼센트 사이 정도이다(정확하게는 63퍼센트이다). (계산기가 있고 지수 함수에 대해 아는 독자는 보다 정확한 값을 얻을 수 있을 것이다.)

4. (a) 400m$[d=vt=(2 \times 10^8 \text{m/s}) \times (2 \times 10^{-6} \text{s})]$.물론 눈으로 확인할 수 있다.

(b) 6×10^{-5}m즉 60μm로 약 1인치의 1,000분의 2이다(계산 과정은 같고 2×10^{-6}s 대신 3×10^{-13}s를 대입하면 된다). 맨눈으로 보기에는 너무 짧은 거리이지만 현미경으로는 쉽게 볼 수 있다.

5. 일반적인 토륨 샘플 속에서는 매초마다 여러 개의 핵들이 붕괴하고 있을 것이다. 개별 핵이 그 짧은 시간 안에 붕괴할 확률은 실로 극히 작지만, 핵의 수가 몹시 많기 때문에 불과 몇 분 만에도 물리학자들이 반감기를 계산할 수 있을 만큼 충분한 양의 핵들이 붕괴하는 것이다.

6. 붕괴 직전의 입자와 나란히 움직이는 관찰자를 상상해 본다. 그 관찰자의 기준틀에서는 입자가 정지한 것이나 마찬가지이므로, 내리막 규칙이 유효해야 한다. 따라서 어느 기준틀에서건 규칙이 유효해야 한다. 기준틀이 바뀐다 해도 붕괴의 결과는 변하지 않을 것이기 때문이다.

°°7 사교적 입자들과 비사교적 입자들

복습 문제

1. (a) 페르미온.
   (b) 보손.
   (c) 페르미온.
   (d) 페르미온.
   (e) 보손.

2. (a) 보손(페르미온이 모두 6개이다).
   (b) 보손(페르미온이 모두 10개이다).

3. 같은 보손끼리는 같은 운동 상태를 차지하기를 '선호' 한다.

페르미온

4. 그렇다. 같은 '전역적' 운동 성질들을 지니고 있기 때문이다.

5. (a) 에너지(또는 각운동량).
   (b) 장소, 즉 위치(또는 운동량).

6. 원자 속 모든 전자들은 서로 다른 양자 수 집합을 갖는다(원자 속 두 전자가 같은 양자 수 집합을 가질 수는 없다).

7. 비사교적 원리이다.

8. 스핀. 크기가 $(1/2)\hbar$인 스핀이다.

9. 없다. 모든 전자들이 최저 에너지 상태에 몰려 있을 것이기 때문이다. 더 높은 상태를 차지하는 전자들이 없으니 원소들이 주기적 행태를 드러내지 않을 것이다.

10. 헬륨 원자의 최저 에너지 상태에 스핀 없는 전자 하나만 담겨 있을 것이다. 스핀이 없다면 두 번째 전자가 그보다 높은 에너지 상태를 차지할 테고, 그로써 화학적 활성이 커질 것이다.

11. (a) 없다.
    (b) 없다.
    (c) 있다. 배타 원리는 종류가 같은 페르미온들에만 적용된다.

12. 양성자 두 개와 중성자 두 개가 가능하기 때문이다.

보손

13. 광자.

14. 있다(심지어 그러기를 '선호' 한다).

15. (람다 붕괴, 오메가 붕괴, 에타 붕괴 등 예는 많다.)

16. 200나노켈빈(1켈빈의 21,000억 분의 1) 미만의 온도를 만들어야 했다.

왜 페르미온과 보손인가?

17. (a) 아니다.
    (b) 아니다.

18. (a) 파동 함수, 즉 파동 진폭.
    (b) 측정 가능한 물리량이면 무엇이든 좋다. 가령 질량, 에너지, 전하, 각운동량 등등.

도전 문제

1. 아니다. 배타 원리는 종류가 같은 페르미온들에만 적용된다(가령 두 개의 전자, 두 개의 뮤온).

2. (a) 첫 번째 들뜬상태이다($n=1$이 바닥상태이고, $n=2$는 첫 번째 들뜬상태이다).
   (b) 그렇다. 광자를 방출하고 $n=1$ 상태로 뛸 수 있고, 아니면 광자를 흡수하고 더 높은 에너지 상태로 뛸 수 있다.

3. 두 번째 껍질에서, 전자는 궤도 각운동량 0 또는 1을 가질 수 있다($l=0$ 또는 1). 만약 $l=0$이면 스핀이 위와 아래인 두 가지 운동 상태가 있다. 만약 $l=1$이면 궤도 각운동량의 방향은 세 가지가 가능하고($ml=+1, 0, -1$), 각각에 대해 두 가지 스핀이 있으므로, 총 여섯 가지 운동 상태가 있다. $l=0$에 대해 두 가지, $l=1$에 대해 여섯 가지 운동 상태가 있으므로, 총 여덟 가지 운동 상태가 있다. 따라서 배타 원리를 거스르지 않고 들어갈 수 있는 전자의 수는 여덟 개이다.

4. (아쉽게도 2008년 현재는 없다.)

5. 이 공식은 복사가 에너지 양자 $E=hf$ 꾸러미로만 방출되거나 흡수된다는 것으로 해석되었다. 일단 방출된 복사는 양자화된 개체로 존재한다고 생각되지 않았다.

••8 항구성에 대한 집착

복습 문제

1. 각운동량 보존 법칙(또는 스핀 각운동량, 아니면 간단히 스핀이라고만 해도 된다).

2. 질량은 에너지의 한 형태로서, 더 큰 에너지 보존 법칙의 일부일 뿐이기 때문이다.

3. 보존되는 양은 반응 이전과 이후에 동일하다. 그 사이 세부 사항들에는 무관하다.

4. 보존량이 변하지 않는 한, 서로 다른 결과들을 내는 서로 다른 가능성들을 모두 허락한다.

불변 원리들

5. 물리 법칙들.

6. 물리 법칙들은 장소에 상관없이 이 장소에서나 저 장소에서나 다 같다.

7. 공간상의 모든 점은 서로 동등하다. (자연법칙들은 공간상의 모든 점에서 동일하다고 해도 좋다.)

8. (a) 그렇다(하지만 장소에 따라 법칙들이 어떻게 변화하는지도 연구해야 할 것이다).
   (b) 절대 아니다!

절대적 보존 법칙과 불변 원리

9. (a) 위반 사례가 하나도 관찰되지 않았고, 어떤 상황에서도 유효한 듯 보이는 보존 법칙.
   (b) 에너지, 운동량, 각운동량, 전하.

10. 생성물 입자들의 총 질량은 붕괴하는 입자의 질량보다 작아야 한다.

11. 운동량이 보존되지 않는다. 붕괴 전의 운동량은 0이었는데 붕괴 후에는 0이 아니다.

12. 각운동량이 벡터 값이기 때문이다. 0이 아닌 각운동량 두 개를 더하면 (서로 반대 방향을 가리킬 경우) 0이 될 수 있다.

13. (a) 스칼라양이다.
    (b) 특정 값들만 지닐 수 있다(양자화되어 있다).

14. 불가능하다. 전하가 보존되지 않는다.

15. (a) 아니다(더 가벼운 바리온인 양성자로 붕괴할 수 있기 때문이다).
    (b) 그렇다(양성자보다 가벼운 바리온이 없다).

16. 실험실에서 관찰 가능한 모든 입자는 무색이다. 개별 쿼크와 글루온은 탐지 불가능하다.

17. 왼손 엄지로 입자가 날아가는 방향을 가리키면, 남은 네 손가락을 굽혀 가리키는 방향이 입자의 스핀 방향이 된다.

18. 오른손 감기이다.

19. 어떤 일련의 사건들은 반대 순서로도 일어날 수 있다(반응이 A에서 B로 가는 대신 B에서 A로 갈 수도 있다).

20. 어떤 상호 작용에서는 유효하지만 다른 상호 작용에서는 유효하지 않은 보존 법칙이다.

21. 강한 상호 작용.

22. 붕괴 전에는 1, 붕괴 후에는 0이다. 야릇한 맛깔은 보존되지 않는다.

23. (a) 스핀, 질량(비슷하다), 강한 상호 작용을 한다는 점 가운데 두 가지.
    (b) 전하.

24. (a) 셋(양, 음, 중성 파이온).
    (b) 둘(양성자와 중성자).

25. 가능한 과정의 거울상도 가능한 과정이다.

26. 10억 개 중 하나 정도.

27. (a) 병진 대칭.
    (b) 회전 대칭.
    (c) 공간 반전, 즉 거울상, 또는 왼쪽-오른쪽 대칭.

28. 자연법칙들은 장소에 따라 달라지지 않는다. 어디에서나 똑같다는 불변 원리.

도전 문제

1. 주어진 상황에서 정확히 어떤 일이 벌어져야 하는지 묘사하는(또는 예측하는) 법칙이다. (247~248쪽의 논의를 보라.)

2. 어떤 결과들은 금지하지만(가령 보존 법칙을 거스르는 결과들을 금지한다), 또 다른 다양한 결과들을 허락하는 법칙이다. (248쪽의 논의를 보라.)

3. (a) 둘 다 무언가가 변할 때 변하지 않고 일정하게 남는 것에 대한 원칙이다.
    (b) 보존 법칙에서는 변화 과정 중에 일정하게 유지되는 것이 어떤 물리량이다. 불변 원리에서는 특정 조건이 변화할 때 일정하게 유지되는 것이 어떤 자연법칙이다.

4. 양성자와 중성자는 야릇한 쿼크를 포함하지 않는다. 그래서 하나의 야릇한 쿼크가 생

성되면 반드시 그것을 상쇄하는(또는 '연합된') 야릇한 반쿼크가 함께 생성되어야 한다. 그래야 야릇한 맛깔 수가 0으로 보존되기 때문이다.

5. (a) 왼손 감기 중성미자의 거울상은 오른손 감기일 텐데, 그런 중성미자는 발견되지 않는다.

(b) 왼손 감기 중성미자의 'C 거울' 상은 왼손 감기 반중성미자일 텐데, 그런 반중성미자는 발견되지 않는다.

••9 파동과 입자

복습 문제

1. 입자는 어떤 상황에서는 파동 속성을 드러낼 수 있고, 다른 상황에서는 입자 속성을 드러낼 수 있다.

2. 개별 광자들이 물질(주로 금속) 표면으로부터 전자들을 튕겨 내는 현상.

3. 대부분의 악기의 진동(피아노 줄과 바이올린 현, 플루트나 오르간관 속의 공기 등). 전자 회로 속의 진동.

4. 전자들에 파장이 있다는 사실(실험을 통해 파장 길이를 측정할 수 있었다).

5. (a) 마루에서 마루(또는 골에서 골)의 거리.
(b) 단위 시간당 진동 횟수.
(c) 파동의 세기(즉 물결파에서 물결의 수직 높이).

6. 기타 줄이나 피아노 줄의 진동. 플루트나 오르간 속의 공기 진동. 욕조에서 튀기는 물의 진동.

드 브로이 방정식

7. 감소한다. (λ가 p에 반비례한다.)

8. 파장의 정수 배가 궤도의 원주에 정확하게 들어맞는 궤도들만 허락된다, 즉 양자화된다고 설명했다.

9. 사람도 파장을 갖고 있으나, 입자보다는 훨씬 작다.

10. 광속 c와 플랑크 상수 h이다.

11. (a) 상대성 이론 이전에는 별개의 개념으로 여겨졌던 에너지와 질량을 이어 주었다.
    (b) 양자 이론 이전에는 별개의 개념으로 여겨졌던 파장과 운동량을 이어 주었다.

12. 질량이 작거나 속도가 느리면 운동량이 적다. 그래서 파장이 길다.

13. (a) 광속으로 움직이거나 핵 반응의 세계로 가야 한다.
    (b) 아원자 세계로 가야 한다.

14. 파동이 장애물을 만났을 때 구부러져 왜곡되는 현상.

15. 두 개 이상의 파동들이 서로 보강하거나 상쇄하면서 섞이는 현상.

16. 그렇다. 파동 이론에 의해 완벽한 상쇄 간섭이 예측되는 지점에는 착지하지 못할 것
    이고, 이론에 의해 보강 간섭이 예측되는 지점에는 착지할 가능성이 높을 것이다.

17. (a) 파동에 가깝게 행동한다(가령 회절하고 간섭한다).
    (b) 입자에 가깝게 행동한다(방출과 흡수는 시공간상의 한 점에서 일어난다).

원자의 크기

18. 작아진다(부피가 크면 파장이 크고, 따라서 운동량이 작고, 따라서 운동 에너지가 작
    다).

19. 전기적 인력이 끌어당기기 때문이다.

파동과 확률

20. 그렇다. 파동이라 하는 것은 전자가 특정 점에서 상호 작용할 가능성을 지시하는 확
    률의 파동이기 때문이다.

21. 알파 입자의 파동 함수는 핵 바깥까지 뻗는 작은 꼬리를 갖고 있다. 그래서 알파 입
    자가 탈출할 확률이 적으나마 존재한다.

22. ψ의 제곱(엄밀히 말하면 절대값 제곱)이 확률을 결정하므로, 관찰 가능하다.

파동과 알갱이성

23. 파동 함수가(즉 확률이) 핵에서 멀어질수록 0에 가까워진다는 사실 때문이다.

24. 입자가 여러 차례 벽 사이를 오가면 파동이 스스로 상쇄 간섭을 일으켜 소멸될 것이고, 운동 상태가 존재하지 않게 될 것이다.

25. 상자의 벽과 벽 사이의 두 배. (최저 에너지 상태라면 파장의 반이 벽 사이를 채운다.)

26. (a) 그렇다.
    (b) 그렇다.
    (c) 아니다.

27. 양으로 대전된 핵과 전자 사이의 인력이 전기적 '벽'을 생성한다(325쪽의 〈그림 43〉을 참고하라).

파동과 비국소성

28. (a) 빛의 파장.
    (b) 고에너지 입자들의 파장.

29. 양성자의 전하와 자기적 속성 모두가 넓은 공간에 확산되어 있다(그 지름은 약 2×10^{-15}m이다).

30. 양성자를 1조 전자볼트(1Tev) 에너지까지 가속할 수 있어서.

31. 새롭고 무거운 입자들을 만들어 내기에 충분한 큰 에너지를 얻기 위해서이다.

32. 중성자의 파장이 핵 간 거리보다 길기 때문이다.

중첩과 불확정성 원리

33. 각각 위치 불확정성, 운동량 불확정성.

34. 아니다. 하이젠베르크 불확정성 원리가 의미하는 양자적 불확정성은 거시 세계의 측정 불확정성에 비하면 너무 작아 일반 실험실에서는 눈에 띄지 않는다.

35. (a) 위치.
    (b) 운동량.

36. (a) 운동량.
    (b) 위치.

37. 각각 시간 불확정성, 에너지 불확정성.

38. 각 신호음의 지속 시간이 너무 짧아 여러 진동수들이 섞일 것이고, 수신국은 어느 버튼이 '눌러' 졌는지 구별할 수 없다.

파동이 꼭 필요한가?

39. (a) 생성되거나 소멸될 때(방출되거나 흡수될 때).
    (b) 한 장소에서 다른 장소로 이동하거나 불확정한 위치의 상태로 존재할 때.

도전 문제

1. (a) 1.2×10^{-34}m.
   (b) 3.6×10^{-10}m(반올림한 값이다).

2. (작은 파장을 얻기 위해서는 운동량이 아주 커야 한다는 사실을 지적하면 된다.)

3. 두 개의 슬릿에서 퍼져 나가는 파동들이 서로 간섭한다는 사실, 입자 하나의 파동도 스스로 간섭할 수 있다는 사실, 보강 간섭과 상쇄 간섭의 꼭대기와 계곡은 입자가 검출된 높은 확률 지역과 낮은 확률 지역을 나타낸다는 사실을 언급하면 된다.

4. 우라늄 핵은 전하가 커서 전자들을 더 가까이 끌어당긴다. 하지만 가장 바깥의 전자가 느끼는 순 전하량은 한 단위에 불과하므로, 수소 원자의 전자와 처지가 같다.

5. 악기를 비유로 들면 된다. 물질의 확산된 진동이 '양자화된' 음의 진동수를 결정하는 것과 같다고 설명하면 된다.

** 10 한계를 넘어

복습 문제

1. 레이저, 마이크로 회로, 주사 터널링 현미경, 원자로 등 예는 많다.

2. 양성자나 중성자 하나의 크기보다 훨씬 작은 영역(현재까지 연구된 최단 거리보다 훨씬 작은 영역).

3. 전자 파동이 원자 내부 공간에 퍼져 있어서 원자에게 크기와 강성을 제공하기 때문이다.

4. 전자들이 배타 원리를 따라서 원자 속에서 '껍질'들을 채운다. 꽉 찬 껍질의 원자는 (가령 헬륨 원자) 화학적으로 비활성이다. 꽉 찬 껍질 위로 잉여 전자를 가진 원자는 (가령 리튬이나 나트륨 원자) 화학적으로 활성이다.

5. 그렇다. 예를 들어 원자 속 전자들, 핵 속 쿼크들이 그렇다.

반물질을 활용한다?

6. 에너지를 한 형태에서 다른 형태로 전환시키는 것이다(보다 유용한 형태에서 덜 유용한 형태로).

7. 가장 긴 시간 저장하는 것은 우라늄이다(수십억 년). 가장 짧은 것은 자동차 배터리이다(며칠에서 몇 년). (석탄은 수백만 년을 저장하므로 중간이다.)

8. 물의 구성 요소이므로 거의 무한정 공급되는 자원이라는 착각.

9. 이동이 쉽고, 사용되는 장소에서는 오염을 일으키지 않는다(연료 생성 장소에서만 오염을 일으킨다).

10. 단위 질량당 에너지가 휘발유는 물론이고 우라늄보다도 훨씬 크다.

11. 물질과 반물질이 서로 거의 완벽히 소멸되었으나, 다만 물질이 아주 조금 살아남아 (10억 개 가운데 하나 정도) 이후 현재의 물질 우주를 형성하였다.

중첩과 얽힘

12. (a) 없다.
    (b) 가능하다. 여러 운동량들의 중첩은 양자 물리학의 기본 규칙이다.

13. (a) 매번 같은 결과들이 나올 것이다.
    (b) 매번 다른 결과들이 나올 것이다. 다만 결과들 간의 상대적 발생 확률은 계산할 수 있다.

14. 그렇다. 가능하다. 예를 들면, 동쪽을 향한 스핀을 지닌 전자는 북쪽 스핀과 남쪽 스핀의 혼합으로 설명될 수 있다.

15. 복잡한 계산이 필요한 작업이라 해도 우리가 원하는 것은 간단한 하나의 답일 때가 많기 때문이다.

선택 지연

16. 굉장히 얇게 은을 도금함으로써, 빛이 절반은 반사되고, 절반은 투과하도록 한 거울이다.

17. 광자가 반사될 가능성이 50퍼센트, 투과해 지날 가능성이 50퍼센트이다. (하나의 광자 파동은 반사되는 동시에 투과할 수 있다.)

18. 모든 광자들이 우익수로 간다는 사실은 1루를 지난 경로와 3루를 지난 경로 사이에 간섭이 이루어졌음을 보여 준다. 입자에 대한 고전 이론의 추론을 따르자면, 입자의 절반은 좌익수로, 입자의 절반은 우익수로 갈 것이다.

양자역학과 중력

19. 약 10^{-35}m와 10^{-45}s.

20. (a) 점 입자에서는 가령 전기장 같은 특정 속성들의 값이 무한이 된다.
    (b) 끈은 (극도로 작기는 하지만) 유한한 크기를 지니므로 점 입자를 '처치해' 버린다.

21. 무질서.

22. 블랙홀의 지평선 근처에서 양자 요동의 결과로 가상 입자 쌍이 형성되면, 개중 하나가 블랙홀로 빨려 들어가고 나머지 하나는 밖으로 달아나면서 에너지 일부를 나를 수 있다.

23. 그렇다. 태양의 질량은 모든 행성들과 소행성들의 질량을 합한 것보다 훨씬 크다.

24. 암흑 물질의 중력이 물질에 영향을 미치는 효과는 우리가 볼 수 있기 때문이다.

25. 6:1.

26. 영원히 팽창하리라고 믿는다.

27. 1. 암흑 물질은 덩어리이다(입자 크기만 하거나 그보다 크다). 암흑 에너지는 공간에 균일하게 퍼져 있다.
    2. 암흑 물질은 인력이다. 암흑 에너지는 척력이다.

28. (a) 4퍼센트.
    (b) 23퍼센트.
    (c) 73퍼센트.

29. 1920년대에 에드윈 허블이 발견했다.

기괴한 이론

30. 다음 이유들 중 두 가지를 들면 된다. 상식에 위배된다. 관찰 불가능한 양을 다룬다. 자연의 근본 법칙이 확률 법칙임을 드러낸다. 입자가 동시에 둘 이상의 상태를 취할 수 있다고 허락한다. 입자가 스스로 간섭할 수 있다고 허락한다.

도전 문제

1. 우리가 개별 원자나 분자를 감지하지 못한다 해도, 우리가 거시 세계에서 보고 경험하는 거의 모든 것이 그것들의 특성에 달려 있고, 그것들은 양자 물리학의 지배를 받는다.

2. 주로 저장하기 어렵다는 점을 지적하면 된다.

3. (a) 둘의 스핀은 서로 반대 방향을 향해야 한다. 위-아래이거나 아래-위이거나 그밖에 서로 반대되는 어느 방향일 수 있지만, 정확히 어느 것이 어느 쪽인지는 우리도 모른다.
   (b) 한쪽의 스핀이 측정되는 순간, 서로 아무리 멀리 떨어져 있더라도 즉시 다른 쪽 스핀도 결정된다.

4. 광자가 홈플레이트를 떠난 뒤, 우리는 2루에 반도금 거울을 놓을까 말까 결정할 수 있다. 그럼으로써 광자가 (a) 하나의 경로를 따를 것인가, 그리고 그렇다면 어느 쪽 경로를 따를 것인가 또는 (b) 동시에 두 개의 경로를 따를 것인가 알아볼 수 있다.

찾아보기

케네스 포드의
양자물리학 강의

초판 1쇄 발행 2008년 7월 4일
개정2판 1쇄 발행 2025년 4월 25일

지은이 케네스 W. 포드
옮긴이 김명남

펴낸곳 (주)바다출판사
주소 서울시 마포구 성지1길 30 3층
전화 02 - 322 - 3675(편집) 02 - 322 - 3575(마케팅)
팩스 02 - 322 - 3858
이메일 badabooks@daum.net
홈페이지 www.badabooks.co.kr

ISBN 979 - 11 - 6689 - 333 - 9 03400